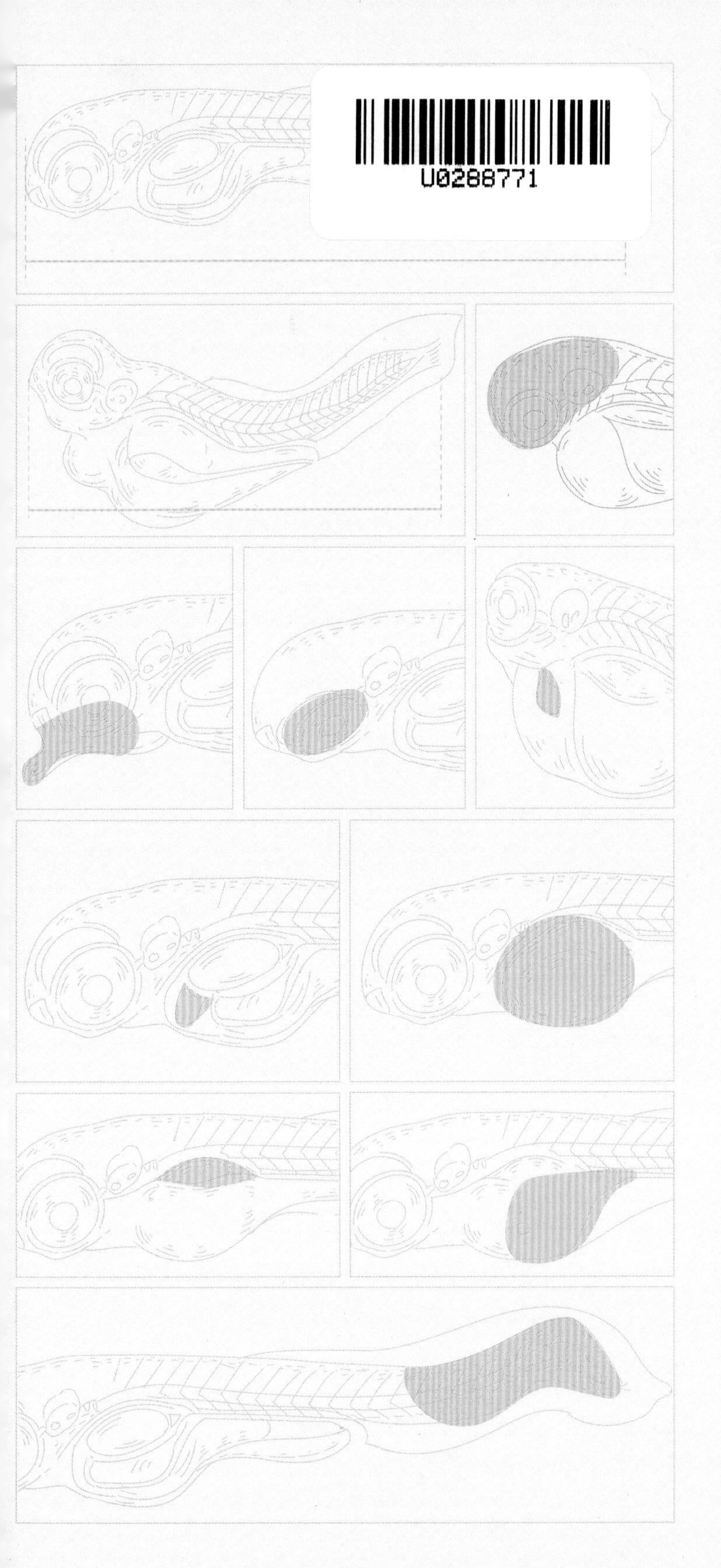

斑马鱼早期发育异常特征分析

邱静　穆希岩
等　编著

Characteristic Analysis of Early Developmental Abnormalities in Zebrafish

· 北京 ·

内容简介

斑马鱼（*Danio rerio*）是一种经典的脊椎模式动物，是国际标准化组织（ISO）认可的鱼类实验动物之一。其胚胎透明，能直观反映发育过程中各器官的形态，较传统哺乳动物模型具有易饲养、成本低、品系资源丰富等优势。本书收集了斑马鱼胚胎发育各时期的形态学图片260余张，涵盖斑马鱼胚胎发育的8个主要时期，包括10余个器官和部位在正常和典型异常发育状态下的对比图集；阐明各发育时期的形态学结构，显示重要器官的发育过程，剖析正常和异常状态下不同部位、器官的形态差异。书中每幅图均附有文字描述，便于读者联系理论知识，抓住形态特征，使抽象、枯燥的形态学知识变得生动直观，尤其是能够帮助读者准确把握各种发育异常的特征标志和规律等。

本书具有较强的知识性和针对性，可供生命科学、生物医学、毒性评价等领域的科研人员和管理人员参考，也可供高等学校生物工程、生物医药、毒理学、药理学、食品安全及相关专业师生参阅。

图书在版编目（CIP）数据

斑马鱼早期发育异常特征分析 / 邱静等编著. 北京：化学工业出版社，2024. 10. -- ISBN 978-7-122-46158-2

Ⅰ. Q959. 46

中国国家版本馆CIP数据核字第2024NU8024号

责任编辑：刘兴春　刘　婧　　　文字编辑：杜　熠
责任校对：宋　夏　　　装帧设计：孙　沁

出版发行：化学工业出版社
（北京市东城区青年湖南街13号　邮政编码100011）
印　　装：北京瑞禾彩色印刷有限公司
710mm×1000mm　1/16　印张12½　字数205千字
2025年3月北京第1版第1次印刷

购书咨询：010-64518888
售后服务：010-64518899
网　　址：http://www.cip.com.cn
凡购买本书，如有缺损质量问题，本社销售中心负责调换。

定　　价：**148.00**元

前言

实验动物是生命科学领域研究的基础，也是生物医药等产业的重要支撑条件。近年来，以斑马鱼为代表的鱼类实验动物已成为生命科学领域研究者关注的热点。斑马鱼是一种经典的脊椎模式动物，是ISO认可的鱼类实验动物之一。斑马鱼以突出的生物学特性在胚胎发育调控机制、疾病模型、免疫机制、药物筛选及环境检测等研究领域中得到了有效利用。由于斑马鱼与人类基因组同源性较高，具有完整的基因组注释、易于进行基因操作等，已成为标准材料和平台工具。

斑马鱼胚胎透明，表型指标易于观察，能直观反映发育过程中体内各器官的形态状况，这是传统哺乳动物模型所不具备的一个巨大优势。早期发育过程是生物应对外源变化的一个最为敏感的时期，不同的器官和部位是各种动物实验或刺激反应的靶点，是创新研究与应用不可或缺的基础资料和参考标准。缺乏对异常发育形态的精确认识，就会影响对发育、疾病、效应和基因功能等规律的阐释。鉴于此，需要大量高质量的斑马鱼胚胎发育形态学图像集，尤其是同时提供正常与异常的对比图集，让科研检测工作者直观、具体地理解斑马鱼胚胎各器官发育过程以及各种异常发育的典型表征。

在世界范围内，斑马鱼研究领域虽然取得了长足发展，但有关斑马鱼的胚胎发育形态学方面尚缺乏系统、有效资料，尤其对于胚胎发育过程中各部位、器官的异常表征，影响了对器官和结构发育状态的解读，很多发育异常不能被有效识别，甚至出现症状误判和异常器官、部位判定的偏差，实验的准确性大打折扣，这在一定程度上限制和阻碍了斑马鱼相关领域的深入研究。近年来，笔者及其团队依托各类科学研究项目积累了大量斑马鱼形态学资料和结构图片，并分析解读了其结构意义，逐渐形成系列成果。这些有价值的实验结果现以彩色图谱的形式出版发行，从而为斑马鱼的进一步实验研究和教学工作提供重要参考。

本专著收集了斑马鱼胚胎发育各时期的形态学图片260余张，涵盖胚胎发育的8个主要时期，包括10余个器官和部位在正常和典型异常发育状态下的对比图集。每幅图均附有文字描述，便于读者在参阅图片时联系理论知识，抓住结构特征，使抽象、枯燥的形态学知识变得形象生动和具体直观。

本书主要由邱静、穆希岩编著。另外，柴婷婷、王天彩、李亚梦、刘再腾、王子双、张琳、罗麟洁、卯明彩、孟瑞媛、张义宁、潘烨灿、赵小余、李紫姝、贾琪、钱永忠、陈璐、李耘、郭东梅、宋晓、贺琳娟、冯悦、顾竞一、汪星宇、王北南、张崴、廖光琴等参与了本书部分内容的编著。

在本书编著过程中，所有编著者秉承科学严谨的态度认真撰稿，力求为读者提供有价值的参考，但限于专业水平和写作能力，书中疏漏和不足之处在所难免，真诚欢迎广大读者批评指正。

编著者

2024年4月

目 录

第一章　斑马鱼胚胎概述

第一节 斑马鱼种属形态特征

斑马鱼（*danio rerio*），别称蓝条鱼，花条鱼，英文名称zebrafish，属脊索动物（chordata）门，辐鳍鱼纲（actinopterygii），鲤形目（cypriniformes），鲤科（cyprinidae），鲐属（*danio*）（Kimmel，1989）。其原产于喜马拉雅山南麓的印度、巴基斯坦、孟加拉国和尼泊尔等南亚国家淡水水域中，如溪流、池塘、沼泽和稻田（Engeszer et al.，2007），为杂食性的热带淡水鱼类。

斑马鱼整体呈梭形，长度为3～5cm，从背部至腹部、臀鳍有多条深蓝色纵向条纹直达尾鳍，因满身条纹似斑马而得名（图1-1）；背鳍、臀鳍偏后，尾鳍深叉形，诸鳍均淡黄色透明。雌鱼与雄鱼有其各自特征，成体雌鱼为银灰色，体态丰满，腹部膨大；成体雄鱼为柠檬色，身材修长，腹部扁平。

图1-1 成年斑马鱼

斑马鱼的适宜生长温度为20～30℃，在自然环境中观察到的斑马鱼可耐受生存温度为12～39℃；观察胚胎发育的标准养殖温度为28.5℃。在实验室养殖环境下，斑马鱼性成熟期为3个月左右，全年皆可交配产卵，两次产卵间隔仅需1周。一对健康的成年斑马鱼一次交配可产卵200枚以上。斑马鱼的自然寿命可大于5年，但在实验室中，出于养殖系统健康考虑，除特殊需求外一般不会养殖年龄大于2年的鱼。

斑马鱼被发现作为模式生物并引入生物学研究领域的历史并不长，其研究开始于20世纪70年代的俄勒冈州大学George Streisinger博士和他的同事采用早期静水压力法处理分裂过一次的卵子细胞获得携带突变的纯合子（Streisinger et al.，1981）。20世纪90年代，美国波士顿和德国图宾根的研究人员均成功筛选出几千个具有不同表型的突变品系，进一步巩固了斑马鱼在科学研究中作为模式生物的重要性（Nusslein-Volhard，2012；Howe et al.，2013）。同时，也是在20世纪90年代初，斑马鱼在中国首次被用于实验室研究且自2000年以来，斑马鱼研究群体迅速发展。Web of Science TM中的搜索结果显示，2001年，中国研究人员发表的与斑马鱼相关的论文仅占全球发表的斑马鱼论文总数的1.8%。自那时以来，随着全世界斑马鱼出版物总数的增加，这一比例急剧上升。2010年首次超过10%，2014年持续增长至16.8%，2021年已超过40%，中国逐渐成为全球研究体量第一的斑马鱼研究大国。以斑马鱼为工具的各类研究发展非常迅速，斑马鱼现在已经成为最主要的模式动物之一。作为研究工具，斑马鱼具有如下的优势：a. 体积小；b. 繁殖时间短，仅需2～3个月；c. 体外受精和发育，繁殖力强且不受季节影响；d. 胚胎透明；e. 养殖培养成本低。目前已注释到的斑马鱼基因组包含26000多个蛋白质编码基因，这些基因与人类基因组具有80%以上的相似性，约70%的人类基因具有斑马鱼同源基因。采用斑马鱼进行药物操作非常简单方便，可以直接在其培养水中加入目标化学物质，因此，与小鼠和大鼠相比，用斑马鱼进行药物毒性研究所需花费的精力和预算较小。此外，斑马鱼还具有惊人的再生能力，例如它可以再生鳍、毛细胞、视网膜，甚至心脏和大脑。所有这些特点使斑马鱼成为解析生物过程和人类疾病机制的一个有价值的动物模型。

2000年，清华大学孟安明实验室以斑马鱼胚胎发育过程为研究对象，揭示了多个新基因在脊椎动物胚胎的胚层和组织器官形成中的功能和作用机理（Zhang et al.，2004）。此后，采用斑马鱼胚胎进行高通量药物筛查，异种移植的研究日益增加。斑马鱼胚胎作为模式生物除具有全身透明、便于操作、养殖成本低等优势外，其更加符合伦理委员会的要求，因为在孵化5d内未开口进食的斑马鱼并不能被视为动物（European Directive 2010/63/EU）。此外，采用斑马鱼胚胎进行鱼类胚胎毒性（FET）实验时，更符合“3R”原则［替代（replacement），减少（reduction）和优化（refinement）］（Russell et al.，1959）。

第二节　斑马鱼胚胎正常发育过程

根据斑马鱼受精后前3d的主要形态发生情况，斑马鱼胚胎发育过程可以分为八段时期，分别为合子期（zygote）、卵裂期（cleavage）、囊胚期（blastula）、原肠期（gastrula）、体节期（segmentation）、咽囊期（pharyngula）、孵化期（hatching period）以及早幼期（early larvae）。此外，为了更具体地描述斑马鱼胚胎的发育过程，根据每一发育时期内发生的主要事件，每一时期下又进行了分期划分，如表 1-1 所列。

表 1-1　早期发育的各时期

时期	历时 /h	描述
合子	0	新受精的卵子完成首个合子细胞周期
卵裂	0.75	细胞周期 2 ～ 7 快速同步发生
囊胚	2.25	快速间时同步（metasynchronous）细胞周期（8，9）在原肠中期转变中变为延长的异步（asynchronous）周期；随后外包（epiboly）开始
原肠	5.25	内卷（involution）、聚合（convergence）和延伸（extension）等形态学运动形成上、下胚层和胚轴；持续到外包运动结束
体节	10	体节、原始咽弓和神经原节（neuromeres）发育；原始器官发生；开始运动；尾部出现
咽囊	24	种系期（phylotypic – stage）胚胎；体轴由先前绕卵黄囊的弯曲状态开始伸直；循环系统、色素沉着和鳍开始发育
孵化	48	原始器官系统完成快速形态发生；软骨在头和鳍中发育；陆续开始孵化
早幼	72	鳔膨胀；觅食及积极的躲避行为

第三节　斑马鱼胚胎发育异常特征

胚胎发育阶段是斑马鱼生命周期中非常重要的一个阶段，受精胚胎的透明状态及仔鱼全身通透等易于观察的特点，也更有助于人类对其器官结构进行分析，并对其发育模式、细胞结构及行为学分析等进行探究，各种因素都可能引起斑马鱼发育异常，从而出现相关异常表征。

一、斑马鱼发育异常的典型表征

科学家针对斑马鱼的发育特征已经有了基本的概括图谱，其体、脑、嘴、眼、耳、心、肝、肠、卵黄囊、胸鳍、鱼鳔、尾、肌肉等均可能有发育异常的现象。因此，学界对其典型异常有了具体的表述术语（见表 1-2）。

表 1-2　斑马鱼发育异常指标

异常指标	具体描述
斑马鱼体型	体长变化、体轴弯曲、身体水肿、身体出血、体节异常、身体积液水肿、体色素异常（黑色素和黄色素异常）
斑马鱼脑部	脑部区域变小、脑部区域颜色异常、脑部畸形、脑部变性、脑部积液水肿
斑马鱼嘴部	吻部突出、下颌变短、下颌畸形、下颌折角变小（下颌更加突出）、下颌折角变大（变平）
斑马鱼眼部	眼部变大、眼部变小、眼部畸形、色素沉着异常
斑马鱼耳部	耳部变大、耳部变小、耳部缺失
斑马鱼心脏	心房缺失、心室缺失、心包肿大（积液水肿）、心包变小、血流异常、心律不齐
斑马鱼肝脏	肝脏变大、肝脏变小、肝脏缺失、肝脏变性、肝脏颜色不透明（变暗）
斑马鱼卵黄囊	卵黄囊变大、卵黄囊变小、卵黄囊缺失、卵黄囊颜色变化
斑马鱼胸鳍	胸鳍变小、胸鳍缺失
斑马鱼鱼鳔	鱼鳔变大、鱼鳔变小、鱼鳔缺失
斑马鱼肠道	肠道区域变大、肠道区域变小、肠道区域缺失、肠道内腔缺失、肠道褶皱缺失、肠道无延伸、肠道变性、肠道颜色异常
斑马鱼尾部	尾部变短、尾部弯曲、尾部出血、尾鳍皱缩
斑马鱼循环系统	血流过快、血流减慢、循环缺失、淤血
斑马鱼肌肉	肌肉纹理紊乱

二、引起斑马鱼胚胎发育异常的几类因素

经研究发现，引起斑马鱼胚胎发育异常的因素有许多，按照物质性质可以分为化学因素、物理因素、生物因素；按照功能特性可以分为农药、兽药、环境污染物、天然产物、药物制剂、温度和光照等。

（1）农药

越来越多的有机农药、无机农药、植物性农药、微生物农药等被用于农业生产和研究中，也有学者针对农药的胚胎发育毒性在斑马鱼中进行了研究。一定剂量下，多数农药会对斑马鱼胚胎及幼鱼产生发育迟缓、卵黄囊肿大、鱼鳔异常、体轴弯曲、心包水肿等不良作用。例如，氰氟虫腙（metaflumizone）作为一种钠离子通道阻断剂，可作为杀虫剂用于作物保护和病虫害防治。根据斑马鱼胚胎的存活

率、孵化率、畸形率、幼鱼鱼鳔的形态变化等数据分析，确定氰氟虫腙会延缓斑马鱼胚胎孵化时间，并导致幼鱼鱼鳔充气障碍（陈鑫等，2020）。

（2）兽药

兽药在动物饲养、生产和研究中是不可或缺的一类物质，用于预防、治疗、诊断动物疾病。抗生素类兽药，尤其是以四环素为主的广谱抗生素会对斑马鱼胚胎发育产生严重不良影响。盐酸四环素（tetracycline hydrochloride，TCH）可降低斑马鱼胚胎的孵化率，增加斑马鱼胚胎的畸形率和死亡率，导致斑马鱼幼鱼下颌骨长度和下颌弓长度变长、下颌骨宽度和舌骨角长度缩短等不良现象发生，对胚胎软骨发育有严重危害（楚文庆等，2020）。

（3）环境污染物

随着科技进步和工业的不断发展，环境中残留着多种危害人体的污染物，严重威胁到人类生存和自然环境。多氯联苯（polychlorinated biphenyls，PCBs）是一种环境持久性有机污染物，具有易蓄积、难降解等特点，对斑马鱼胚胎发育更是有许多有害影响。一定浓度的PCBs可能会降低斑马鱼胚胎的存活率、孵化率、心率，使斑马鱼畸形率增高，多表现为卵黄外凸、卵凝结现象和脊柱弯曲等（刘泽婵等，2018）。

（4）天然产物

来自动物、植物（及其提取液）或微生物本身的组成成分及其代谢产物，均可统称为天然产物。这些物质具有抗氧化、抗炎、抗肿瘤等多种生理活性功能。但不应忽视的是，许多天然产物在一定剂量下也具有胚胎发育毒性。一定浓度的崖豆藤提取物会对斑马鱼产生胚胎致死、发育缺陷等影响，对斑马鱼的脑部、躯尾部具有潜在的早期发育毒性。生姜中的特征营养物质姜黄素可增加斑马鱼胚胎的心跳速率，而肉桂、穿心莲、猫须草、心叶青牛胆和红花反而会降低斑马鱼胚胎的心跳速率（Romagosa et al.，2004）。

（5）药物制剂

随着现代医学的不断进步和发展，人们越来越关注药物制剂（包括中药材、中药饮片、中成药、化学原料药及其制剂、抗生素、生化药品、放射性药品、血清疫苗、血液制品和诊断药品）的作用机制和毒性机制。许多学者将注意点放置于以斑马鱼胚胎为主要模式生物的药物制剂毒性机理研究中。经研究发现，许多药物制剂均能影响斑马鱼的胚胎发育。溴隐亭作为一种多巴胺受体激动剂，是一种良好的女性肿瘤推选药物（中国垂体腺瘤协作组，2014）。然而，高浓度溴隐亭可延缓斑马鱼胚胎孵化、降低幼鱼生存率、使其水肿及鱼鳔充气障碍，但不会对斑马鱼胚胎发育畸形率产生影响。因此，在选择疾病治疗药物时也应关注其发育毒性。

（6）温度和光照

外界的多种物理因素都可能导致斑马鱼胚胎发育异常，例如阳光、温度、紫外线、电刺激、超声波等。不同的LED光谱对斑马鱼胚胎发育也会产生不同的影响。经研究发现，白光是最适宜斑马鱼发育的光谱，红光和蓝光会延缓斑马鱼的胚胎发育，而红光和绿光对增加斑马鱼胚胎及幼鱼的死亡率、对斑马鱼的胚胎发育产生不良影响（陈启亮等，2022）。

第四节　斑马鱼胚胎主要研究进展

斑马鱼胚胎最初为研究发育生物学与分子遗传学的重要模式动物，20世纪90年代关于斑马鱼胚胎研究的文章每年不足100篇，到21世纪初期已上升到每年1000余篇，目前这个数字正呈指数增长，斑马鱼胚胎的研究范围与应用价值也随之逐步提升（王玉佩等，2016）。斑马鱼胚胎有许多优势特征，包括体积小、透明、生殖能力强，能在显微镜下实时观察，体外受精，生长迅速，易于饲养和处理，从而使得斑马鱼在正常生长发育及外源化合物的处理下便于观察其发育进程的变化（Wang et al.，2019）。更重要的是，斑马鱼与人类共享许多普遍的特征，例如在心血管系统、肾脏系统以及神经系统等方面都与人类对应的组织具有极其相似的发育机制与特点，并且在人类和斑马鱼之间许多分子途径是进化守恒的，因此在斑马鱼上得到的评价结果多数情况下也适用于人体（Zheng et al.，2016）。因此，斑马鱼胚胎现已成为发育毒性研究领域的强有力研究工具。

下面主要介绍斑马鱼胚胎在化学物质急性毒性、血管、心脏和神经发育的毒理学研究中的优势。

一、化学物质急性毒性研究

斑马鱼胚胎/幼鱼96h急性毒性暴露实验是经济合作与发展组织（OECD）推荐的化学品毒性检测方法。斑马鱼性成熟时间较快，从孵化开始只需要3个月左右，成年斑马鱼每周都能产卵，每次约100颗，每颗鱼卵直径约1mm，沉于底部，没有黏性，易于收集。同一批鱼卵发育速度基本相同，且发育极快，约3d便可孵化，在发育早期阶段完全透明，易于观测，非常有利于实验研究。斑马鱼胚胎/幼鱼具备成鱼拥有的大多数主要器官和生物过程，可以满足常规的化合物毒性检测实验要求。而且，由于胚胎/幼鱼在发育早期阶段的身体防护较弱、代谢解毒机制能力也较低，因而此阶段实验的毒理学敏感度往往会高于成鱼实验（Lange et al.，1995）。总体来看，相较于传统的成鱼急性毒性暴露实验，斑马鱼胚胎/幼鱼实验具有成本低、时间短、影响因素少、可重复性好、易于操作等优点，而且胚胎/幼鱼涉及的伦理学争议较少，因此有研究者提倡用胚胎/幼鱼暴露实验逐步取代成鱼暴露实验（Schiller et al.，2014）。

二、血管发育研究

斑马鱼胚胎初期是透明的，利于分析血管和遗传发育。在发育起始阶段，斑马鱼胚胎能通过氧的被动扩散进行呼吸，其存活无需功能性的造血和心血管系统的存在（Ackermann et al.，2003），而哺乳动物心血管系统发育缺陷可导致胚胎较早死亡。斑马鱼胚胎的这种特性无疑更有利于发现心血管系统早期发育缺陷的突变体和研究心血管发育关键基因的功能（Chico et al.，2008）。与哺乳动物如小鼠相比，斑马鱼胚胎发育过程中几乎所有血管均可视化，无需侵入性损伤即可检测到一些血流动力学参数（Jung et al.，2016），利用特异性标记血管内皮细胞的转基因斑马鱼可以动态观察血管发育的整个过程。因此，一些在哺乳动物胚胎体内难以获得的毒理学实验数据，可以用斑马鱼胚胎更好地完成。

斑马鱼的血管发育包括血管发生和血管生成两个过程，前者是内皮细胞前体的分化及形成初级血管的过程，后者则是形成血管的内皮细胞通过出芽方式形成新的毛细血管的过程（Siekmann et al.，2008）。主要事件包括：受精后24h（24 hours post fertilization，24hpf），侧板中胚层的血管母细胞迁移至中线发育，背主动脉和体轴静脉分离，形成简单的循环系统；48hpf逐步形成具功能的完整血管系统，包括背主动脉、体轴静脉、头面部血管和体节间血管（Crosier et al.，2002）。

三、心脏发育研究

斑马鱼胚胎心脏是很多化学物质毒性作用的靶器官。由于斑马鱼胚胎透明，心脏的形态和功能缺陷易于观察，因此常被用作研究药物（特别是中药）的安全性评价模型及环境持久性有机污染物的心脏发育毒性模型。

心脏是斑马鱼第一个发育起来并发挥作用的器官，完善的循环功能对胚胎发育起着重要作用。关键的事件包括：a. 16hpf斑马鱼胚胎心脏开始分化；b. 24hpf出现心跳、血液循环；c. 36hpf出现心管卷曲；d. 48hpf心脏功能发育基本完全。即在16hpf左右斑马鱼心肌前体细胞开始分化，并逐渐迁移至中线，细胞间相互连接，即心脏融合过程；经过心脏融合，心脏锥延伸，在24hpf逐步转化为一个线性的心管（Glickman et al.，2002）。然后，经历左侧卷曲形成解剖学上的心房、心室和房室瓣膜（Stainier et al.，2001）。接下来心脏内部分隔、传导系统建立、心内膜分化、冠状动脉形成直至有功能心脏形成（Siekmann et al.，2007）。这是个复杂的过程，不仅需要细胞增殖、迁移、分化和不同起源的细胞间的相互作用，还需要多个基因的表达与调控（Yalcin et al.，2017）。如转录因子NKX2.5在斑马鱼1～3体节期表达与心脏发生有关（Bakkers et al.，2011）。尽管有些机制尚不明确，随着相关基因的克隆和鉴定，心脏发育的关键过程将会被逐一揭示。

四、神经发育研究

斑马鱼具有包括学习、记忆、群聚、昼夜节律等在内的复杂行为，国内外学者用该模型进行神经发育毒理学研究，以探讨神经系统疾病的发病机制。由于斑马鱼血脑屏障在3dpf才逐步完善（Xie et al.，2010），故相较成年时期的脑，胚胎时期神经系统对化学毒物更为敏感（Andersen et al.，2000），更易受到外源化学物质的攻击，是研究外源化学物质的神经发育毒性的重要模型。

斑马鱼胚胎神经发育的起始时间与原肠胚发育开始的时间同步（约6hpf）（Eisen et al.，1991），神经形成和轴突神经通路的发育在48hpf时达到最大化（Morin-Kensicki et al.，1997），在谷氨酸羟化酶、多巴胺转运蛋白基因等表达后的数小时内中枢神经系统分化，例如：18hpf，儿茶酚胺神经元开始分化；24hpf，多巴胺神经元分化；96hpf，所有的儿茶酚胺能神经束均已发育完全（Holzschuh et al.，2001）；6dpf，所有的神经系统形成，且形态发生在进化上高度保守，神经元的形成及分化等过程与其他脊椎动物相似（Tropepe et al.，2003）。斑马鱼胚胎时期可以观察到一些运动行为，如逃避反射、游动等。斑马鱼的运动行为随着发育的进程有序发生（Saint-Amant et al.，2000）。

17hpf，胚胎出现持续的肌肉收缩；21hpf，胚胎对作用于头部的刺激能够做出快速的转尾运动；27hpf，对类似的机械刺激能产生游动行为，36hpf时游动速度达到最大（Saint-Amant et al.，1998），48hpf后对触觉刺激能表现出较成熟的逃避反射（Stehr et al.，2006）。这些行为学发育特性为研究神经发育毒理学提供了便利。

第五节　斑马鱼胚胎实际应用现状

斑马鱼作为一种模式生物，广泛用于毒理学、发育生物学、肿瘤学等研究领域，成为一种经典的脊椎动物模式生物，与小鼠、果蝇、线虫并称为生物学研究中的四大模式生物。斑马鱼的基因组与人类具有87%的相似度，在某些方面，在斑马鱼上的操作优于小鼠，如给药、细胞追踪等。

以下是斑马鱼胚胎作为动物模型在各领域的研究应用情况。

一、斑马鱼与毒理学研究

斑马鱼作为一种模式生物，已经广泛应用于各种毒理学研究中，它可以提供实时的体内研究，以探究环境污染物对人类健康的潜在危害，提高我们对污染物暴露造成的环境影响和健康损害的理解。

毒理学研究中有以下几种。

（1）重金属毒性评价

重金属暴露通常诱导斑马鱼体内发生氧化应激以及代谢酶活性的改变。Green等（2018）发现，在斑马鱼胚胎中，低浓度的镉暴露会导致发育亢进、耳石变小和旋转运动增加，短期（24～120h）中等浓度暴露诱导幼虫抗氧化和解毒基因表达、氧化应激、免疫毒性、神经细胞的损伤。Chan等（2006）的研究表明，汞、铜、铅都可以诱导斑马鱼胚胎和仔鱼体内金属硫蛋白基因的表达。

（2）内分泌干扰物毒性评价

二噁英、双酚A及其代谢产物、多溴联苯醚、多种农药等都是环境中的内分泌干扰物，这些污染物进入生物体可以干扰其正常内分泌功能。目前斑马鱼被用来检测这些物质的生殖毒性和神经毒性。Chen等（2012）发现，多溴二苯醚暴露可显著降低斑马鱼肠道中视黄醇酯的含量，降低肠道细胞视黄醇结合蛋白基因

（CRBPla）的转录。Heiden等（2008）利用斑马鱼来研究二噁英生殖毒性的分子机制，发现2,3,7,8-四氯二苯并-对二噁英（TCDD）通过降低促性腺激素的反应性和/或抑制雌二醇的生物合成抑制卵泡成熟。Sun等（2020）发现三氯生和双酚A的暴露可破坏斑马鱼药物代谢、蔗糖代谢、脂肪代谢和胆汁分泌等多种生理过程，也能导致促炎基因和内质网应激的调节失调，进而诱发非酒精性脂肪肝（NAFLD）的发生和肝脏炎症。

（3）有机物毒性评价

环境中典型有机污染物包括多氯联苯（PCBs）、多环芳烃（PAHs）、全氟辛烷化合物（PFOS、PFOA）和农药等。研究表明，这些有机污染物都能影响斑马鱼胚胎的正常发育，引起相关基因表达的变化（Ma et al.，2012）。Shao等（2012）将斑马鱼暴露在不同浓度的有机氯农药硫丹，高浓度（10μg/L）硫丹暴露诱导斑马鱼体内过多的活性氧（ROS）产生，消耗大量过氧化氢酶（CAT）和超氧化物歧化酶（SOD），损害细胞抗氧化能力，诱发DNA损伤。PFOA暴露可改变斑马鱼体内脂肪酸结合蛋白基因的表达，导致肝脏内甘油三酯含量发生变化（Zheng et al.，2012）。

二、斑马鱼与药物筛选

除了毒性试验，斑马鱼在筛选药物药效方面具有独特的优势，斑马鱼模型可以快捷、高效、直观地评价药物的心血管毒性、肝脏毒性、发育毒性、肾毒性和神经毒性等多个主要组织和器官毒性。药物对斑马鱼毒性研究主要集中在死亡率和畸形率增加，心、肝、肾、脾等脏器形态、表型改变并伴有水肿及神经毒性等方面；其毒性机制主要涉及影响器官中细胞凋亡（p53通路）、炎症或影响该器官功能蛋白、酶或mRNA，如丙氨酸氨基转移酶（ALT）、天冬氨酸氨基转移酶（AST）、乙酰胆碱酯酶（AChE）、微球蛋白前体（MBP）等。斑马鱼模型可作为一种评估药物安全性与毒性最为高效、快速、便捷的方法，阐明药物的毒性作用及其多组分多靶点的毒性作用机制，完善整个临床前药物毒性与安全性评价体系，降低临床前毒性评价的费用，提高新药研发成功率，为药物毒理学中的毒性评估提供新的思路。

三、斑马鱼与免疫学研究

在免疫学领域，斑马鱼的应用也日益被人们所重视，斑马鱼的特异性免疫系统较为完整，其体内的B淋巴细胞及T淋巴细胞具有免疫活性，非特异性免疫系统也与人类十分相似。斑马鱼的免疫器官主要是指肾、Thymoids结构和脾脏等。肾是斑马鱼类似于人类骨髓的免疫主要发生器官，并在其中发现有T细胞、B细胞及树突状细胞的存在（Langenau et al.，2005）。斑马鱼具有双侧对称类似哺乳动物胸腺皮质的一种结构——Thymoids结构，其与肾一起构成了斑马鱼的中枢免疫器官（Weninger et al.，2014）。脾则是斑马鱼唯一真正意义上的次级淋巴器官（Chow et al.，2011）。据目前研究，兼具先天免疫系统和适应性免疫系统的最低等脊椎动物是硬骨鱼类（张媛媛等，2018）。对斑马鱼的血液发生机制的研究，发现人类与斑马鱼在免疫系统的细胞组成上极为相似。另外，斑马鱼在胚胎发育前3周只有先天免疫，适应性免疫系统要在受精后的4～6周后才出现，斑马鱼的胚胎发育中出现了一个仅具有先天免疫的特殊时期（Litman et al.，2005）。又因为早期斑马鱼的胚胎是体外发育并全透明的，所以斑马鱼是一个不可多得的用于研究包括人类在内的脊椎动物先天免疫的良好模型，对阐述先天免疫的作用机理机制大有裨益。

四、斑马鱼与发育生物学研究

斑马鱼由于受精卵完全透明，整个胚胎发育在体外完成，细胞分裂速度很快，细胞数量相对较少，成为脊椎动物中继爪蟾之后最适用于发育生物学研究的模式动物。目前利用斑马鱼研究胚胎发育方面的研究主要有母体因子对胚胎发育的影响、胚层的分化机制研究、细胞迁移机制的研究、神经系统发育研究、各组织器官的发育机制研究、生殖干细胞相关研究等。

五、斑马鱼与人类疾病模型

斑马鱼有约4万个基因，与人类基因相似度达到87%，许多基因在人类中可以找到其同源基因。斑马鱼的各种组织器官与人类都有一定的相似性，如血液系统、神经中枢系统、骨骼肌肉系统、消化系统以及视觉系统，在分子水平及功能上也与人类相似。

1.肿瘤

斑马鱼也能像人类一样能够罹患肿瘤和癌症，且能够稳定遗传。致癌基因、抑癌基因等亦被证实与人类具有高度的保守性（Spitsbergen et al.，2000）。

研究人员可以通过诱变、基因敲除、过表达，甚至是同源重组或移植的方法，使斑马鱼体内产生肿瘤细胞。Langenau等（2005）通过将斑马鱼*rag*2基因启动子与鼠源性的*c-myc*基因相融合，*rag*2是斑马鱼淋巴细胞内特异表达的基因，而*c-myc*基因则与人类白血病和淋巴瘤密切相关。再将融合基因质粒通过显微注射的办法注入斑马鱼的受精卵单细胞中，发现斑马鱼出现类似于人类淋巴细胞白血病的表型，后来此白血病模型应用于抗肿瘤药物的筛选。斑马鱼模型目前已被广泛应用于筛选抑制血管形成的靶向抗癌药，斑马鱼人类肿瘤移植模型也被大量用于抗肿瘤药物功效评价心血管疾病领域。研究发现，斑马鱼心脏功能和心电图与人的高度相似，斑马鱼模型在筛选和评价心律不齐药物方面的结果具有很好的特异性和可靠性。

2.器官再生

斑马鱼具有强大的再生能力，它的多个组织和器官都能再生，如尾鳍、心脏、血管、神经细胞和肝脏等。造成组织或器官损伤的方法和技术多种多样，包括：

① 化学损伤；

② 激光损伤；

③ 组织或器官切除；

④ 利用转基因重组技术，导入组织特异性致死物等。

通过斑马鱼再生模型的平台，关于器官再生的细胞来源和分子机制等研究已初现端倪。

斑马鱼胚胎模型除了在以上领域应用外，在功能基因组学研究上有许多优势，如可以快速便捷地鉴定脊椎动物新基因的功能。同时，一些新技术的出现进一步推动其在发育生物学与疾病模型上的应用，例如光遗传学，斑马鱼因为具有胚胎通体透明的特点，更是理想的运用光遗传学开展研究的对象。

参考文献

[1] Engeszer R E, Patterson L B, Rao A A, et al. Zebrafish in the wild: A review of natural history and new notes from the field[J]. Zebrafish, 2007, 4: 21-40.

[2] Howe K, Clark M, Torroja C F, et al. The zebrafish reference genome sequence and its relationship to the human genome[J]. Nature, 2013, 496(7446): 498-503.

[3] Kimmel C B. Genetics and early development of zebrafish[J]. Trends in Genetics, 1989, 5: 283-288.

[4] Nusslein-volhard, C. The zebrafish issue of development[J]. Development, 2012, 139:

4099-4103.
[5] Russell W, Burch R L. The principles of humane experimental technique[J]. Methuen, 1959.
[6] Streisinger G, Walker C, Dower N, et al. Production of clones of homozygous diploid zebra fish(*Brachydanio rerio*)[J]. Nature, 1981, 291: 293-296.
[7] Zhang L X, Zhou H, Su Y, et al. Zebrafish Dpr2 inhibits mesoderm induction by promoting degradation of nodal receptors[J]. Science, 2004, 306: 114-117.
[8] 陈鑫, 李文华. 氰氟虫腙干扰斑马鱼(Danio rerio)鱼鳔的发育[J]. 生态毒理学报, 2022, 17(03): 454-461.
[9] 楚文庆. 四环素对斑马鱼肝脏和肠道菌群影响的研究[D]. 通辽: 内蒙古民族大学, 2020.
[10] 刘泽婵. PCB77暴露对斑马鱼胚胎的发育毒性研究[D]. 武汉: 武汉大学, 2018.
[11] Romagosa C M, David E S, Dulay R M. Embryo-toxic and teratogenic effects of Tinospora cordifolia leaves and bark extracts in Zebrafish (*Danio rerio*) embryos[J]. Asian Journal of Plant Science & Research, 2016, 6.
[12] 中国垂体腺瘤协作组. 中国垂体催乳素腺瘤诊治共识(2014版)[J]. 中华医学杂志, 2014, 94(31): 2406-2411.
[13] 陈启亮, 程如丽, 蹇杰, 等. 不同LED光谱对斑马鱼胚胎发育的影响[J]. 重庆师范大学学报(自然科学版), 2022, 39(03): 8.
[14] 王玉佩, 张红, 周鑫, 等. 斑马鱼胚胎在电离辐射生物学研究中的应用[J]. 原子核物理评论, 2016, 33(01): 94-104.
[15] Qiu L, Jia K, Huang L, et al. Hepatotoxicity of tricyclazole in zebrafish(*Danio rerio*)[J]. Chemosphere, 2019, 232: 171-179.
[16] Wang H, Meng Z, Zhou L, et al. Effects of acetochlor on neurogenesis and behaviour in zebrafish at early developmental stages[J]. Chemosphere, 2019, 220: 954-964.
[17] Wang H, Meng Z, Liu F, et al. Characterization of boscalid-induced oxidative stress and neurodevelopmental toxicity in zebrafish embryos[J]. Chemosphere, 2020, 238: 124753.
[18] Zheng J L, Yuan S S, Wu C W, et al. Acute exposure to waterborne cadmium induced oxidative stress and immunotoxicity in the brain, ovary and liver of zebrafish(*Danio rerio*)[J]. Aquatic Toxicology(Amsterdam, Netherlands), 2016, 180: 36-44.
[19] Lange M, Gebauer W, Markl J, et al. Comparison of testing acute toxicity on embryo of zebrafish, *Brachydanio rerio*, and RTG-2 cytotoxicity as possible alternatives to the acute fish test[J]. Chemosphere, 1995, 30(11): 2087-2102.
[20] Schiller V, Zhang X, Hecker M, et al. Species-specific considerations in using the fish embryo test as an alternative to identify endocrine disruption[J]. Aquatic Toxicology(Amsterdam, Netherlands), 2014, 155: 62-72.
[21] Ackermann Gabriele E, Paw Barry H. Zebrafish: A genetic model for vertebrate organogenesis and human disorders [J]. Frontiers in Bioscience, 2003, 8(4): 1227.
[22] Chico T J, Ingham P W, Crossman D C. Modeling cardiovascular disease in the zebrafish[J]. Trends in Cardiovascular Medicine, 2008, 18(4): 150-155.
[23] Jung H M, Isogai S, Kamei M, et al. Imaging blood vessels and lymphatic vessels in the

zebrafish[J]. Methods in Cell Biology, 2016, 133: 69-103.
[24] Siekmann A F, Covassin L, Lawson N D. Modulation of VEGF signalling output by the Notch pathway[J]. BioEssays: News and Reviews in Molecular, Cellular and Developmental Biology, 2008, 30(4): 303-313.
[25] Crosier P S, Kalev-Zylinska M L, Hall C J, et al. Pathways in blood and vessel development revealed through zebrafish genetics[J]. The International Journal of Developmental Biology, 2002, 46(4): 493-502.
[26] Glickman N S, Yelon D. Cardiac development in zebrafish: Coordination of form and function[J]. Seminars in Cell & Developmental Biology, 2002, 13(6): 507-513.
[27] Stainier D Y. Zebrafish genetics and vertebrate heart formation[J]. Nature Reviews Genetics, 2001, 2(1): 39-48.
[28] Siekmann A F, Lawson N D. Notch signalling and the regulation of angiogenesis[J]. Cell Adhesion & Migration, 2007, 1(2): 104-106.
[29] Yalcin H C, Amindari A, Butcher J T, et al. Heart function and hemodynamic analysis for zebrafish embryos[J]. Developmental Dynamics: an Official Publication of the American Association of Anatomists, 2017, 246(11): 868-880.
[30] Bakkers J. Zebrafish as a model to study cardiac development and human cardiac disease[J]. Cardiovascular Research, 2011, 91(2): 279-288.
[31] Xie J, Farage E, Sugimoto M, et al. A novel transgenic zebrafish model for blood-brain and blood-retinal barrier development[J]. BMC Developmental Biology, 2010, 10: 76.
[32] Helle Raun Andersen, Jesper Bo Nielsen, Philippe Grandjean. Toxicologic evidence of developmental neurotoxicity of environmental chemicals[J]. Toxicology, 2000, 144(1-3): 121-127.
[33] Eisen J S. Developmental neurobiology of the zebrafish[J]. The Journal of Neuroscience: the Official Journal of the Society for Neuroscience, 1991, 11(2): 311-317.
[34] Morin-Kensicki E M, Eisen J S. Sclerotome development and peripheral nervous system segmentation in embryonic zebrafish[J]. Development(Cambridge, England), 1997, 124(1): 159-167.
[35] Holzschuh J, Ryu S, Aberger F, et al. Dopamine transporter expression distinguishes dopaminergic neurons from other catecholaminergic neurons in the developing zebrafish embryo[J]. Mechanisms of Development, 2001, 101(1-2): 237-243.
[36] Tropepe V, Sive H L. Can zebrafish be used as a model to study the neurodevelopmental causes of autism?[J]Genes, Brain, and Behavior, 2003, 2(5): 268-281.
[37] Saint-Amant L, Drapeau P. Motoneuron activity patterns related to the earliest behavior of the zebrafish embryo[J]. The Journal of neuroscience : the Official Journal of the Society for Neuroscience, 2000, 20(11): 3964-3972.
[38] Saint-Amant L, Drapeau P. Time course of the development of motor behaviors in the zebrafish embryo[J]. Journal of Neurobiology, 1998, 37(4): 622-632.
[39] Stehr C M, Linbo T L, Incardonan J P, et al. The developmental neurotoxicity of fipronil: Notochord degeneration and locomotor defects in zebrafish embryos and larvae[J].

Toxicological sciences : an Official journal of the Society of Toxicology, 2006, 92(1): 270-278.

[40] Green A J, Planchart A. The neurological toxicity of heavy metals: A fish perspective [J]. Comparative Biochemistry & Physiology, Part C Toxicology & Pharmacology, 2018, 208: 12-19.

[41] Chan K M, Ku L L, Chan C Y, et al. Metallothionein gene expression in zebrafish embryo-larvae and ZFL cell-line exposed to heavy metal ions[J]. Marine Environmental Research, 2006, 62: S83-S87.

[42] Chen L G, Hu C Y, Huang C J, et al. Alterations in retinoid status after long-term exposure to PBDEs in zebrafish(*Danio rerio*)[J]. Aquatic Toxicology, 2012, 120-121: 11-18.

[43] Heiden T, Struble C A, Rise M L, et al. Molecular targets of 2, 3, 7, 8-tetrachlorodibenzo-*p*-dioxin(TCDD)within the zebrafish ovary: Insights into TCDD-induced endocrine disruption and reproductive toxicity[J]. Reproductive Toxicology, 2008, 25(1): 47-57.

[44] Sun L M, Ling Y H, Jiang J H, et al. Differential mechanisms regarding triclosan vs. Bisphenol A and fluorene-9-bisphenol induced zebrafish lipid-metabolism disorders by RNA-Seq [J]. Chemosphere, 2020, 251: 126318.

[45] Ma Y, Han J, Guo Y, et al. Disruption of endocrine function in in vitro H295R cell-based and in vivo assay in zebrafish by 2, 4-dichlorophenol [J]. Aquatic Toxicology, 2012, 106(1): 173-181.

[46] Shao B, Zhu L, Dong M, et al. DNA damage and oxidative stress induced by endosulfan exposure in zebrafish(*Danio rerio*)[J]. Ecotoxicology, 2012, 21(5): 1533-1540.

[47] Zheng X M, Liu H L, Shi W, et al. Effects of perfluorinated compounds on development of zebrafish embryos [J]. Environmental Science and Pollution Research, 2012, 19(7): 2498-2505.

[48] Langenau D M, Zon L I. The zebrafish: a new model of T-cell and thymic development[J]. Nature Reviews Immunology, 2005, 5(4): 307-317.

[49] Weninger W, Biro M, Jain R. Leukocyte migration in the interstitial space of non-lymphoid organs[J]. Nature Reviews Immunology, 2014, 14(4): 232-246.

[50] Chow A, Brown B D, Merad M. Studying the mononuclear phagocyte system in the molecular age[J]. Nature Reviews Immunology, 2011, 11(11): 788-798.

[51] 张媛媛, 宋理平. 鱼类免疫系统的研究进展[J]. 河北渔业, 2018(2): 49-56.

[52] Litman G W, Cannon J P, Dishaw L J. Reconstructing immune phylogeny: New perspectives[J]. Nature Reviews Immunology, 2005, 5(11): 866-879.

[53] Spitsbergen J M, Tsai H W, Reddy A, et al. Neoplasia in zebrafish(*Danio rerio*) treated with 7, 12-dimethylbenz [a] anthracene by two exposure routes at different development stages[J]. Toxicol Pathol, 2000, 28(5): 705-715.

[54] Qing Xia, Zhiqiang Ma, Xue Mei, et al. Assay for the developmental toxicity of safflower(*Carthamus tinctorius* L.)to zebrafish embryos/larvae[J]. Journal of Traditional Chinese Medical Sciences, 2017, 4(1): 71-81.

第二章　斑马鱼胚胎发育分期特征图谱

第一节　合子期

受精后的卵子发生第一次卵裂的时期称为合子期，约为受精后40min。合子期胚胎如图2-1所示。

合子期只含有一个分期，其间绒膜膨胀并脱离受精的卵子，形成1-细胞期[0h，见图2-1（a）]，同时活化胞质运动，非卵黄胞质向动物极流动，促使胚盘和卵黄颗粒丰富的植物极胞质分离[0.2h，见图2-1（b）]。

第二节　卵裂期

受精后40min左右首次卵裂进入2-细胞期，之后每间隔15min左右胎盘顶部进行不完全卵裂，卵裂期含有6个分期，分别为2-细胞期（0.75h）、4-细胞期（1h）、8-细胞期（1.25h）、16-细胞期（1.5h）、32-细胞期（1.75h）、64-细胞期（2h）。其中，2-细胞期至32-细胞期卵裂按规则方向形成垂直卵裂沟，64-细胞期卵裂是水平的。2-细胞期卵裂沟在近动物极形成，迅速向植物极伸长，只经过胚盘区域而不经过卵黄区域；4-细胞期卵裂面穿过2-细胞期卵裂面，形成2×2不完全裂开卵裂面，胚盘呈椭球体；8-细胞期胚盘切割为2×4排列的不完全裂开卵裂球；16-细胞期正面与8-细胞期相似，形成4×4部分细胞分裂的排列细胞；32-细胞期卵裂形成4×8不规则排列细胞，此时斜向卵裂沟明显，双层细胞在外围和动物极之间清晰可见；64-细胞期正面与32-细胞期相似，侧面看部分细胞完全覆盖其他细胞形成包被层，细胞堆集层变高，卵裂球体积变小。这一时期细胞核形态也发生系统性变化，每个早间期细胞核为球形，晚间期呈类球体，随后逐渐变为椭球体，卵裂期结束卵裂球变圆。

卵裂期胚胎如图2-2所示。

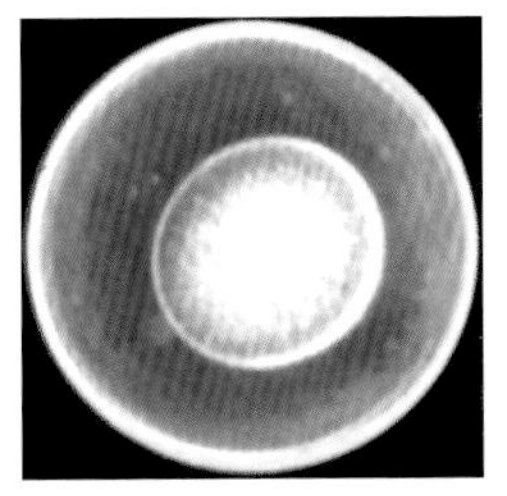

（a）0h受精后数分钟，绒膜膨胀

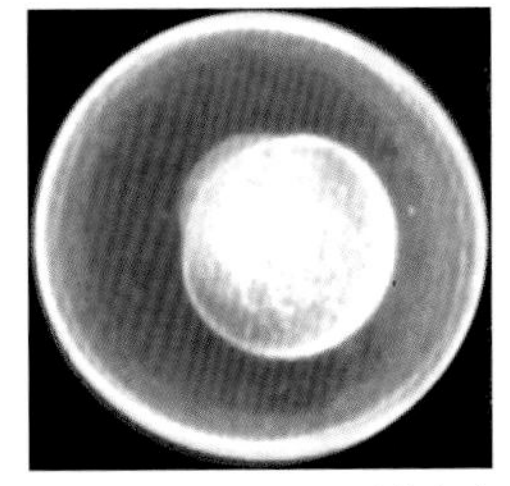

（b）0.2h受精后约10min，动物极朝上的去绒膜合子，非卵黄胞质开始分离进入动物极

图 2-1　合子期胚胎

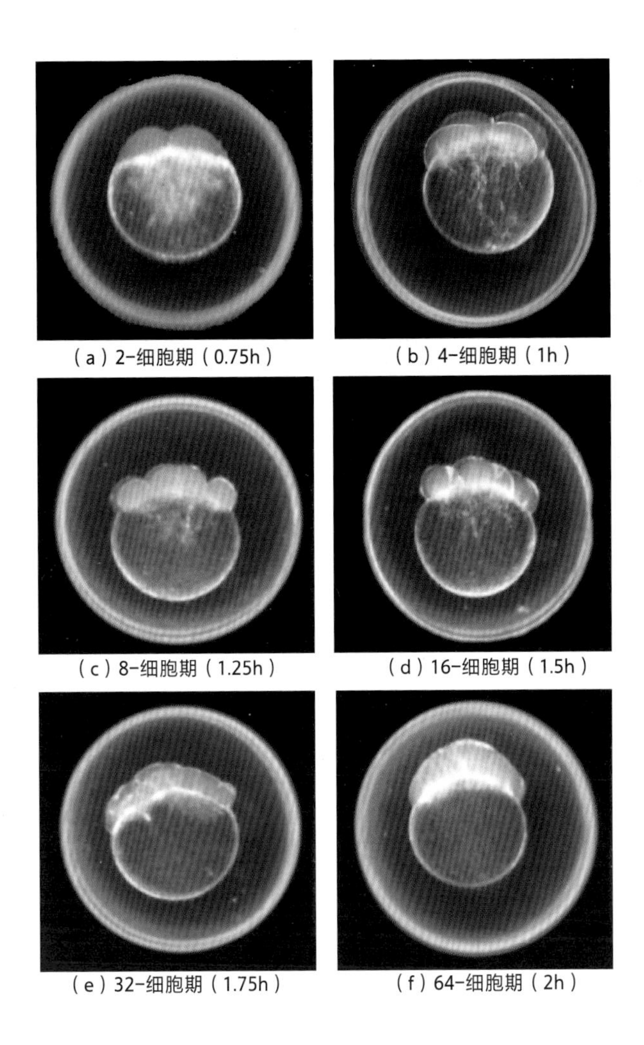

（a）2-细胞期（0.75h）

（b）4-细胞期（1h）

（c）8-细胞期（1.25h）

（d）16-细胞期（1.5h）

（e）32-细胞期（1.75h）

（f）64-细胞期（2h）

图 2-2　卵裂期胚胎

第三节　囊胚期

从第8次合子细胞分裂开始形成球形胚盘到第14次卵裂开始原肠期为止这段时期称为囊胚期。囊胚期间伴随着很多重要事件的发生，主要包括胚胎进入囊胚中期转变（midblastula transition，MBT）、卵黄合胞体层（yolk syncytial layer，YSL）形成、外包（epiboly）开始。

囊胚期含有9个分期，分别为128-细胞期（2.25h）、256-细胞期（2.5h）、512-细胞期（2.75h）、1k-细胞期（3h）、高囊胚期（3.25h）、椭形期（3.66h）、球形期（4h）、穹顶期（4.33h）、30%-外包期（4.66h）。128-细胞期开始于128个细胞呈紧密半球形在卵黄细胞之上排列成高的细胞叠层；256-细胞期第8组卵裂结束且包膜层（enveloping layer，EVL）细胞形成7个不规则的层，在第9细胞间期，EVL细胞高度变薄，深层细胞数目大大超过了EVL细胞数目；512-细胞期开始向囊胚中期转变，细胞分裂周期不断延长。1k-细胞期可以看到细胞间分裂时期不同步，一些包含间期细胞核，一些则没有，组成第一层YSL的细胞为前一分期第二层YSL细胞的子细胞；高囊胚期标志着胚盘高于卵黄细胞之上的终结；椭形期随着胚盘向卵黄的压缩，动-植物极轴变短；球形期动-植物极轴持续缩短使得囊胚晚期变为平滑的近球；穹顶期YSL表面深入胚盘，开始向动物极隆起；30%-外包期卵黄细胞隆起，产生胚层（blastoderm）。

囊胚期胚胎如图2-3所示。

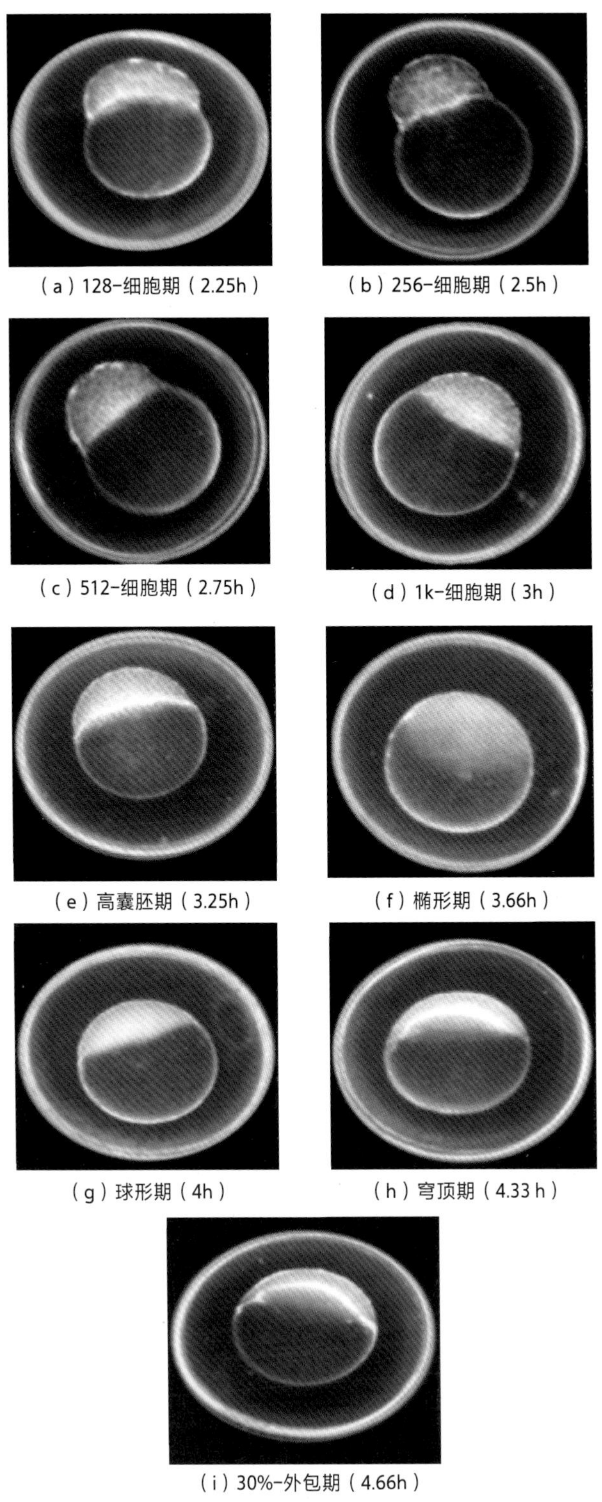

（a）128-细胞期（2.25h）

（b）256-细胞期（2.5h）

（c）512-细胞期（2.75h）

（d）1k-细胞期（3h）

（e）高囊胚期（3.25h）

（f）椭形期（3.66h）

（g）球形期（4h）

（h）穹顶期（4.33 h）

（i）30%-外包期（4.66h）

图2-3　囊胚期胚胎

第四节　原肠期

原肠期期间持续进行有规则的外包运动，主要包含细胞内卷（involution）、集合（convergence）和延伸（extension）运动，产生了原始胚层和胚轴。原肠期含有6个分期，分别为50%-外包期（5.25h）、胚环期（5.66h）、胚盾期（6h）、75%-外包期（8h）、90%-外包期（9h）、尾芽期（10h）。外包运动将胚盘边缘移至动植物极的中间位置；胚环期胚层边缘形成一层较厚的环形结构；胚盾期可以看到胚盾和胚环结构且上下胚层局部增厚；75%-外包期（8h）外包运动继续，胚胎沿动-植物极轴伸展；90%-外包期一部分被覆盖的卵黄细胞突出，形成卵黄栓；尾芽期胚层完全覆盖卵黄栓，外包运动结束。

原肠期胚胎如图2-4所示。

第五节　体节期

体节期发生的形态学变化主要为体节发生、器官原基产生、尾芽显著、胚体延长、头尾轴（anterior-posterior axis，AP）和背腹轴（dorsal-ventral axis，DV）变得明确、细胞发生形态分化和胚胎开始运动。体节期含有10个分期，分别为1-（10.5h）、5-（11.7h）、8-（13h）、13-（15.5h）、14-（16h）、15-（16.5h）、17-（17.5h）、20-（19h）、25-（21.5h）、26-（22h）。整个体节期，尾芽一直不断地在胚轴末端延伸。由于此阶段胚胎长度显著增加，使得体长在15h后成了一个重要的分期指标；此外，体节期间尾部不是直接向头部反方向延伸，而是沿着原肠期腹侧的细胞曲卷延伸至背轴，最终尾芽朝头部生长。体节晚期方向倒转，尾部不断伸长迅速变直。

体节期胚胎如图2-5所示。

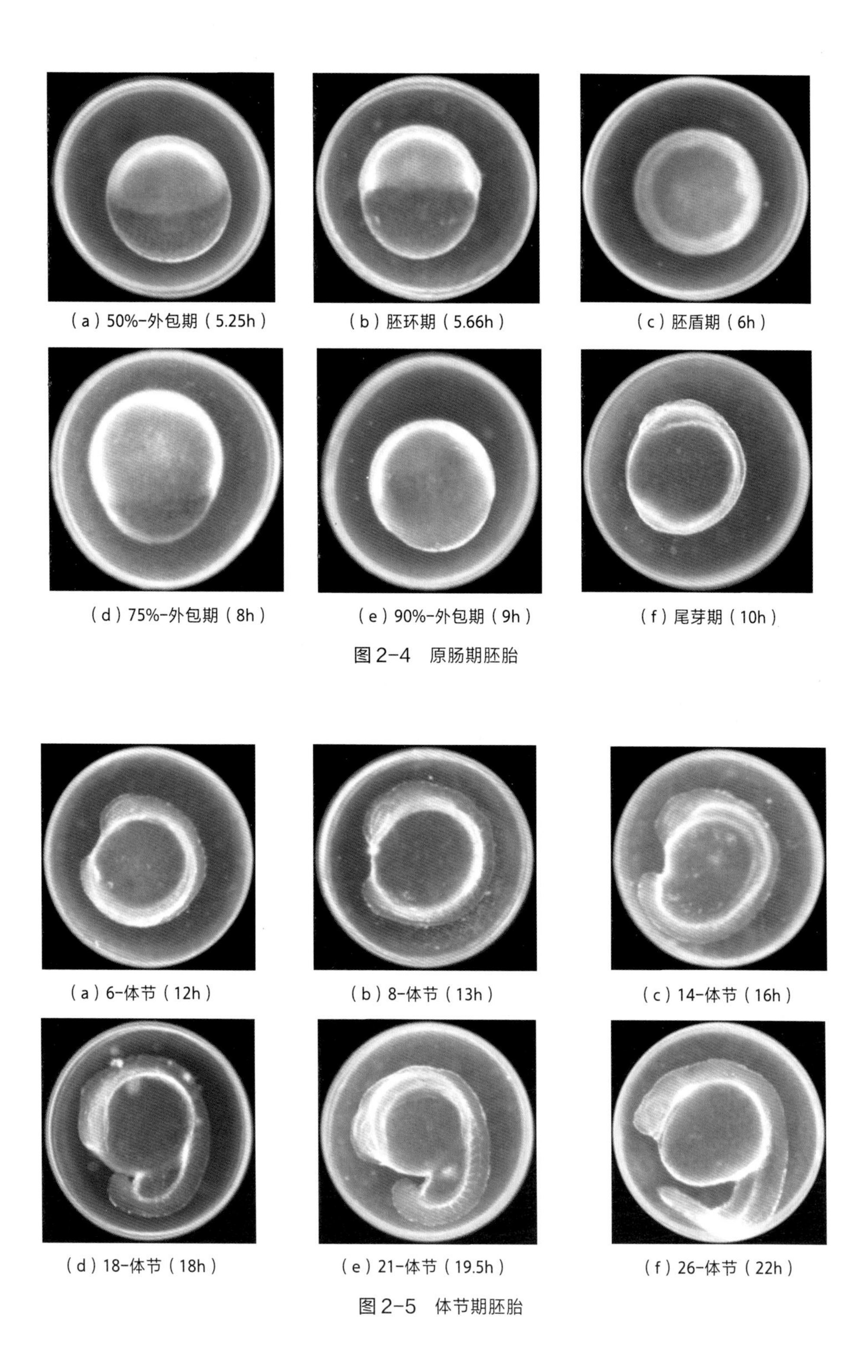

（a）50%-外包期（5.25h）　（b）胚环期（5.66h）　（c）胚盾期（6h）

（d）75%-外包期（8h）　（e）90%-外包期（9h）　（f）尾芽期（10h）

图 2-4　原肠期胚胎

（a）6-体节（12h）　（b）8-体节（13h）　（c）14-体节（16h）

（d）18-体节（18h）　（e）21-体节（19.5h）　（f）26-体节（22h）

图 2-5　体节期胚胎

第六节　咽囊期

咽囊期大约处于胚胎发育的第2天。

进入咽囊期时的胚胎具有明显的双侧结构，脊索发育良好，新完成的一组体节已伸入长尾末端。神经系统凹陷并向前延伸。咽囊期开始脑有明显纹路，黑素形成开始，但在此低倍镜下尚不明显；原基-15期（30h）；原基-25期（36h）（见图2-6）。

原基-5期后侧线原基前行端覆盖第5体节，卵黄延伸部长度约为卵黄球最大半径，中鳍折叠易于分辨；原基-15期时卵黄延伸部长于卵黄球，中鳍折叠的腹部向前延伸，达卵黄延伸部下方；原基-25期卵黄延伸部显著超过卵黄球直径，角质鳍条在中鳍折叠后侧发育。

咽囊期胚胎如图2-6所示。

第七节　孵化期

斑马鱼孵化过程是在第3天整个时间内偶发的，有时甚至更晚。不论胚胎是否孵化，其发育继续。我们人为地称第3天结束前的生物为“胚胎”，此后的称“幼体”，而不论其是否孵化。孵化期时许多器官原基的形态发生已近结束，发育速度并有所减缓，除了肠及其相关器官，此时可以明显观察到鳍、颌以及腮原基的快速发育。孵化期包括长-胸鳍期（48h）、胸鳍期（60h）、突口期（72h）共3个分期。长-胸鳍期时胸鳍芽大为延长，高宽比约为2；胸鳍期时胸鳍在远端形成一个平的边缘，鳍沿体侧缩回，向后延伸覆盖大半个卵黄球，近端原基还存在连续分化的软骨。突口期时胸鳍前缘继续扩展，向后延伸几乎超过逐渐萎缩的卵黄球大部分长度。

孵化期如图2-7所示。

第八节　早幼期

早幼期（96h）鱼鳔膨胀，存在觅食及积极的躲避行为。

早幼期如图2-8所示。

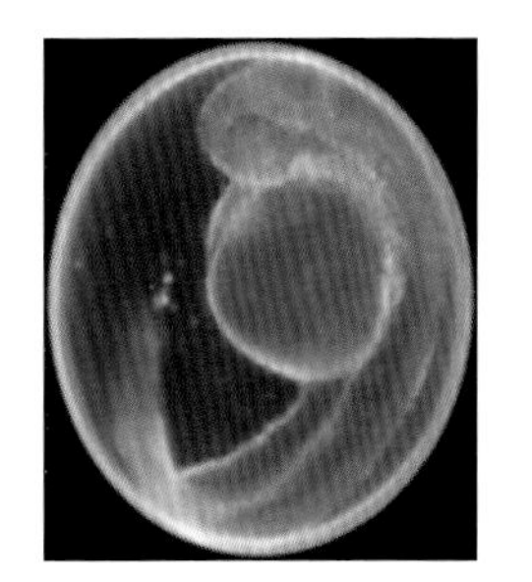

（a）原基-5期（24h）左侧观

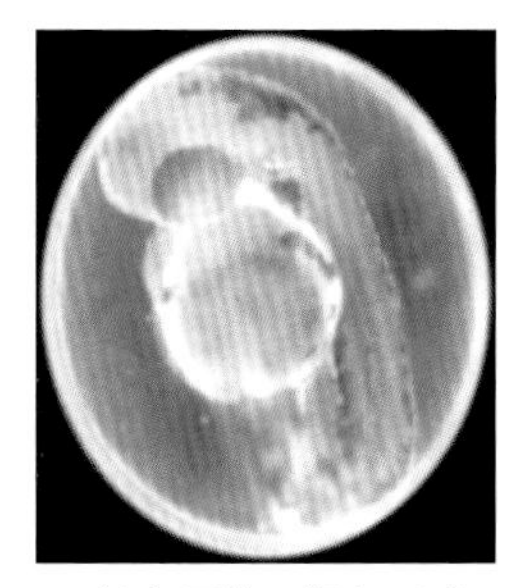

（b）原基-6期（25h）

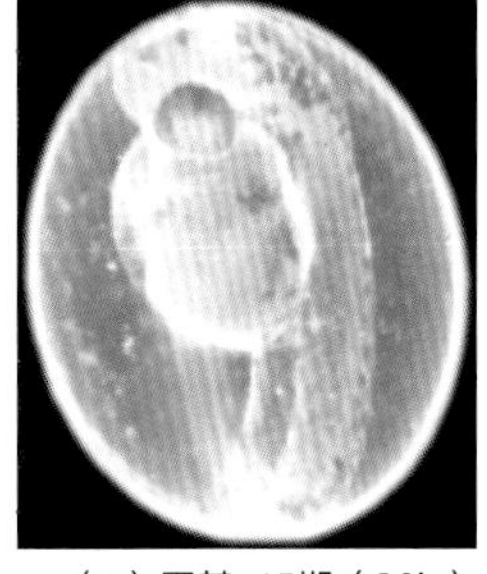

（c）原基-15期（30h）

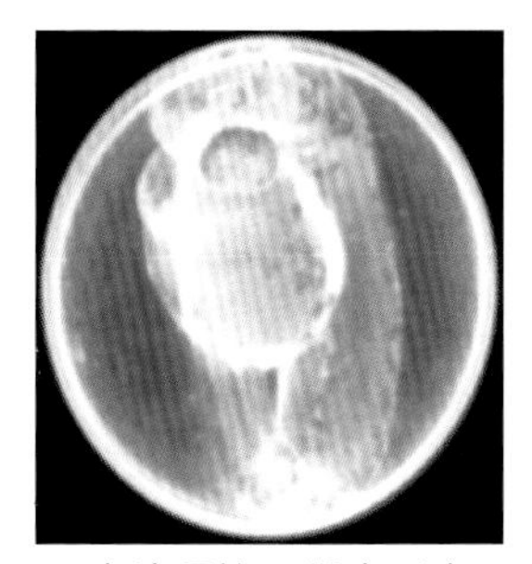

（d）原基-25期（36h）

图2-6　咽囊期胚胎

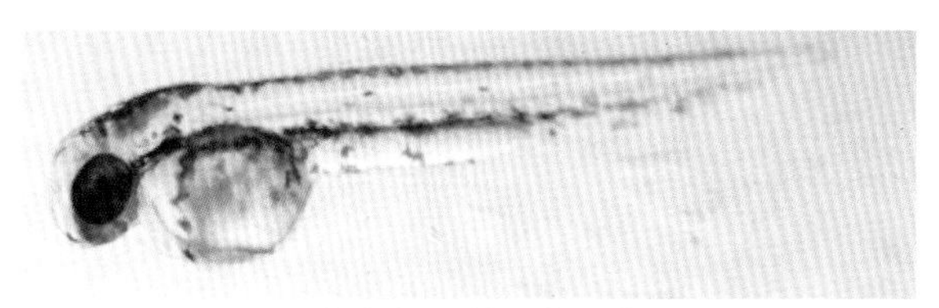

（a）长-胸鳍期（48h）

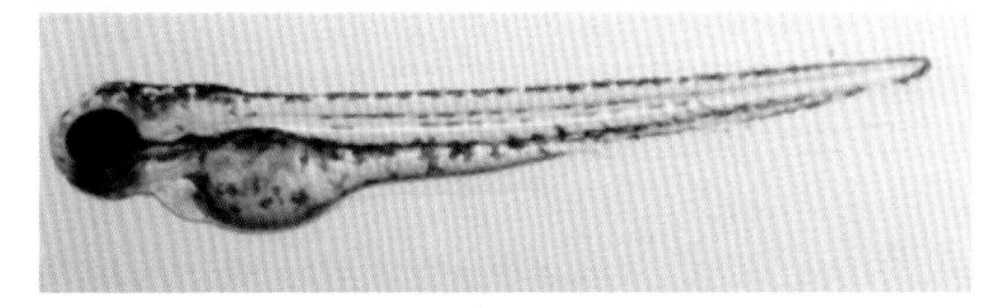

（b）胸鳍期（60h）

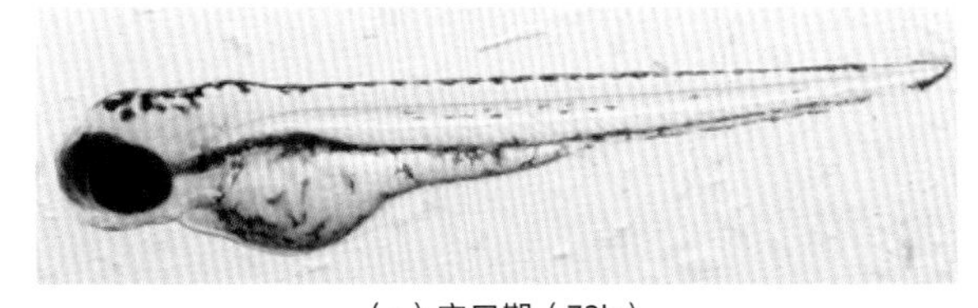

（c）突口期（72h）

图2-7　孵化期

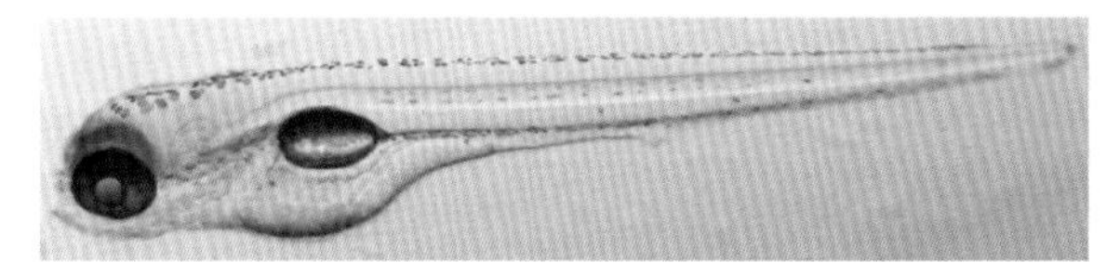

图2-8　早幼期(96h）

第三章　斑马鱼胚胎发育异常特征图谱

第一节　体形异常图谱

第二节　脑部异常图谱

第三节　嘴部异常图谱

第四节　眼部异常图谱

第五节　心脏异常图谱

第六节　肝脏异常图谱

第七节　卵黄囊异常图谱

第八节　鱼鳔异常图谱

第九节　肠道异常图谱

第十节　尾部异常图谱

第十一节　循环系统异常图谱

第一节　体形异常图谱

一、体长变化

杀菌用农药苯醚甲环唑暴露（浓度：1.0mg/L；时间：0～8dpf），导致斑马鱼仔鱼体长抑制。

如图3-1所示，图3-1（a）是对照组斑马鱼仔鱼代表性个体在8dpf时体长；图3-1（b）是苯醚甲环唑处理组（1.0mg/L）中出现体长抑制的斑马鱼仔鱼。

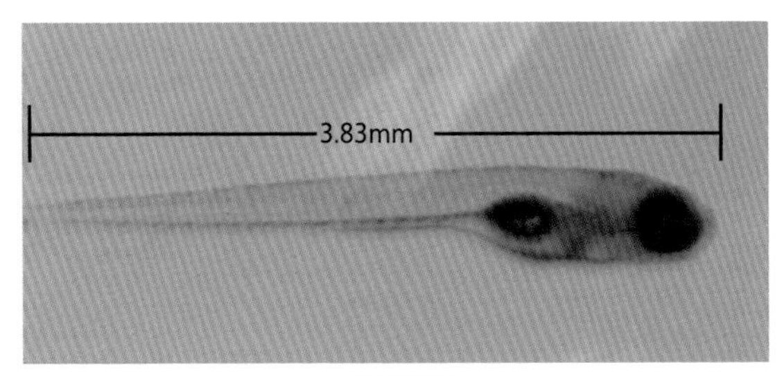

（a）对照组

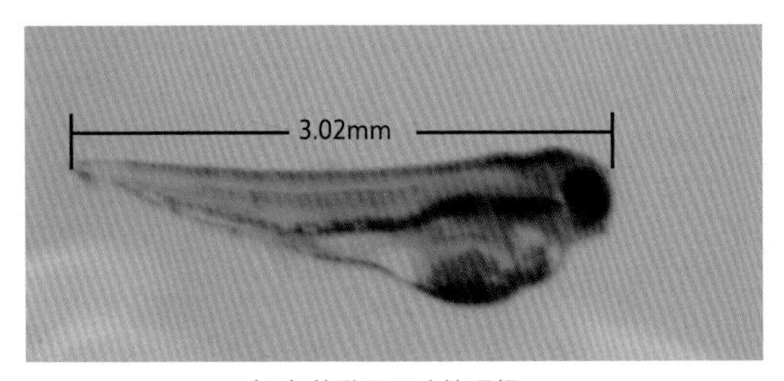

（b）苯醚甲环唑处理组

图3-1　对照组斑马鱼仔鱼代表性个体在8dpf时体长以及苯醚甲环唑处理组（1.0mg/L）中出现体长抑制的斑马鱼仔鱼

二、体轴弯曲

真菌毒素黄曲霉毒素B1（AFB1）暴露（浓度：50μg/L；时间：4.5～48hpf），导致120hpf仔鱼出现体轴弯曲。

如图3-2所示，图3-2（a）、（b）是对照组中斑马鱼仔鱼在120hpf时体轴，图3-2（c）、（d）是黄曲霉毒素B1处理组中体轴弯曲的斑马鱼仔鱼；图3-2（b）、 （c）分别是图3-2（a）、（d）的放大图。

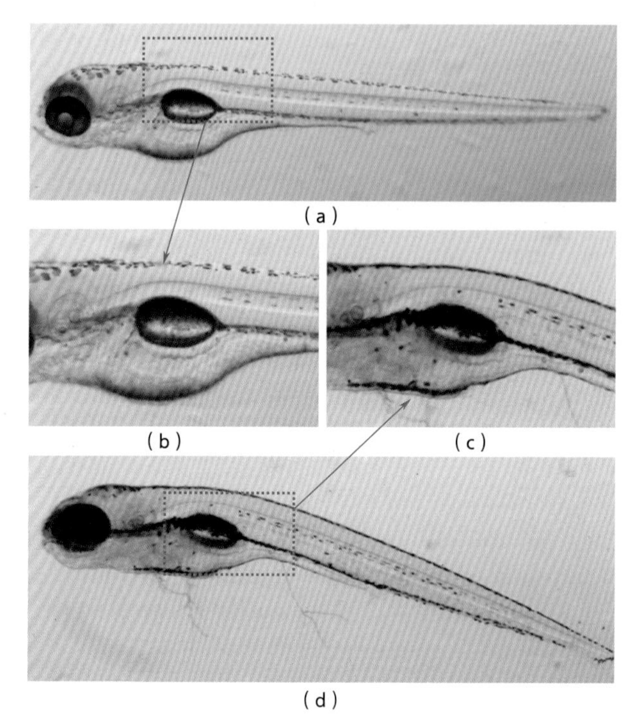

图 3-2　对照组中斑马鱼仔鱼在 120hpf 时体轴以及
黄曲霉毒素 B1 处理组中体轴弯曲的斑马鱼仔鱼

三、身体水肿

黄曲霉毒素B1暴露（浓度：50μg/L；时间：4.5～48hpf），导致120hpf仔鱼出现身体水肿。

如图3-3所示，图3-3（a）为对照组中斑马鱼仔鱼在120hpf时体轴；图3-3（b）、（c）为黄曲霉毒素B1处理组中出现水肿的个体，水肿出现在脑部、心脏、卵黄囊、脊柱等多个区域。

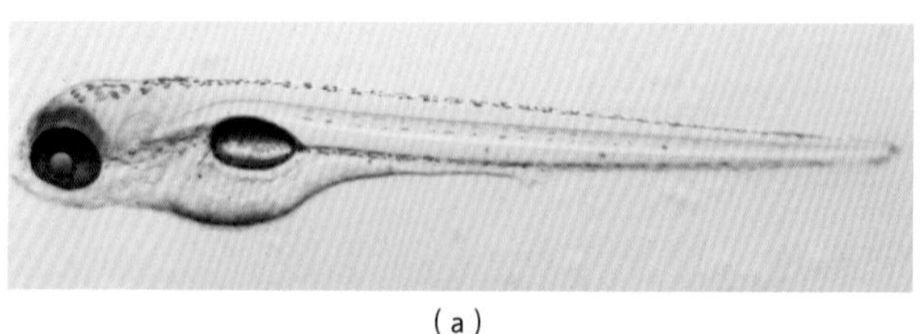

（a）

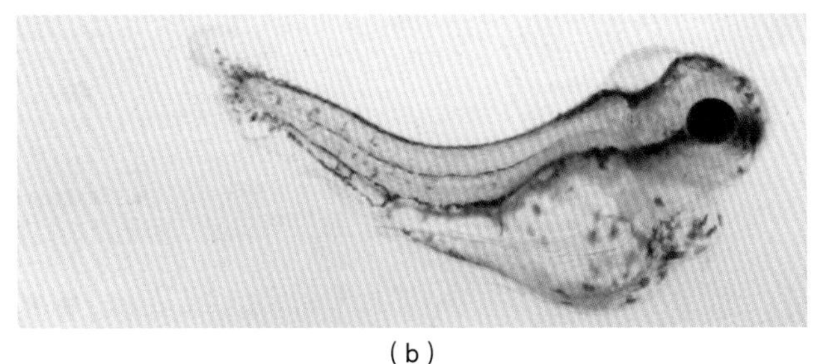

（b）

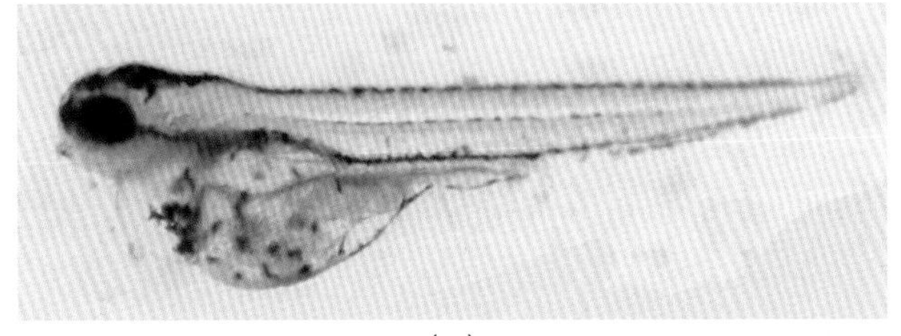

（c）

图 3-3　对照组中斑马鱼仔鱼在 120hpf 时体轴以及
黄曲霉毒素 B1 处理组中出现水肿的个体

四、身体出血

黄曲霉毒素B1暴露（浓度：50μg/L；时间：4.5～48hpf），导致120hpf仔鱼出现身体出血。

如图3-4所示，图3-4（a）、（b）为对照组斑马鱼仔鱼在120hpf时的身体发育情况；图3-4（c）、（d）为黄曲霉毒素B1处理组中的身体发育情况；图3-4（b）、（c）分别是图3-4（a）、（d）的放大图。

五、体节异常

双酚AF在斑马鱼胚胎期急性暴露（浓度：1.0mg/L；时间：2hpf ～72hpf），导致斑马鱼胚胎体节形态异常。

如图3-5所示，图3-5（a）、（b）是对照组斑马鱼仔鱼在72hpf时的体节形态，体节结构清晰可见，图3-5（c）、（d）是双酚AF处理组斑马鱼仔鱼在72hpf时体节形态，体节模糊，轮廓不清；图3-5（b）、（c）分别是图3-5（a）、（d）的放大图。

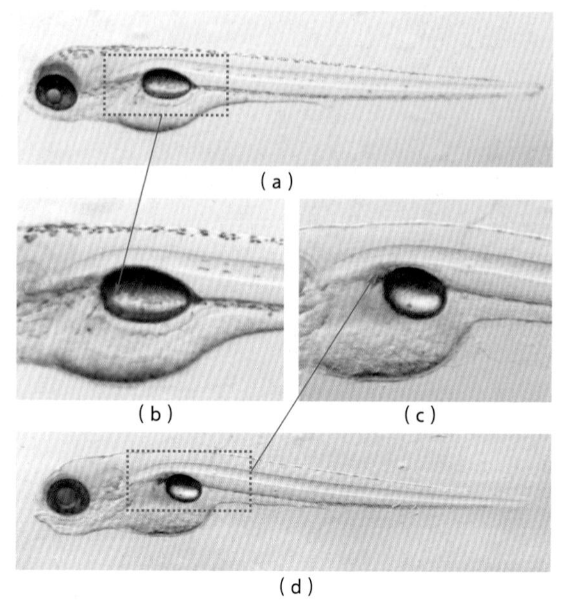

图 3-4　对照组斑马鱼仔鱼在 120hpf 时的身体发育情况
以及黄曲霉毒素 B1 处理组中的身体发育情况

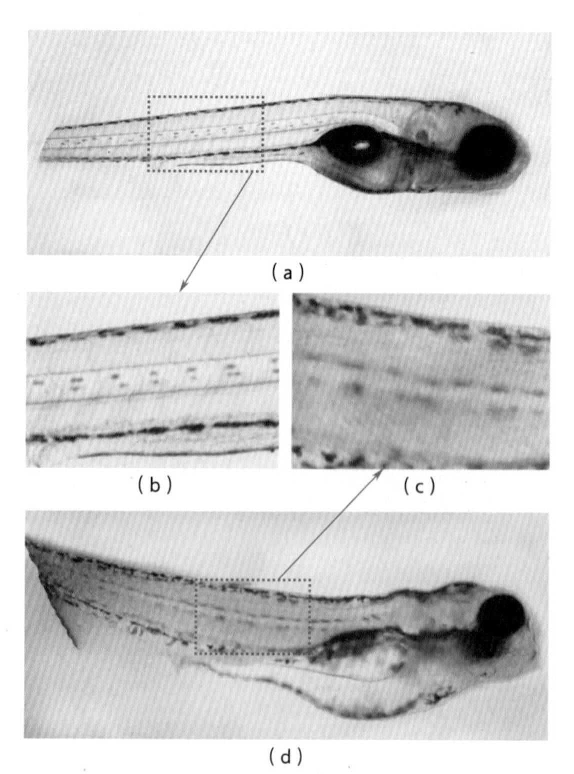

图 3-5　对照组斑马鱼仔鱼在 72hpf 时的体节形态以及双酚 AF 处理组
斑马鱼仔鱼在 72hpf 时体节形态

六、体色素异常－黑色素和黄色素异常

1. 黑色素附着下降

双酚F在斑马鱼胚胎期暴露（浓度：1mg/L，5mg/L，10mg/L；时间：2～48hpf），导致斑马鱼胚胎黑色素附着减少。

如图3-6所示。总体来看，斑马鱼胚胎黑色素附着率随双酚F的处理浓度增加而降低。具体体现为眼睛、脊柱和卵黄囊等区域色素沉着明显减少。图3-6（a）为对照组斑马鱼，图3-6（b）～（d）为双酚处理组中斑马鱼在48hpf时的黑色素的附着情况。

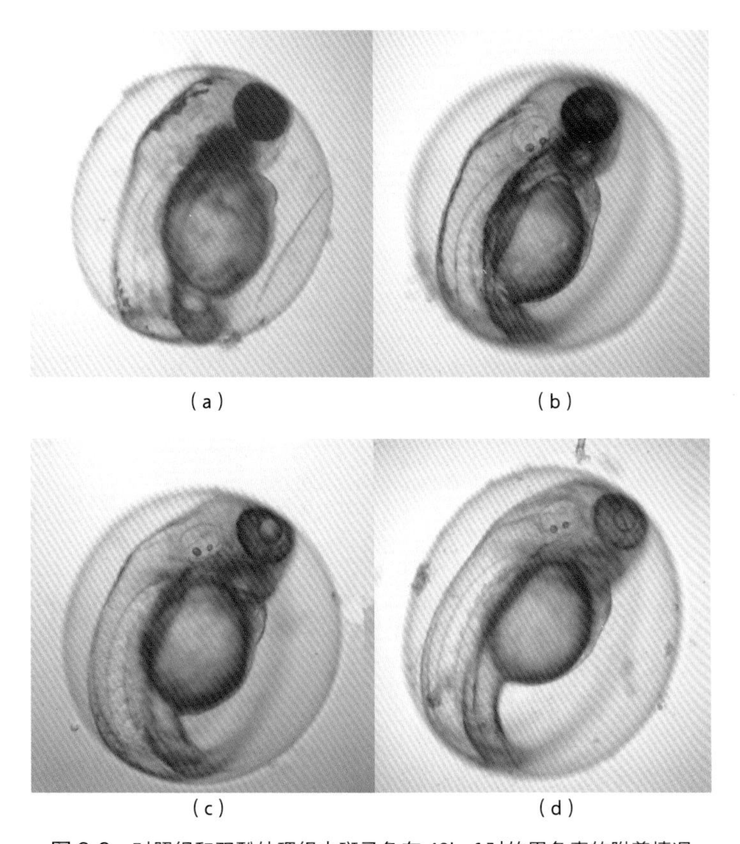

（a） （b） （c） （d）

图3-6 对照组和双酚处理组中斑马鱼在48hpf时的黑色素的附着情况

双酚F引起斑马鱼胚胎黑色素附着的超微结构如图3-7所示。由图3-7可看出双酚F在较低剂量下，影响主要表现为黑色素颗粒颜色变浅、粒径有所减小，而高剂量处理后黑色素颗粒数量和粒径明显降低，且颜色变浅。

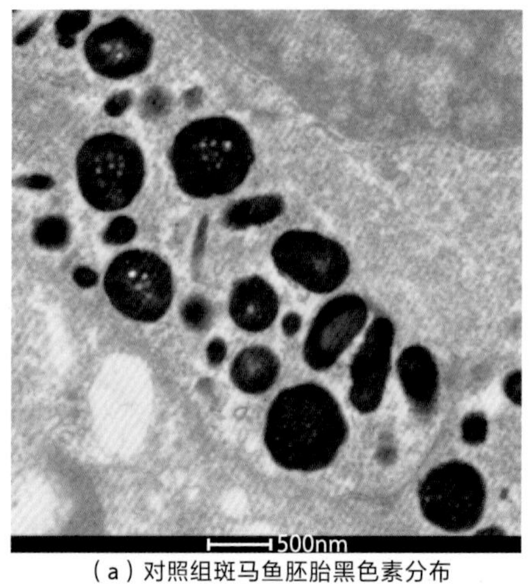

（a）对照组斑马鱼胚胎黑色素分布

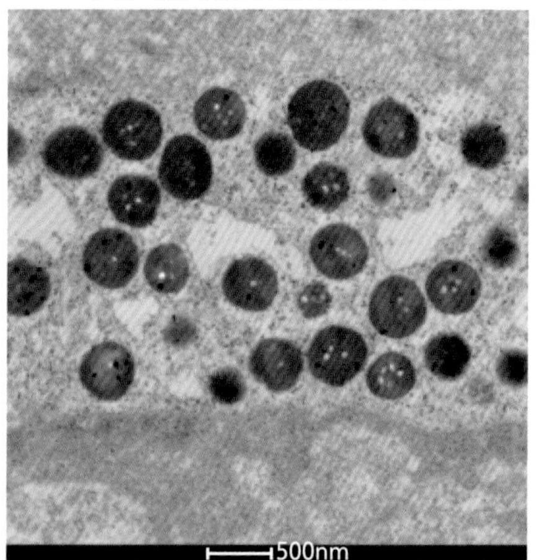

（b）0.5mg/L 双酚F处理组斑马鱼胚胎黑色素分布

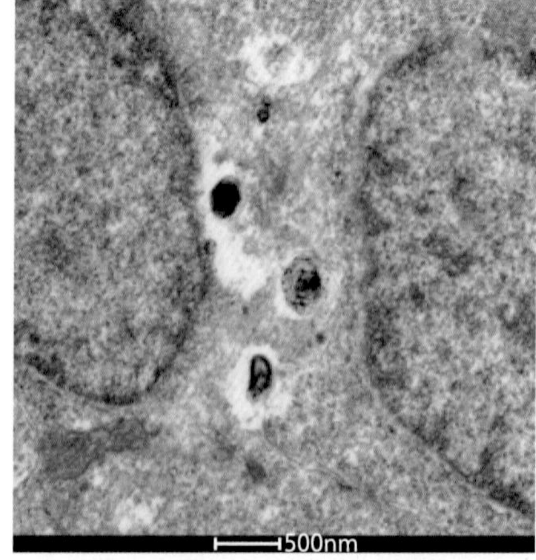

（c）5.0mg/L 双酚F处理组斑马鱼胚胎黑色素分布

图 3-7　斑马鱼胚胎黑色素分布

双酚F诱导96hpf斑马鱼仔鱼黑色素附着减少。具体体现为眼睛、脊柱和卵黄囊等区域色素沉着明显减少，如图3-8所示。

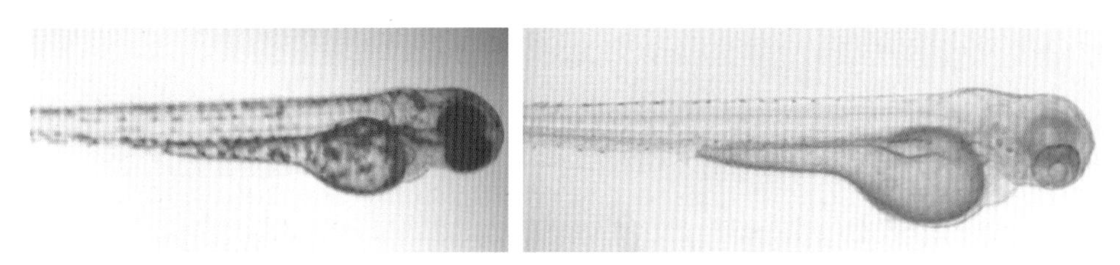

（a）对照组斑马鱼　　（b）双酚F处理组斑马鱼

图3-8　对照组及双酚F处理组斑马鱼色素分布

2.黑色素附着增加

苯醚甲环唑暴露（浓度：1.5mg/L；时间：72hpf），引起9dpf斑马鱼仔鱼黑色素沉积增加。

如图3-9所示，图3-9（a）左为对照组斑马鱼仔鱼腹部面图，图3-9（a）右为苯醚甲环唑处理组斑马鱼仔鱼腹部面图；图3-9（b）左为对照组斑马鱼仔鱼背部面图，图3-9（b）右为苯醚甲环唑处理组斑马鱼仔鱼背部面图；图3-9（c）左为对照组斑马鱼仔鱼侧面图，图3-9（c）右为苯醚甲环唑处理组斑马鱼仔鱼侧面图。

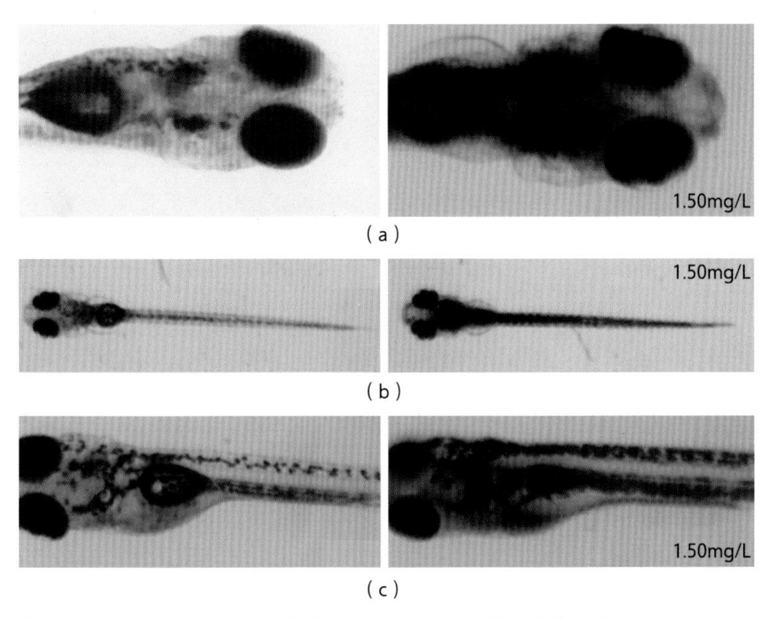

图3-9　对照组和苯醚甲环唑处理组斑马鱼仔鱼各部位面图

第二节　脑部异常图谱

一、脑部区域变小

黄曲霉毒素B1暴露（浓度：75μg/L；时间：4～120hpf），导致斑马鱼仔鱼脑部区域变小。

如图3-10所示，图3-10（a）、（b）为对照组斑马鱼仔鱼在120hpf时脑部区域发育情况，脑部区域发育良好完整；图3-10（c）、（d）为黄曲霉毒素B1处理组斑马鱼仔鱼在120hpf时脑部区域发育情况，脑部区域明显变窄；图3-10（b）、（d）分别为图3-10（a）、（c）原来部分放大后另成的图。

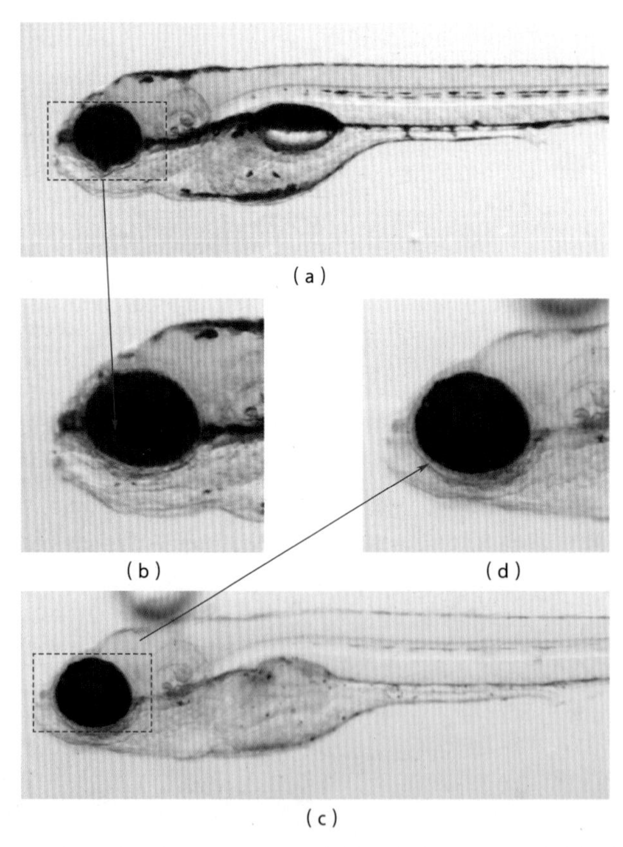

图3-10　对照组斑马鱼仔鱼在120hpf时脑部区域发育情况以及黄曲霉毒素B1处理组斑马鱼仔鱼在120hpf时脑部区域发育情况

二、脑部区域颜色异常

黄曲霉毒素B1暴露（浓度：100μg/L；时间：4～120hpf），导致斑马鱼仔鱼脑部区域颜色异常。

如图3-11所示，图3-11（a）、（b）为对照组斑马鱼仔鱼在120hpf时脑部发育情况，脑部发育良好且颜色均匀；图3-11（c）、（d）为黄曲霉毒素B1处理组斑马鱼仔鱼在120hpf时脑部发育情况，颜色变浅且部分区域褪色，其中图3-11（b）、（c）分别为（a）、（d）原来部分放大后另成的图。

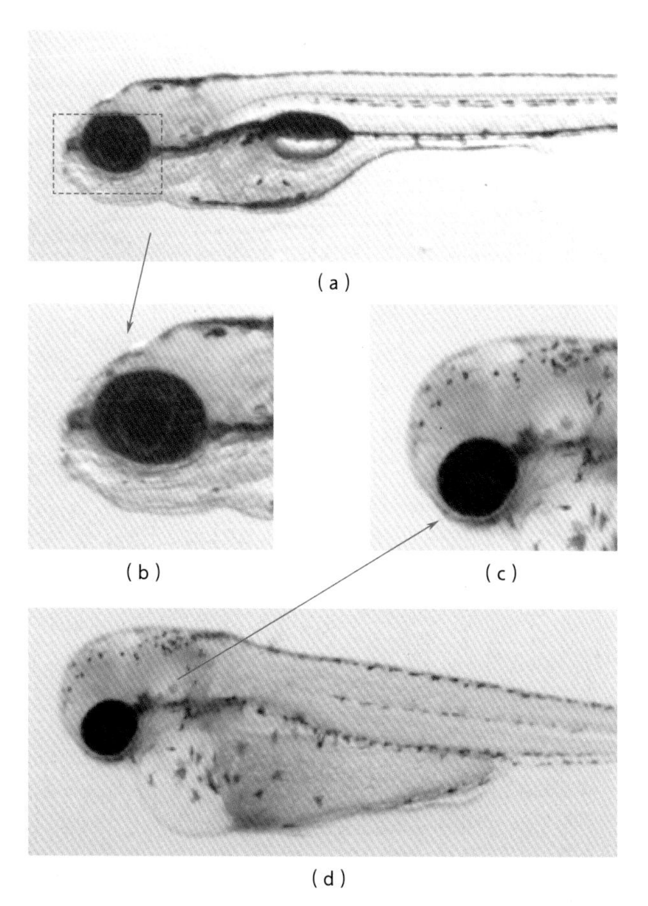

图3-11 对照组斑马鱼仔鱼以及黄曲霉毒素B1处理组斑马鱼仔鱼在120hpf时脑部发育情况

三、脑部畸形

兽药氟苯尼考暴露（浓度：100mg/L；时间：4～120hpf），导致斑马鱼仔鱼脑部畸形。

如图3-12所示，图3-12（a）、（b）为对照组斑马鱼仔鱼在120hpf时脑部发育情况，脑部发育良好且完整；图3-12（c）、（d）氟苯尼考处理组斑马鱼仔鱼在120hpf时脑部发育情况，脑部变小且出现明显水肿，其中图3-12（a）、（d）为（b）、（c）原来部分放大后另成的图。

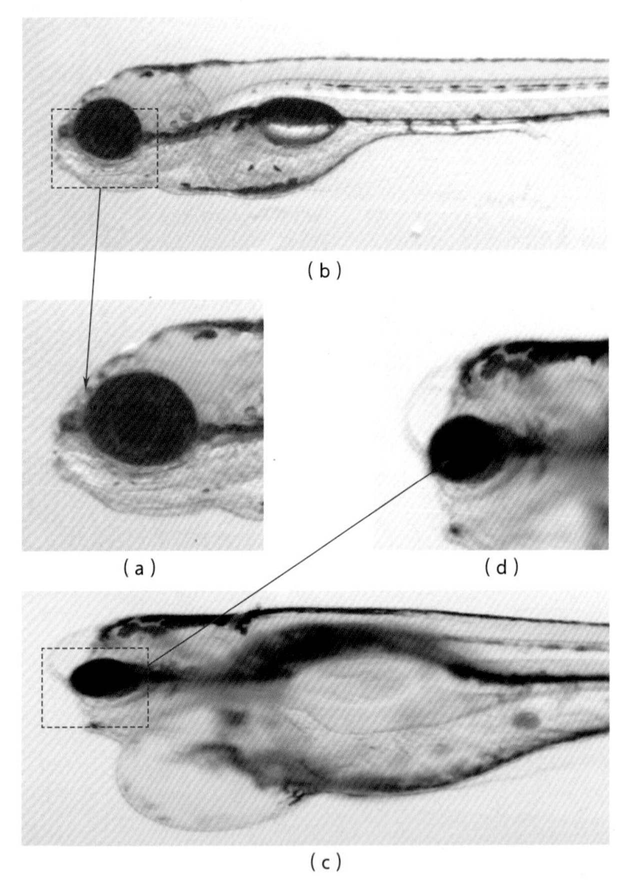

图3-12　对照组斑马鱼仔鱼在120hpf时脑部发育情况以及氟苯尼考处理组斑马鱼仔鱼在120hpf时脑部发育情况

四、脑部变性

氟苯尼考暴露（浓度：100mg/L时间：4～120hpf），导致斑马鱼仔鱼脑部变性。

如图3-13所示，图3-13（a）、（b）为对照组斑马鱼仔鱼在120hpf时脑部区域发育情况，脑部区域发育良好且完整；图3-13（e）、（f）为氟苯尼考处理组斑马鱼仔鱼在120hpf时脑部区域发育情况，图3-13（c）、（d）中氟苯尼考处理组斑马鱼仔鱼头部呈很明显的半球状凸起，（e）、（f）图斑马鱼仔鱼脑部部分区域褪色且发育异常，其中图3-13（b）、（c）、（e）为（a）、（f）、（d）图原来部分放大后另成的图。

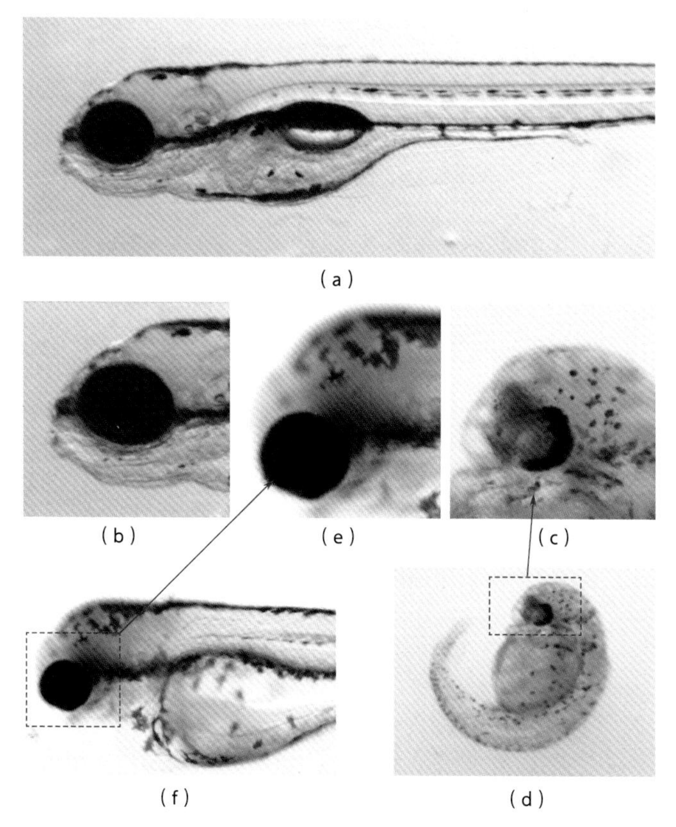

图3-13　对照组斑马鱼仔鱼在120hpf时脑部区域发育情况以及氟苯尼考处理组斑马鱼仔鱼在120hpf时脑部区域发育情况

五、脑部积液水肿

氟苯尼考暴露（浓度：100mg/L；时间：4～120hpf），导致斑马鱼仔鱼脑部积液水肿。

如图3-14所示，图3-14（a）、（b）为对照组斑马鱼仔鱼在120hpf时脑部发育情况，脑部发育良好且完整；图3-14（c）、（d）为氟苯尼考处理组斑马鱼仔鱼在120hpf时脑部发育情况，脑部上方积液堆积出现明显水肿，其中图3-14（b）、（d）为（a）、（c）图原来部分放大后另成的图。

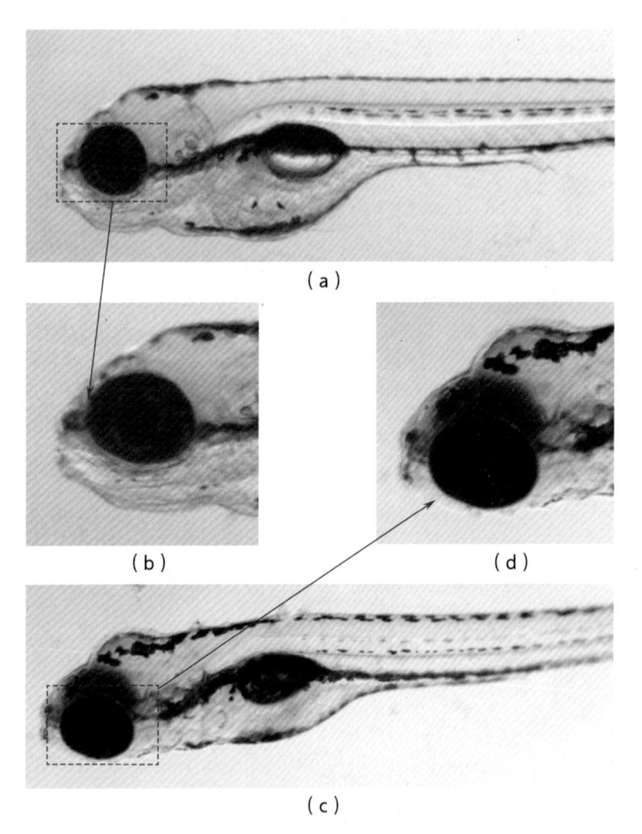

图3-14 对照组斑马鱼仔鱼在120hpf时脑部发育情况以及氟苯尼考处理组斑马鱼仔鱼在120hpf时脑部发育情况

第三节 嘴部异常图谱

一、吻部突出

黄曲霉毒素B1在斑马鱼胚胎期暴露（浓度：25ug/L；时间：4～120hpf），导致斑马鱼胚胎吻部向前变长突出。

如图3-15所示，图3-15（a）、（b）为对照组斑马鱼仔鱼在120hpf时的吻部发育情况；图3-15（c）、（d）为黄曲霉毒素B1处理组仔鱼在120hpf时的吻部发育情况，总体来看，处理组斑马鱼仔鱼吻部突出明显，其中图3-15（b）、（c）分别为（a）、（d）图原来部分放大后另成的图。

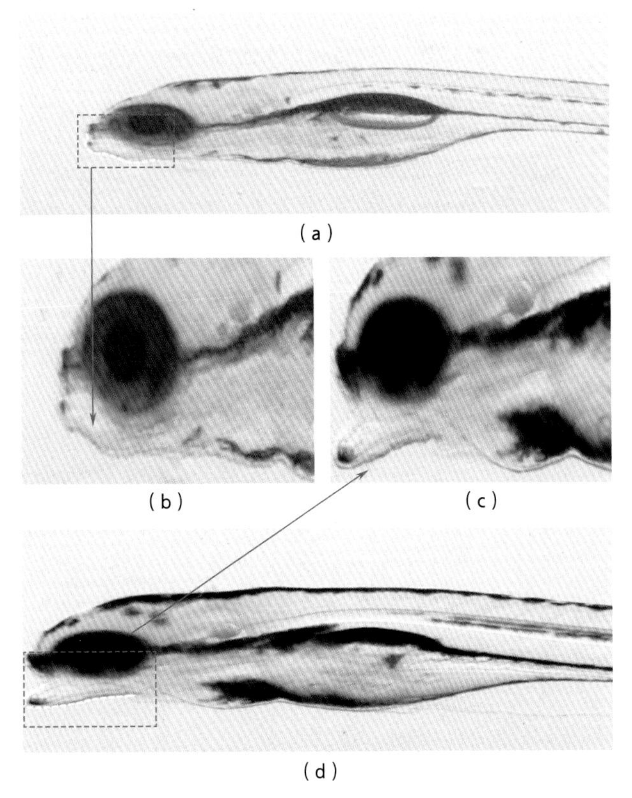

图3-15　对照组仔鱼在120hpf时的吻部发育情况以及黄曲霉毒素B1处理组仔鱼在120hpf时的吻部发育情况

二、下颌变短

黄曲霉毒素B1在斑马鱼胚胎期暴露（浓度：25ug/L；时间：4～120hpf），导致斑马鱼胚胎下颌变短。

如图3-16所示，图3-16（a）、（b）为对照组仔鱼在120hpf时的下颌发育情况，下颌发育正常；图3-16（c）、（d）为黄曲霉毒素B1处理组仔鱼在120hpf时的下颌发育情况，总体来看处理组斑马鱼仔鱼下颌变短明显。

三、下颌畸形

氟苯尼考在斑马鱼胚胎期暴露（浓度：1.0mg/L；时间：4～120hpf），

导致斑马鱼胚胎下颌畸形。如图3-17所示，图3-17（a）、（b）为对照组仔鱼在120hpf时的下颌发育情况，发育正常无明显畸形；图3-17（c）、（d）为氟苯尼考处理组仔鱼在120hpf时的下颌发育情况，总体来看处理组斑马鱼胚胎下颌畸形。

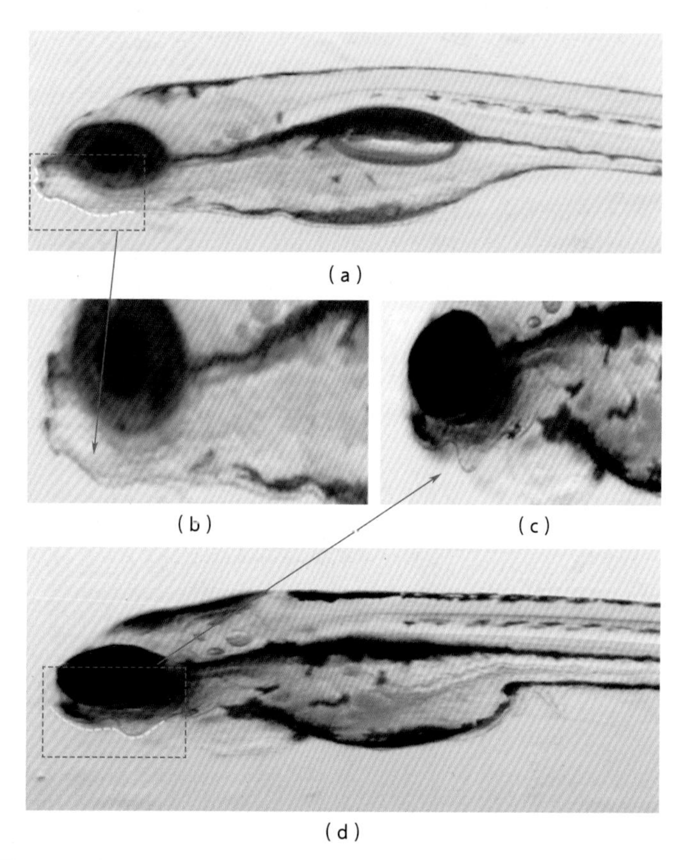

图3-16　对照组仔鱼在120hpf时的下颌发育情况以及黄曲霉毒素B1处理组仔鱼在120hpf时的下颌发育情况

四、下颌折角变小（下颌更加突出）

黄曲霉毒素B1在斑马鱼胚胎期暴露（浓度：25μg/L；时间：4～120hpf），导致斑马鱼胚胎下颌折角变小。

如图3-18所示，图3-18（a）、（b）为对照组仔鱼在120hpf时的下颌发育情况，发育正常无明显畸形；图3-18（c）、（d）为黄曲霉毒素B1处理组仔鱼在120hpf时的下颌发育情况，总体来看处理组斑马鱼胚胎下颌突出明显，折角变小。

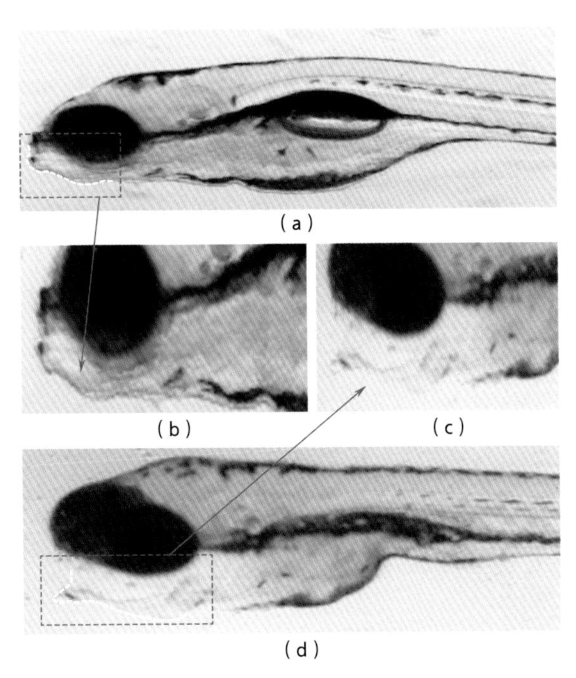

图 3-17　对照组仔鱼 120hpf 时的下颌发育情况以及氟苯尼考处理组仔鱼在 120hpf 时的下颌发育情况

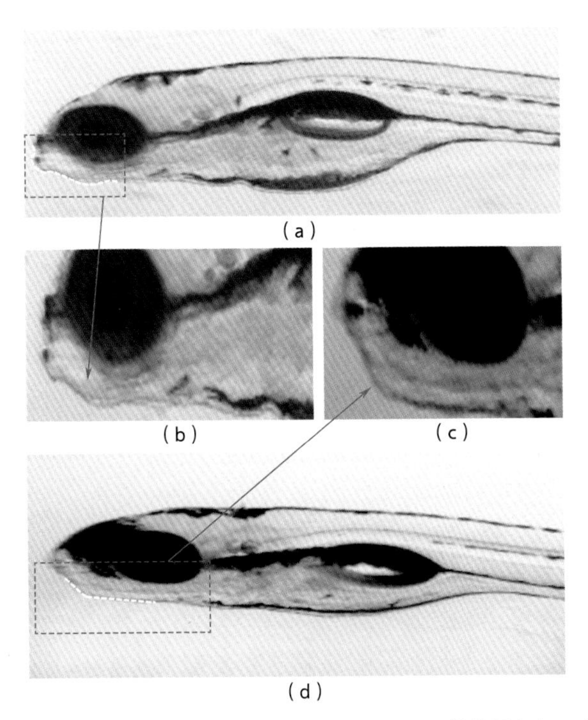

图 3-18　对照组仔鱼在 120hpf 时的下颌发育情况以及黄曲霉毒素 B1 处理组仔鱼在 120hpf 时的下颌发育情况

五、下颌折角变大（下颌变平）

黄曲霉毒素B1在斑马鱼胚胎期暴露（浓度：25μg/L；时间：4～120hpf），导致斑马鱼胚胎下颌折角变大。

如图3-19所示，图3-19（a）、（b）为对照组仔鱼在120hpf时的下颌发育情况，发育正常，无明显畸形；图3-19（c）、（d）为黄曲霉毒素B1处理组仔鱼在120hpf时的下颌发育情况，总体来看处理组斑马鱼胚胎下颌变平，折角变大。

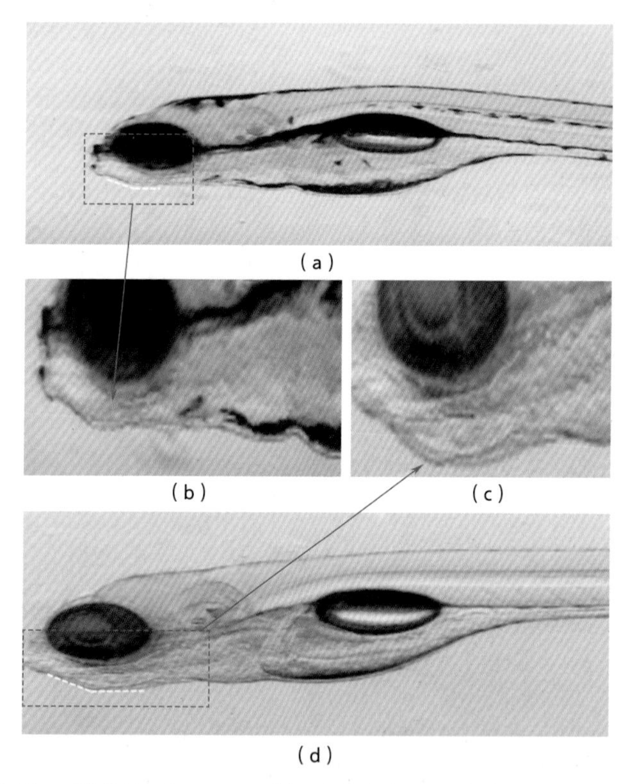

图3-19　对照组仔鱼在120hpf时的下颌发育情况以及黄曲霉毒素B1处理组仔鱼在120hpf时的下颌发育情况

第四节　眼部异常图谱

一、眼部变大

黄曲霉毒素B1暴露（浓度：75μg/L；时间：4～120hpf），导致斑马鱼仔鱼眼部变大。

如图3-20所示，图3-20（a）、（b）为对照组斑马鱼仔鱼在120hpf时眼部发育情况；图3-20（c）、（d）为黄曲霉毒素B1处理组斑马鱼仔鱼在120hpf时眼部发育情况，眼部面积明显增大。

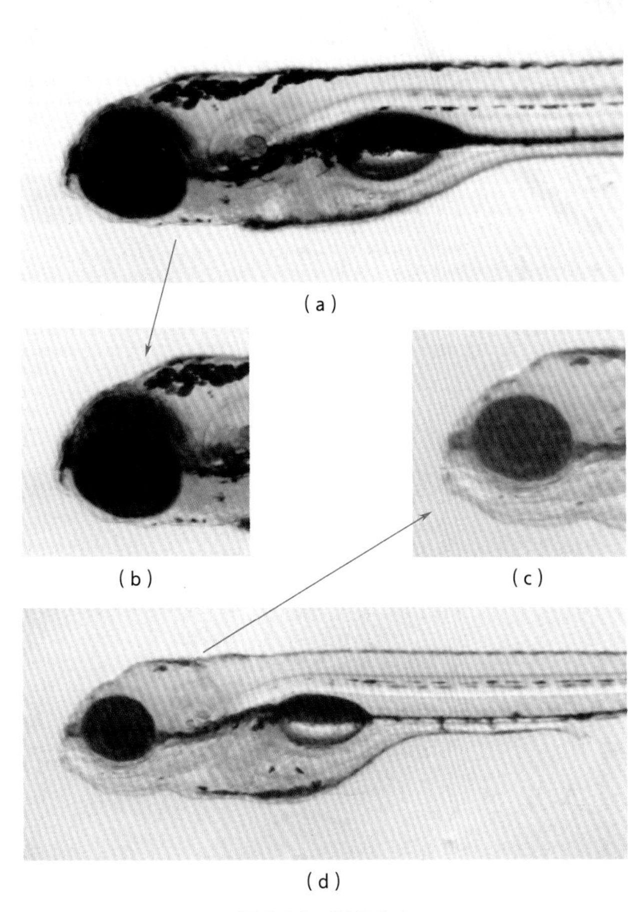

图3-20 眼部变大

二、眼部变小

黄曲霉毒素B1暴露（浓度：75μg/L；时间：4.5～48hpf），导致120hpf仔鱼眼部变小。

如图3-21所示，图3-21（a）、（b）为对照组中斑马鱼仔鱼在120hpf眼部发育情况；图3-21（c）、（d）为黄曲霉毒素B1处理组斑马鱼仔鱼在120hpf时眼部发育情况，眼部面积明显变小。

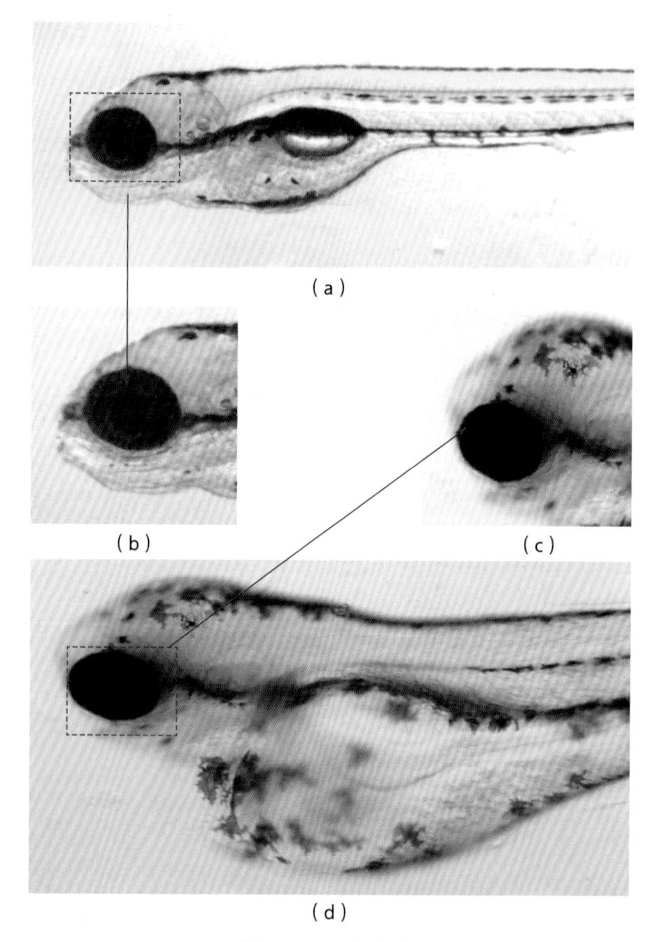

图3-21　眼部变小

三、眼部畸形

双酚G暴露（浓度：1000μg/L；时间：4～120hpf），导致斑马鱼仔鱼眼部畸形。

如图3-22所示，图3-22（a）、（b）为对照组斑马鱼仔鱼在120hpf时眼部发育情况；图3-22（c）、（d）为双酚G处理组斑马鱼仔鱼在120hpf时眼部发育情况，眼部周围明显凸起。

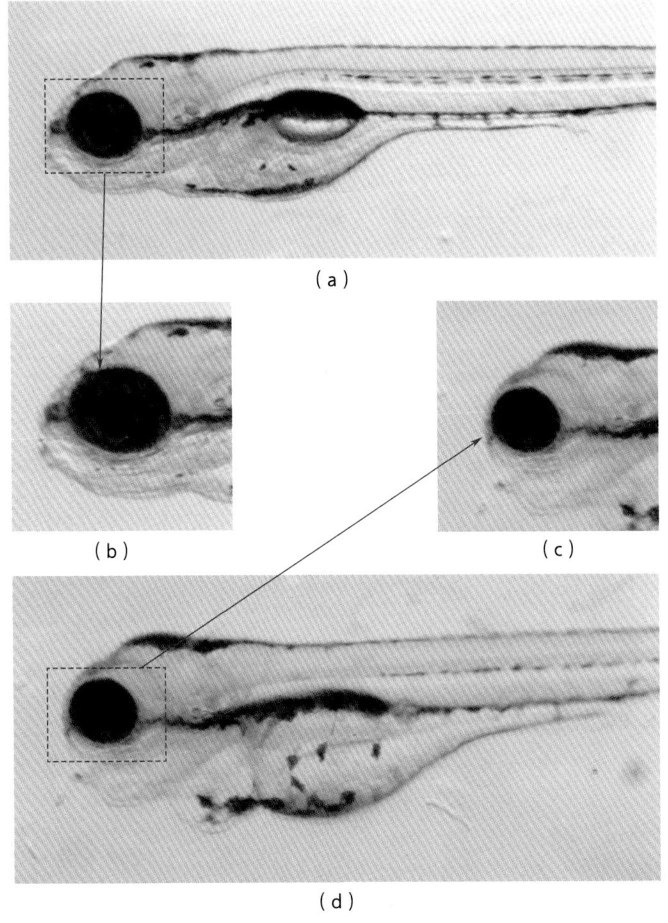

图 3-22 眼部畸形

第五节 心脏异常图谱

一、心室肥大

氟西汀（浓度：100mg/L）处理后心室异常，如图3-23所示。

二、心房肥大

氟西汀（浓度：100mg/L）处理后心房异常，如图3-24所示。

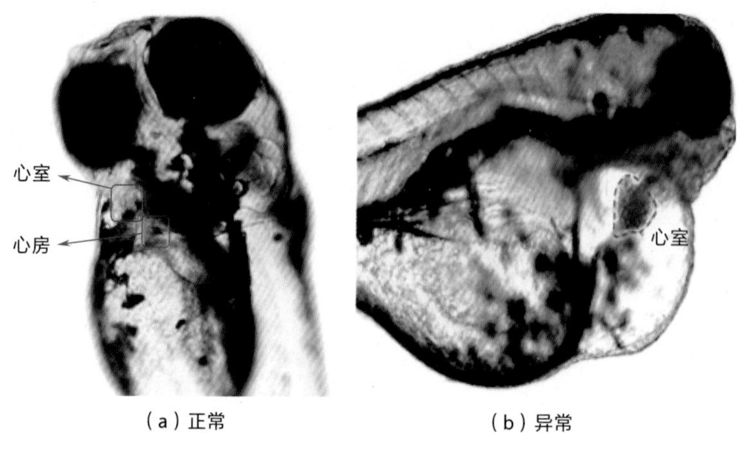

图 3-23　心室图

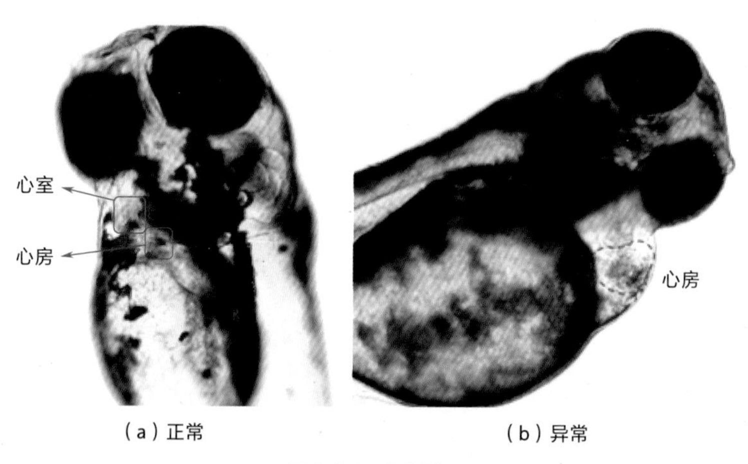

图 3-24　心房图

三、心包肿大（积液水肿）

黄曲霉毒素B1在斑马鱼胚胎期暴露（浓度：25μg/L；时间：4～120hpf），导致斑马鱼胚胎心包肿大。

如图3-25所示，图3-25（a）、（b）为对照组仔鱼在120hpf时的心脏发育情况，无明显畸形，发育正常；图3-25（c）、（d）为黄曲霉毒素B1处理组仔鱼在120hpf时的心脏发育情况，处理组斑马鱼胚胎相较于对照组心包水肿变大。其中，图3-25（b）、（c）为（a）、（d）图原来部分放大后另成的图。

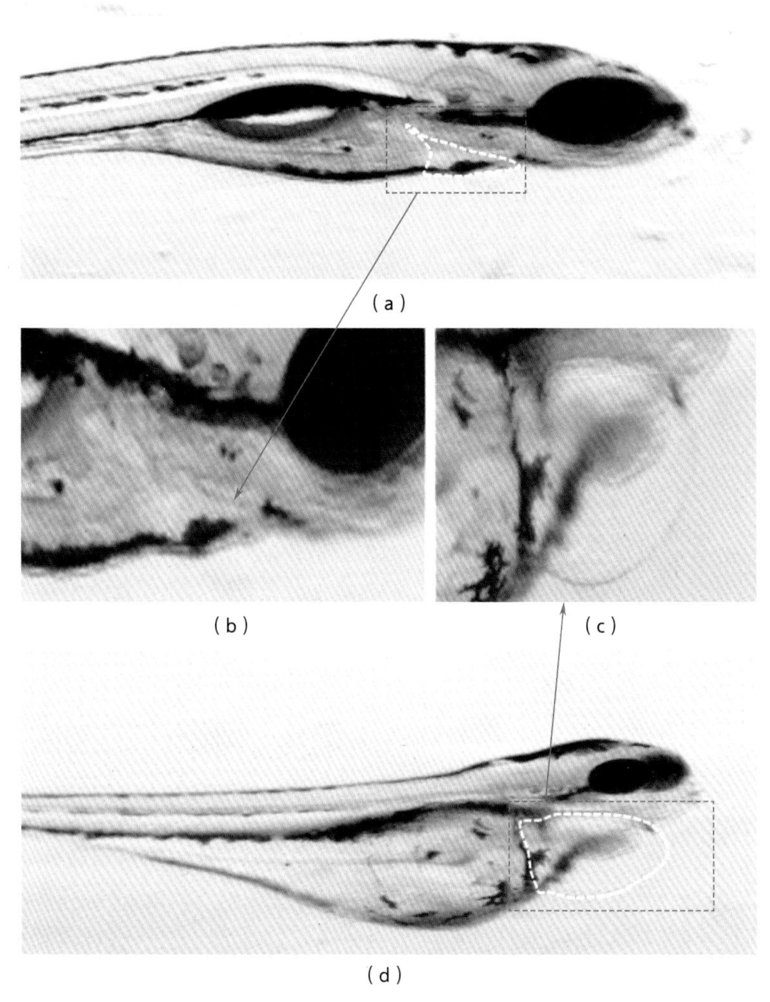

图 3-25 对照组仔鱼在 120hpf 时的心脏发育情况以及黄曲霉毒素 B1 处理组仔鱼在 120hpf 时的心脏发育情况

四、心包变小

黄曲霉毒素B1在斑马鱼胚胎期暴露（浓度：25μg/L；时间：4～120hpf），导致斑马鱼胚胎心包变小。

如图3-26所示，图3-26（a）、（b）为对照组仔鱼在120hpf时的心脏发育情况，无明显畸形，发育正常；图3-26（c）、（d）为黄曲霉毒素B1处理组仔鱼在120hpf时的心脏发育情况，总体来看处理组斑马鱼胚胎相较于对照组心包水肿变小。其中，图3-26（b）、（c）为（a）、（d）图原来部分放大后另成的图。

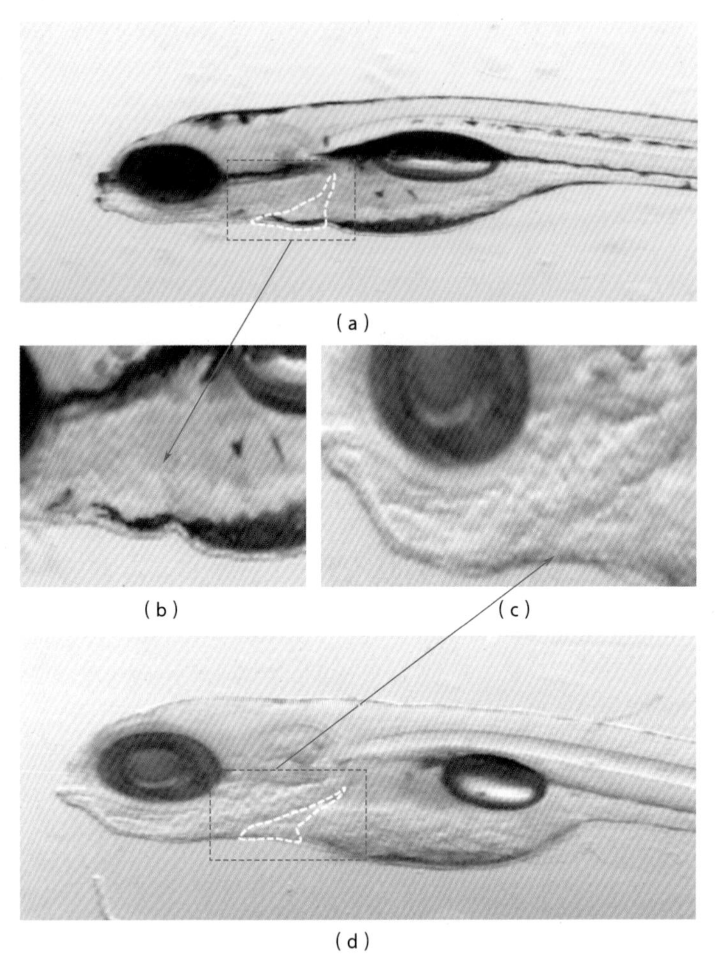

图 3-26 对照组仔鱼在 120hpf 时的心脏发育情况以及黄曲霉毒素 B1 处理组仔鱼在 120hpf 时的心脏发育情况

五、血流异常

黄曲霉毒素B1在斑马鱼胚胎期暴露（浓度：25μg/L；时间：4～120hpf），导致斑马鱼胚胎血流分布异常。

如图3-27所示，图3-27（a）、（b）为对照组仔鱼在120hpf时的心脏血流分布情况，无明显异常，血流分布正常；图3-27（c）、（d）为黄曲霉毒素B1处理组仔鱼在120hpf时的心脏血流分布情况，总体来看处理组斑马鱼胚胎相较于对照组心脏血流异常呈扩散分布。其中图3-27（b）、（c）为（a）、（d）图原来部分放大后另成的图。

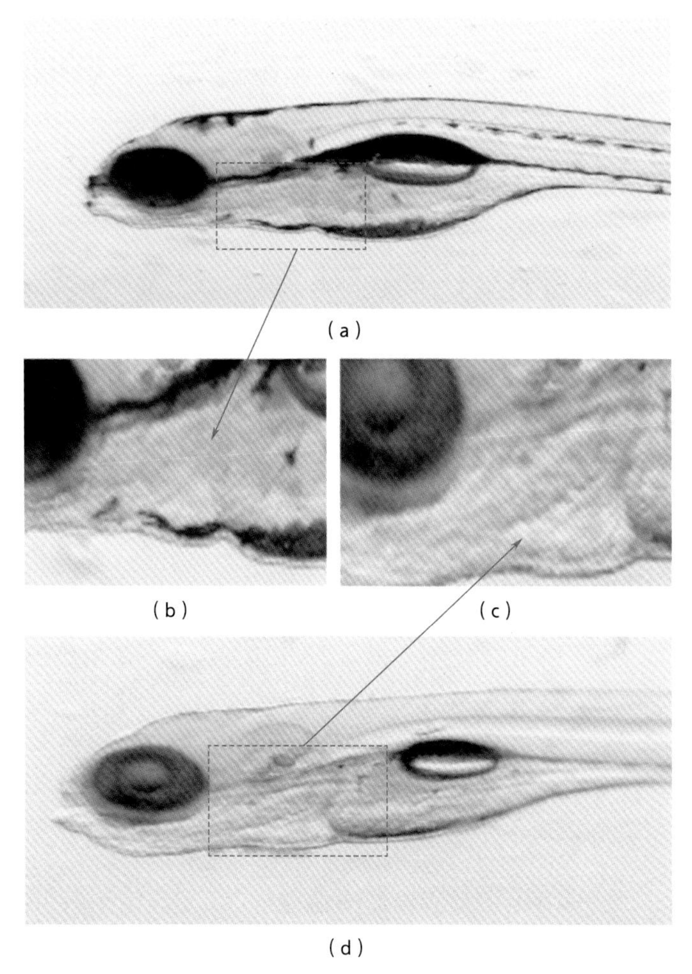

图 3-27 对照组仔鱼在 120hpf 时的心脏血流分布情况以及黄曲霉毒素 B1 处理组仔鱼在 120hpf 时的心脏血流分布情况

六、心脏淤血

黄曲霉毒素B1在斑马鱼胚胎期暴露（浓度：25μg/L；时间：4～120hpf），导致斑马鱼胚胎心脏淤血，块状聚集。

如图3-28所示，图3-28（a）、（b）为对照组仔鱼在120hpf时的心脏血流分布情况，无明显异常，血流分布正常；图3-28（c）、（d）为黄曲霉毒素B1处理组仔鱼在120hpf时的心脏血流分布情况。其中图3-28（b）、（c）为（a）、（d）图原来部分放大后另成的图。

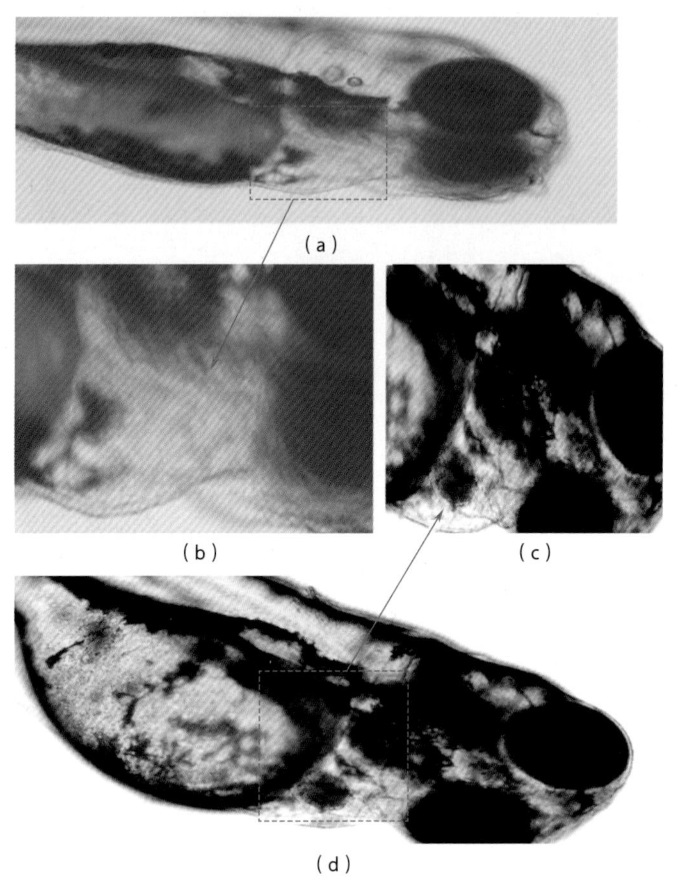

图 3-28　对照组仔鱼在 120hpf 时的心脏血流分布情况以及黄曲霉毒素 B1 处理组仔鱼在 120hpf 时的心脏血流分布情况

第六节　肝脏异常图谱

一、肝脏变大

黄曲霉毒素B1暴露（浓度：50μg/L；时间：4.5～48hpf），导致*Tg*（*fabp10a*：*DsRed*）转基因斑马鱼肝脏变大。

如图3-29所示，图3-29（a）、（b）为对照组斑马鱼肝脏，图3-29（c）、（d）为处理组黄曲霉毒素B1暴露存在肝脏变大的斑马鱼肝脏；图3-29（e）为荧光条件下拍摄的对照组斑马鱼肝脏；图3-29（f）为荧光条件下拍摄的处理组斑马鱼肝脏。

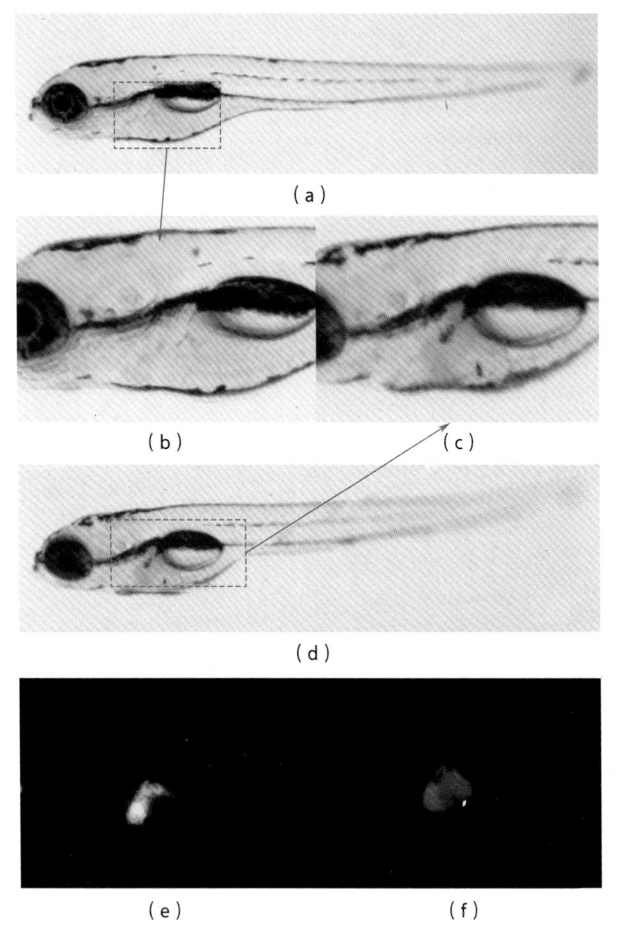

图 3-29　对照组斑马鱼肝脏、黄曲霉毒素 B1 暴露存在肝脏变大症状的斑马鱼肝脏，以及荧光条件下拍摄的对照组斑马鱼肝脏和处理组斑马鱼肝脏

二、肝脏变小

黄曲霉毒素B1暴露（浓度：50μg/L；时间：4.5～48hpf），导致*Tg*（*fabp10a*：*DsRed*）转基因斑马鱼肝脏变小。

如图3-30所示，图3-30（a）、（b）为对照组斑马鱼肝脏；图3-30（c）、（d）为黄曲霉毒素B1暴露存在肝脏变小症状的斑马鱼肝脏；图3-30（e）为荧光条件下拍摄的对照组斑马鱼肝脏；图3-30（f）为荧光条件下拍摄的处理组斑马鱼肝脏。

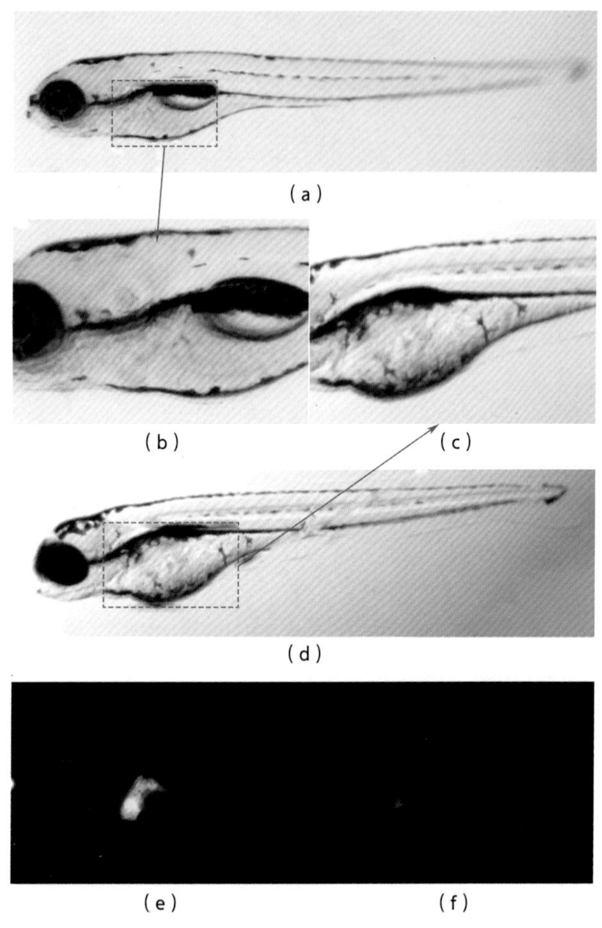

图 3-30　对照组斑马鱼肝脏，黄曲霉毒素 B1 暴露存在肝脏变小症状的斑马鱼肝脏，以及荧光条件下拍摄的对照组斑马鱼肝脏和处理组斑马鱼肝脏

三、肝脏缺失

黄曲霉毒素B1暴露（浓度：50μg/L；时间：4.5～48hpf）后，导致斑马鱼肝脏缺失。

如图3-31所示，图3-31（a）、（b）为对照组肝脏；图3-31（c）、（d）为黄曲霉素B1暴露后斑马鱼肝脏面积（几乎看不到肝脏区域）。

四、肝脏变性

黄曲霉毒素B1暴露（浓度：50μg/L；时间：4.5～48hpf）后，导致斑马鱼肝脏变性。

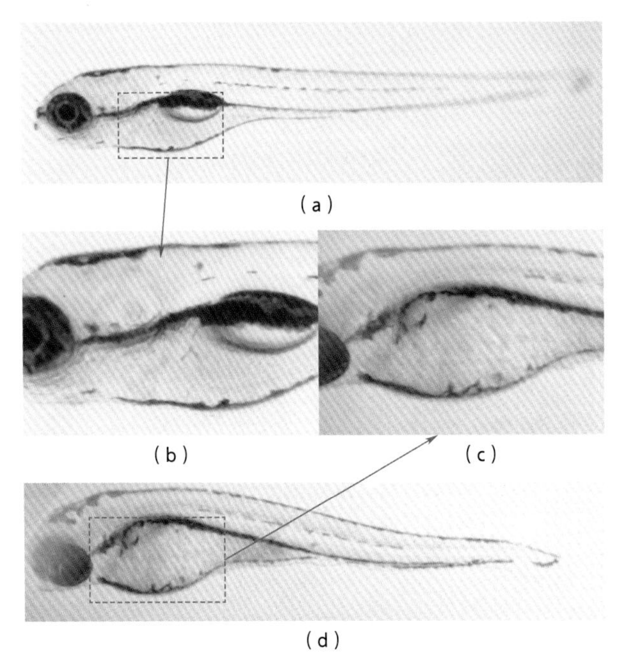

图 3-31　对照组肝脏及黄曲霉毒素 B1 暴露后斑马鱼肝脏面积

如图3-32所示，图3-32（a)、(b）为对照组肝脏；图3-32（c)、(d）为黄曲霉毒素B1暴露后斑马鱼肝脏。

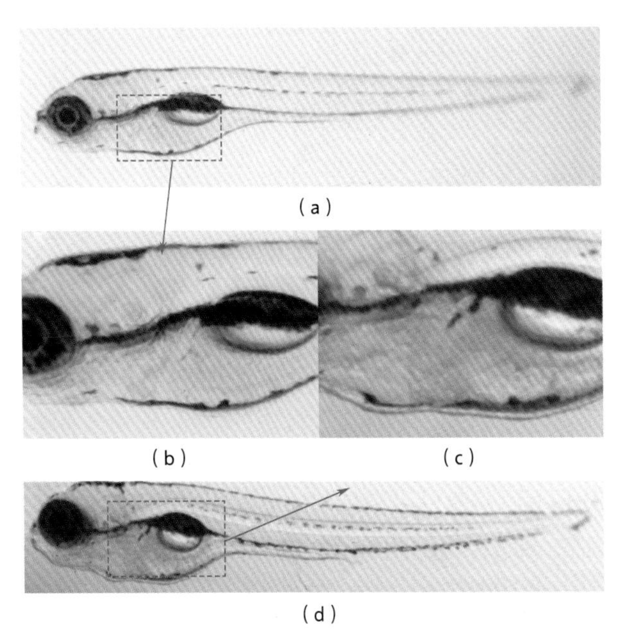

图 3-32　对照组肝脏及黄曲霉毒素 B1 暴露后斑马鱼肝脏

五、肝脏颜色不透明（变暗）

黄曲霉毒素B1暴露（浓度：50μg/L；时间：4.5～48hpf）后，导致斑马鱼肝脏变暗。

如图3-33所示，图3-33（a）、（b）为对照组肝脏；图3-33（c）、（d）为黄曲霉毒素B1暴露后的斑马鱼肝脏。

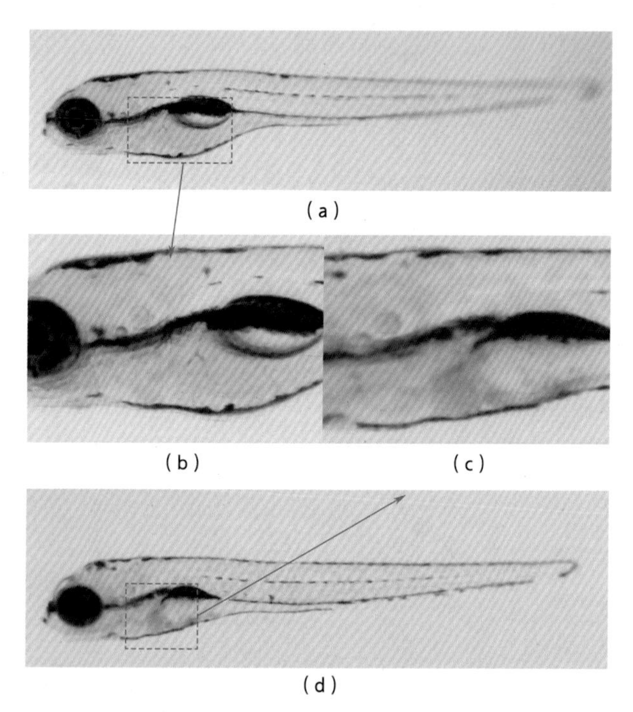

图 3-33　对照组肝脏及黄曲霉毒素 B1 暴露后斑马鱼肝脏

第七节　卵黄囊异常图谱

一、卵黄囊变大

邻苯二甲酸二丁酯（DBP）胚胎期暴露，导致卵黄囊增大。

如图3-34所示，图3-34（a）为对照组斑马鱼在48hpf时的卵黄囊及尺寸，图3-34（b）为50μg/L DBP暴露后斑马鱼在48hpf时的卵黄囊及尺寸，图3-34（c）为250μg/L DBP暴露后斑马鱼在48hpf时的卵黄囊及尺寸。

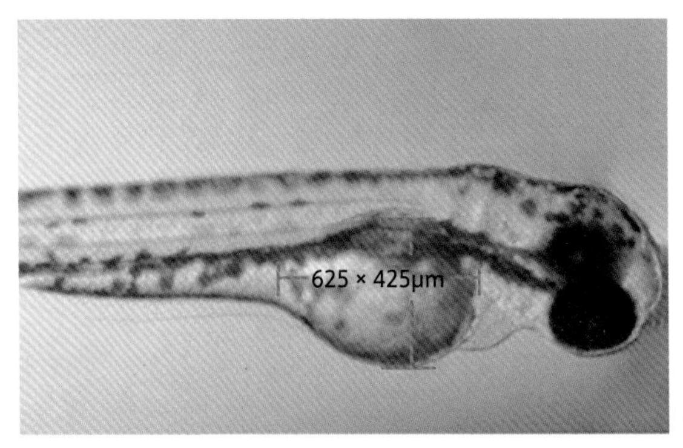

（a）对照组

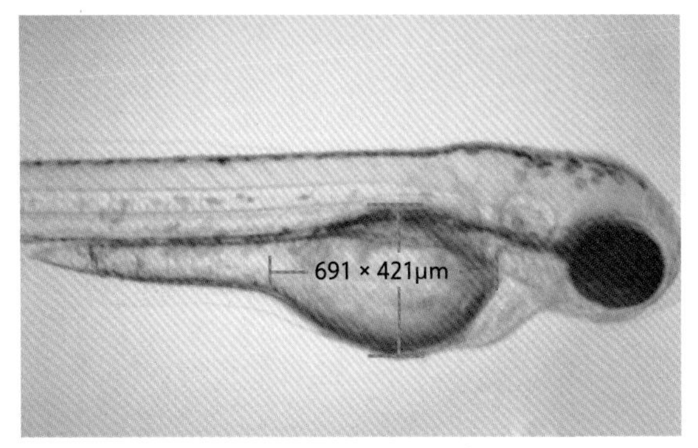

（b）DBP（50 μg/L）

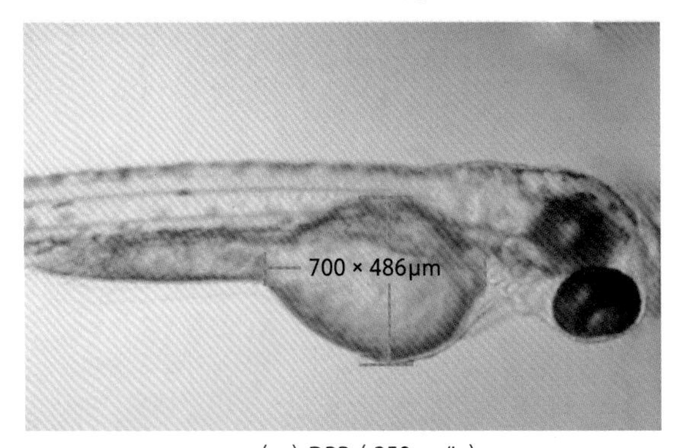

（c）DBP（250 μg/L）

图 3-34　卵黄囊变大

二、卵黄囊变小

氟苯尼考（FF）胚胎期暴露，导致卵黄囊变小。

如图3-35所示，图3-35（a）为对照组斑马鱼在120hpf时的卵黄囊发育正常，图3-35（b）为50μg/L FF暴露后斑马鱼在120hpf时卵黄囊变小。

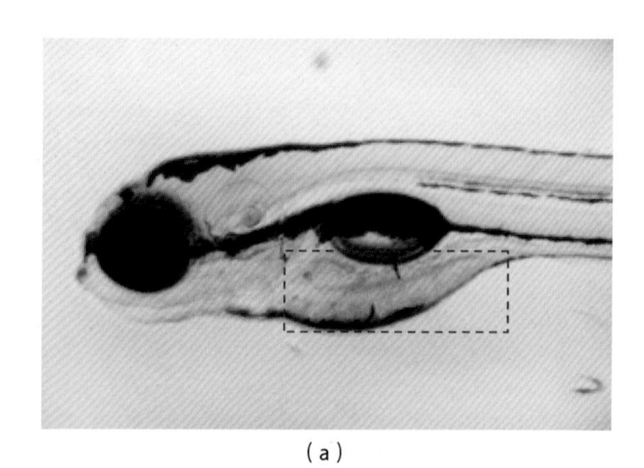

（a）

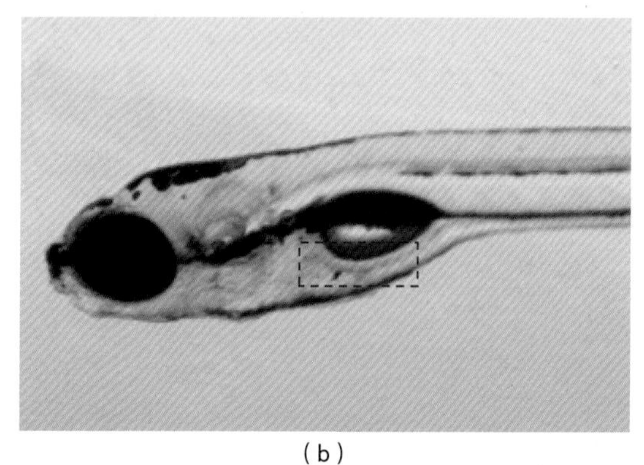

（b）

图3-35　卵黄囊变小

三、卵黄囊缺失

氟苯尼考（FF）胚胎期暴露，导致卵黄囊缺失。

如图3-36所示，图3-36（a）为对照组斑马鱼在120hpf时的卵黄囊发育正常，图3-36（b）为1mg/L FF暴露后斑马鱼在120hpf时卵黄囊缺失。

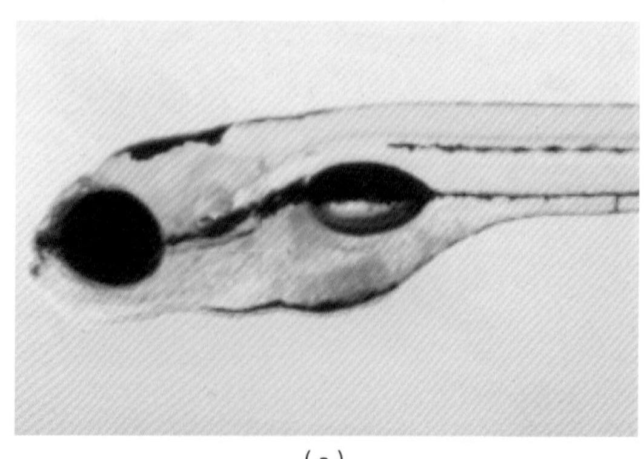

（a）

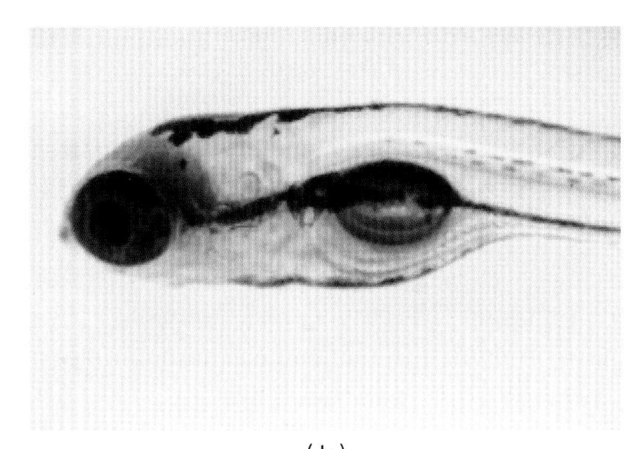

（b）

图 3-36　卵黄囊缺失

四、卵黄囊颜色变化

黄曲霉毒素B1胚胎期暴露120hpf时卵黄囊颜色发生变化。

如图3-37所示，图3-37（a）为斑马鱼在120hpf时的卵黄囊发育正常，图3-37（b）为斑马鱼在黄曲霉毒素B1胚胎期暴露120hpf时卵黄囊颜色异常，发生色素沉积。

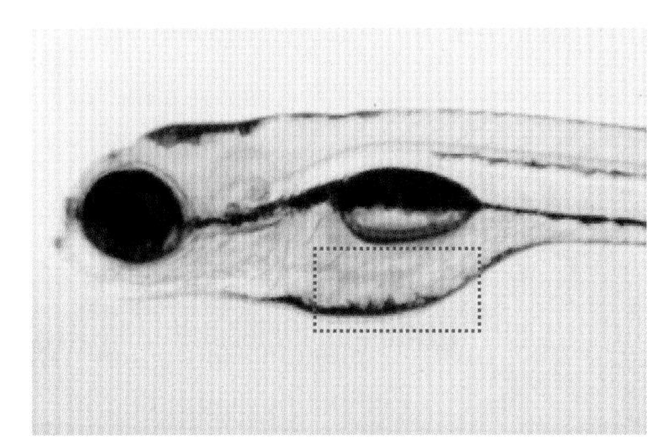

（a）对照组

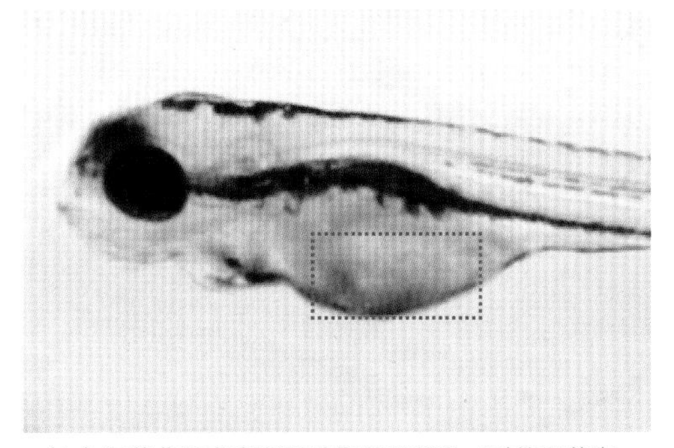

（b）在黄曲霉毒素B1胚胎期暴露120hpf时的卵黄囊

图 3-37　对照组和在黄曲霉毒素 B1 胚胎期暴露 120hpf 时卵黄囊对比图

第八节　鱼鳔异常图谱

一、鱼鳔变小

鱼鳔变小如图3-38所示，其中双酚G暴露组（浓度：1mg/L；时间：4～120hpf）导致鱼鳔变小。

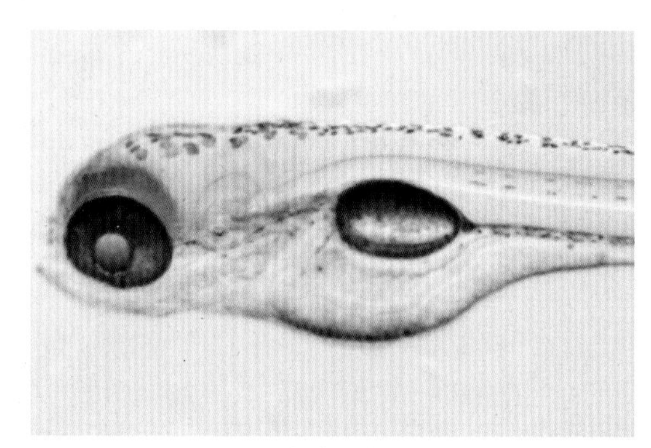

（a）正常

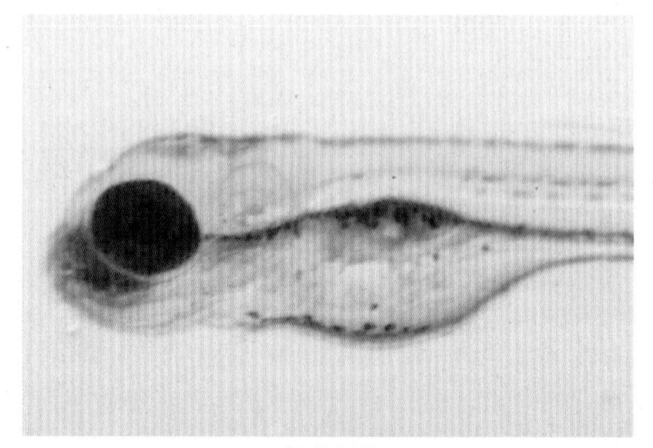

（b）异常

图3-38　对照组（正常）与暴露组（异常）鱼鳔图（鱼鳔变小）

二、鱼鳔缺失

鱼鳔缺失如图3-39所示，其中环丙沙星暴露组（浓度：0.1mg/L；时间：4～120hpf）鱼鳔缺失。

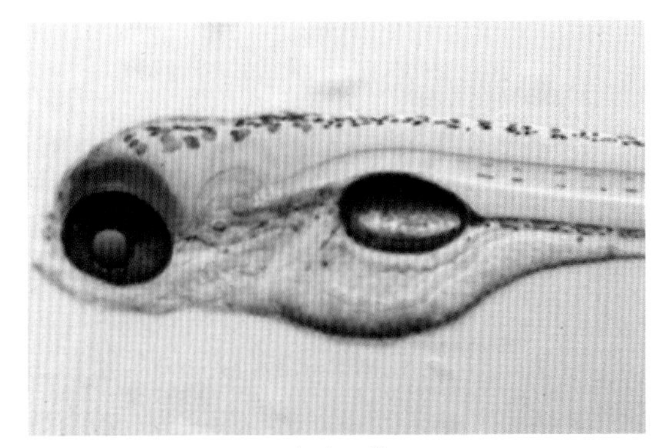

（a）正常

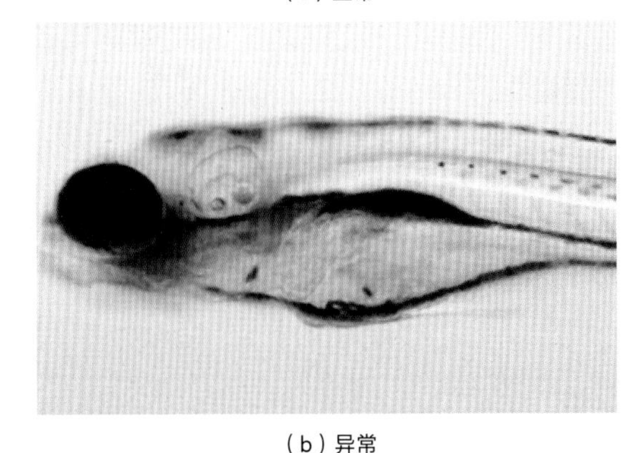

（b）异常

图3-39 对照组（正常）与暴露组（异常）鱼鳔图（鱼鳔缺失）

第九节 肠道异常图谱

一、肠道区域变大

双酚A在斑马鱼胚胎期急性暴露（浓度：50μg/L；时间：2～144hpf），导致斑马鱼胚胎肠道区域变大。

如图3-40所示，图3-40（a）为对照组斑马鱼仔鱼在144hpf时的肠道形态，图3-40（b）为双酚A处理组斑马鱼仔鱼在144hpf时肠道区域变大。

二、肠道区域变小

氟苯尼考/双酚A在斑马鱼胚胎期急性暴露（浓度：10mg/L；时间：2～120hpf），导致斑马鱼胚胎肠道区域变小。

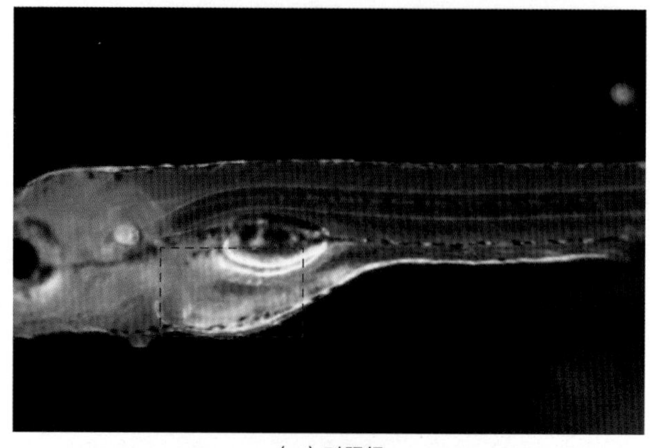
（a）对照组

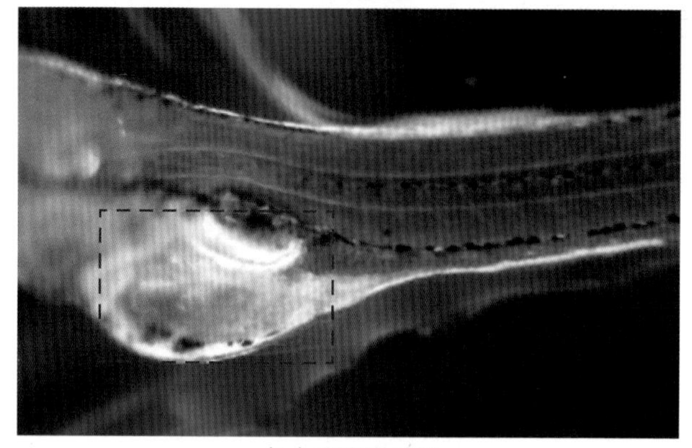
（b）双酚A处理组

图 3-40　肠道区域形态变大

如图3-41所示，图3-41（a）为对照组斑马鱼仔鱼在120hpf时的肠道形态；图3-41（b）为氟苯尼考处理组斑马鱼仔鱼在120hpf时肠道区域变小；图3-41（c）、（d）为对照组斑马鱼仔鱼在144hpf时的肠道形态；图3-41（e）、（f）为双酚A在转基因斑马鱼胚胎期急性暴露（浓度：50μg/L；时间：2～144hpf），导致斑马鱼胚胎肠道区域变小。

三、肠道区域缺失

氟苯尼考在斑马鱼胚胎期急性暴露（浓度：10mg/L；时间：2～120hpf），导致斑马鱼胚胎肠道区域缺失。

如图3-42所示，图3-42（a）为对照组斑马鱼仔鱼在120hpf时的肠道形态；图3-42（b）为氟苯尼考处理组斑马鱼仔鱼在120hpf时肠道区域缺失。

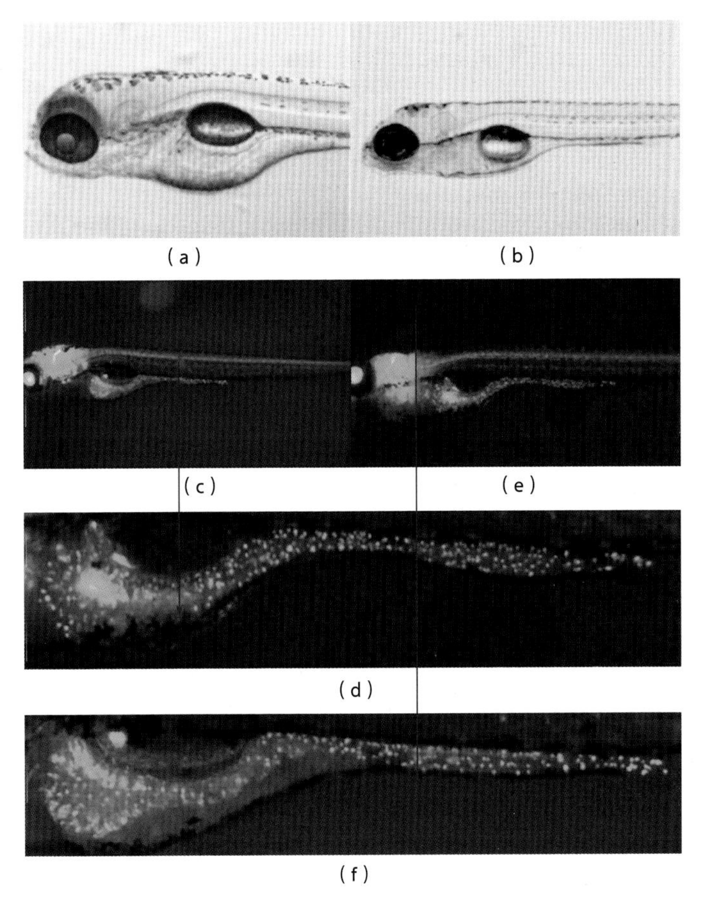

图 3-41 肠道区域变小

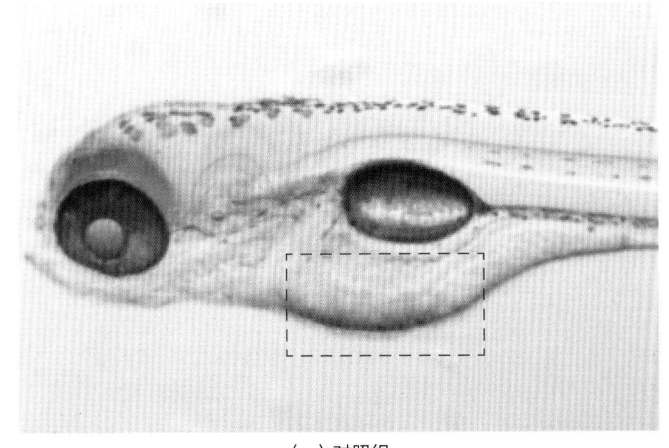

(a) 对照组

图 3-42

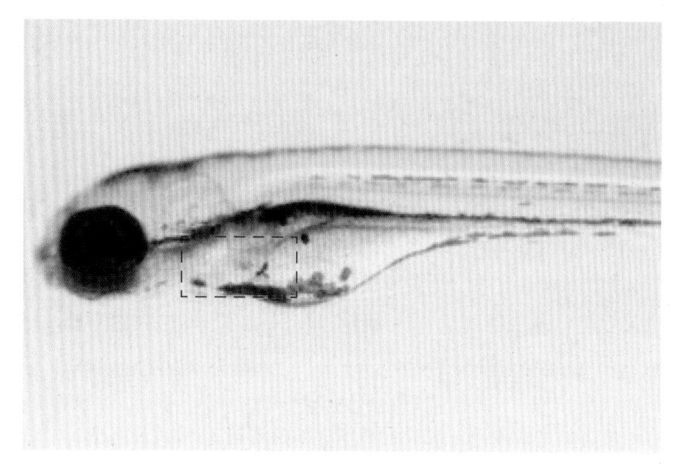

（b）氟苯尼考处理组

图3-42 肠道区域缺失

四、肠道内腔缺失

氟苯尼考在斑马鱼胚胎期急性暴露（浓度：10mg/L；时间：2～120hpf），导致斑马鱼胚胎肠道内腔缺失。

如图3-43所示，图3-43（a）、（b）为对照组斑马鱼仔鱼在120hpf时的肠道形态；图3-43（c）、（d）为氟苯尼考处理组斑马鱼仔鱼在120hpf时肠道内腔缺失。

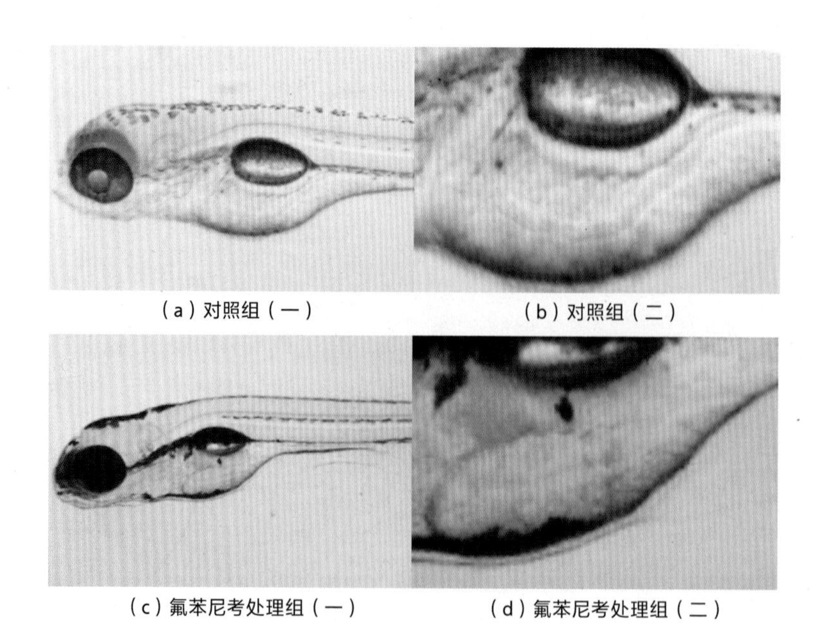

（a）对照组（一） （b）对照组（二）

（c）氟苯尼考处理组（一） （d）氟苯尼考处理组（二）

图3-43 肠道内腔缺失

五、肠道褶皱缺失

氟苯尼考在斑马鱼胚胎期急性暴露（浓度：10mg/L；时间：2～120hpf），导致斑马鱼胚胎肠道褶皱缺失。

如图3-44所示，图3-44（a）为对照组斑马鱼仔鱼在120hpf时的肠道形态，图3-44（b）为氟苯尼考处理组斑马鱼仔鱼在120hpf时肠道褶皱缺失。

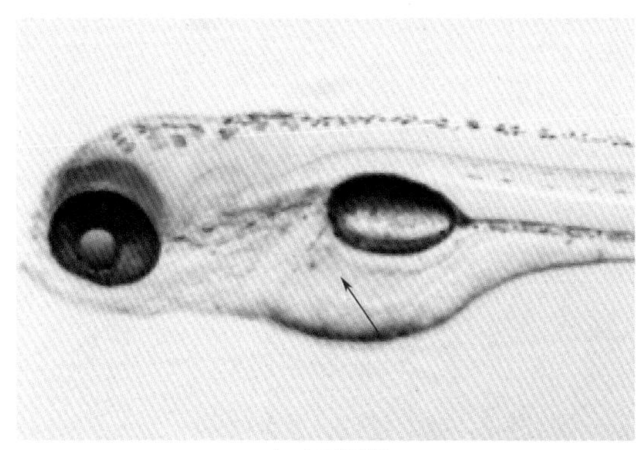

（a）对照组

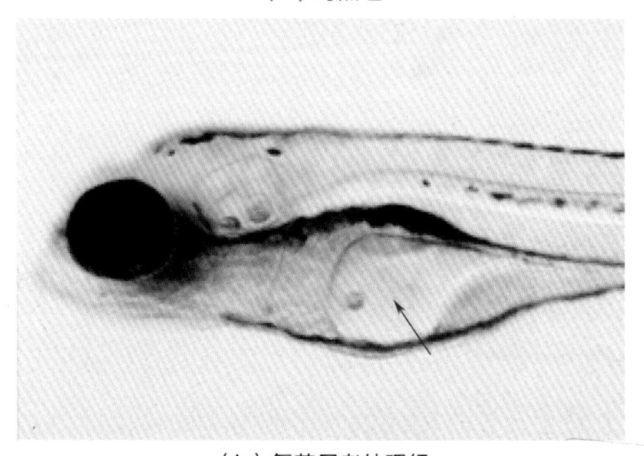

（b）氟苯尼考处理组

图3-44　肠道褶皱缺失

六、肠道无延伸

氟苯尼考在斑马鱼胚胎期急性暴露（浓度：10mg/L；时间：2～120hpf），导致斑马鱼胚胎肠道无延伸。

如图3-45所示，图3-45（a）为对照组斑马鱼仔鱼在120hpf时的肠道形态，图3-45（b）为氟苯尼考处理组斑马鱼仔鱼在120hpf时肠道无延伸。

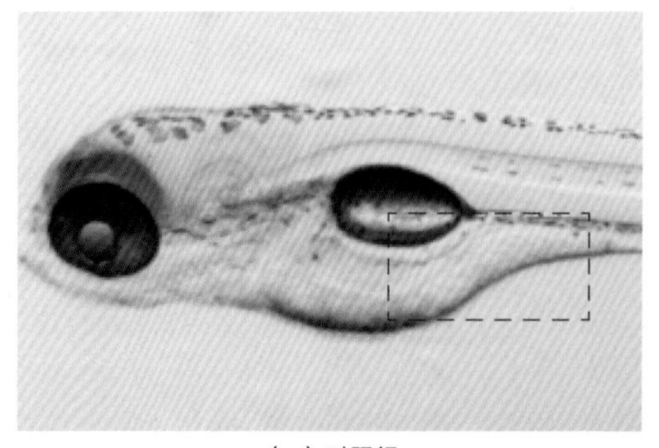

（a）对照组

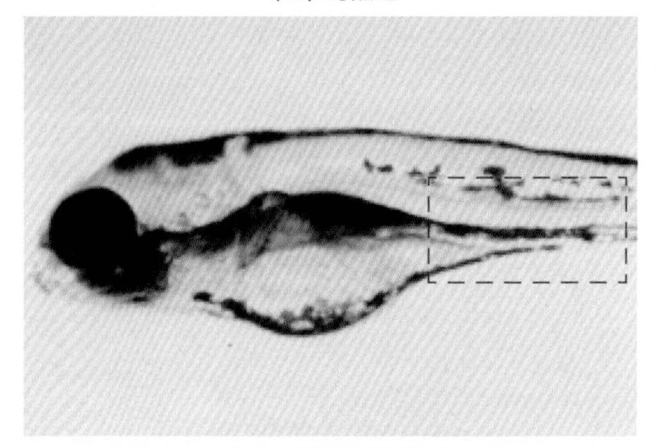

（b）氟苯尼考处理组

图3-45　肠道无延伸

七、肠道变性

氟苯尼考在斑马鱼胚胎期急性暴露（浓度：10mg/L；时间：2～120hpf），导致斑马鱼胚胎肠道变性。

如图3-46所示，图3-46（a）为对照组斑马鱼仔鱼在120hpf时的肠道形态，图3-46（b）为氟苯尼考处理组斑马鱼仔鱼在120hpf时肠道变性。

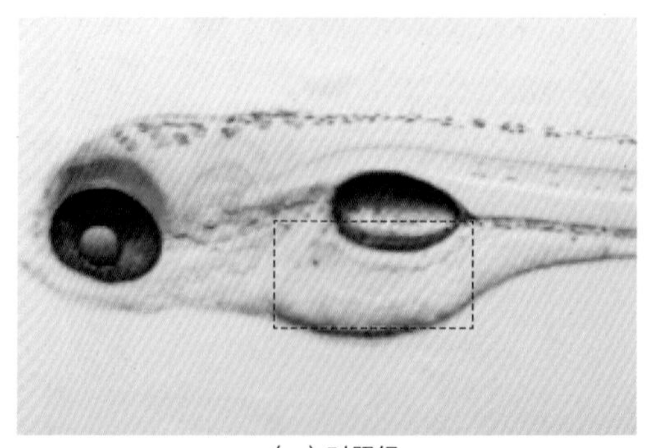

（a）对照组

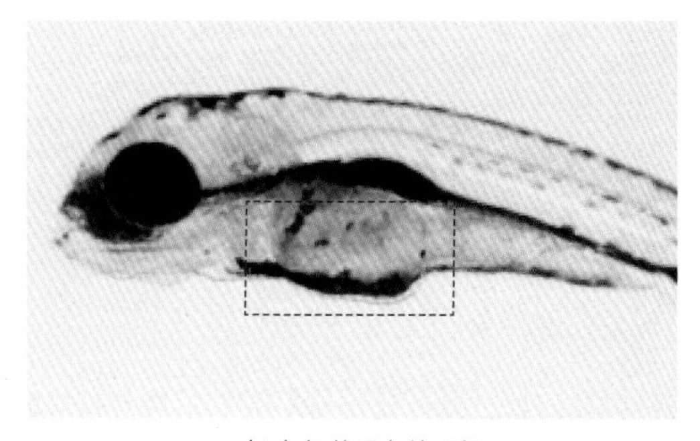

（b）氟苯尼考处理组

图3-46　肠道变性

第十节　尾部异常图谱

一、尾部变短

氟苯尼考在斑马鱼胚胎期急性暴露（浓度：100μg/L；时间：2～120hpf），导致斑马鱼胚胎尾部变短。

如图3-47所示，图3-47（a）为对照组斑马鱼仔鱼尾部形态，图3-47（b）为氟苯尼考处理组斑马鱼仔鱼在120hpf时尾部变短。

二、尾部弯曲

氟苯尼考在斑马鱼胚胎期急性暴露（浓度：100μg/L；时间：2～120hpf），导致斑马鱼胚胎尾部弯曲。

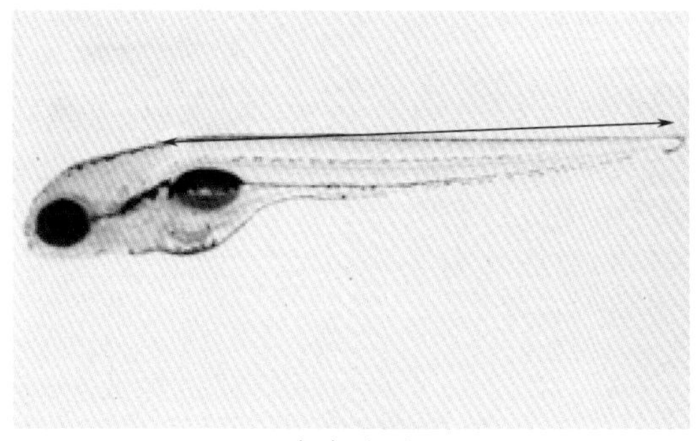

（a）对照组

图3-47

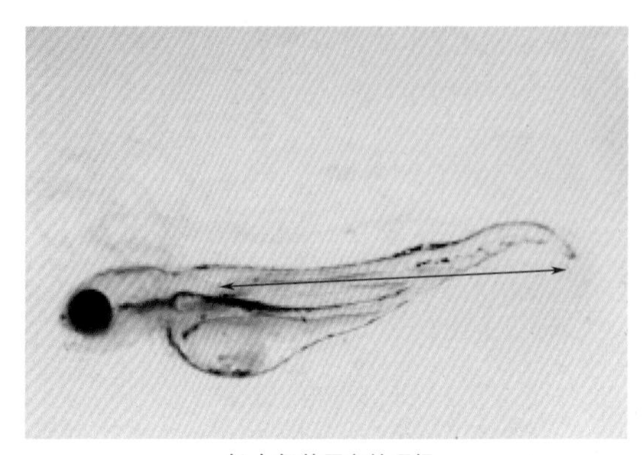

（b）氟苯尼考处理组

图 3-47　尾部变短

如图3-48所示，图3-48（a）、（b）为对照组斑马鱼仔鱼尾部形态；图3-48（c）～（f）为氟苯尼考处理组斑马鱼仔鱼在120hpf时尾部弯曲，其中图（d）、（f）分别是图（c）、（e）局部放大图。

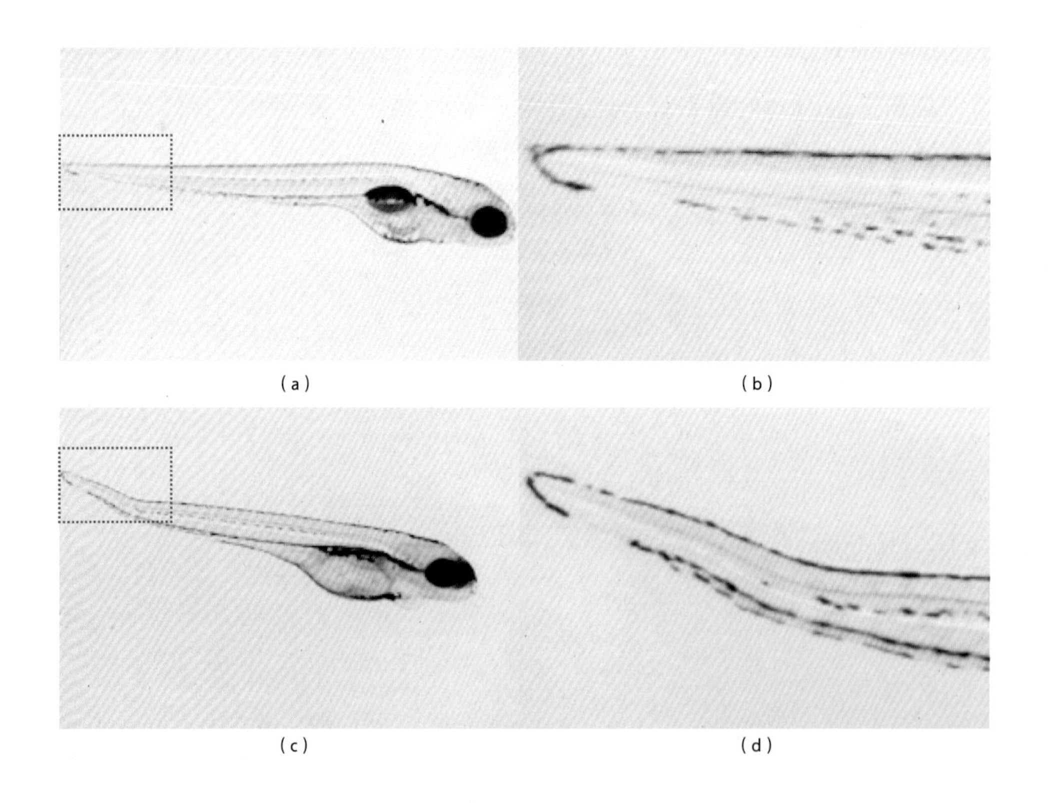

（a）　（b）

（c）　（d）

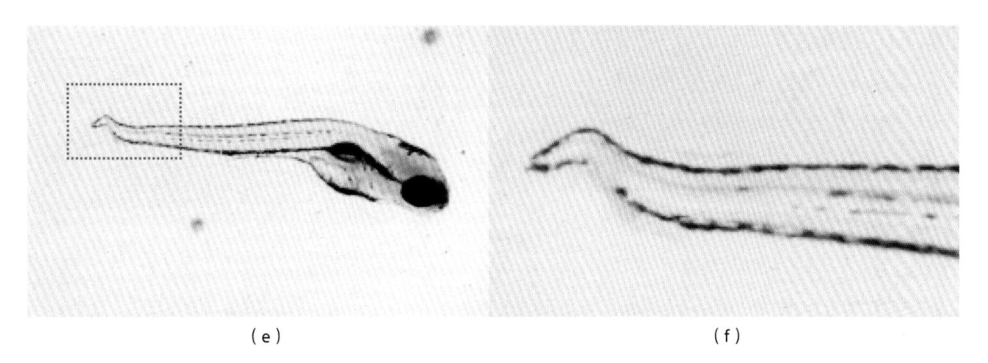

图 3-48 尾部弯曲

三、尾部出血

氟苯尼考在斑马鱼胚胎期急性暴露（浓度：100μg/L；时间：2～120hpf），导致斑马鱼胚胎尾部出血。

尾部出血如图3-49所示。图3-49（a）为对照组斑马鱼仔鱼尾部形态，图3-49（b）为氟苯尼考处理组斑马鱼仔鱼在120hpf时尾部出血。

（a）对照组

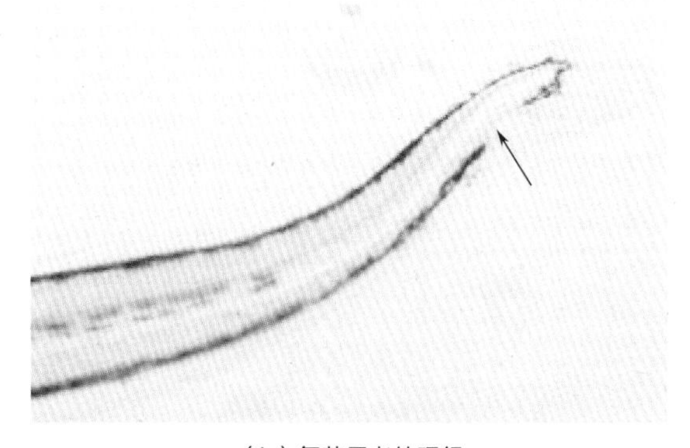

（b）氟苯尼考处理组

图 3-49 尾部出血

四、尾鳍皱缩

氟苯尼考在斑马鱼胚胎期急性暴露（浓度：100μg/L；时间：2～120hpf），导致斑马鱼胚胎尾鳍皱缩。

如图3-50所示，图3-50（a）为对照组斑马鱼仔鱼尾鳍形态，图3-50（b）、（c）为氟苯尼考处理组斑马鱼仔鱼在120hpf时尾鳍皱缩。

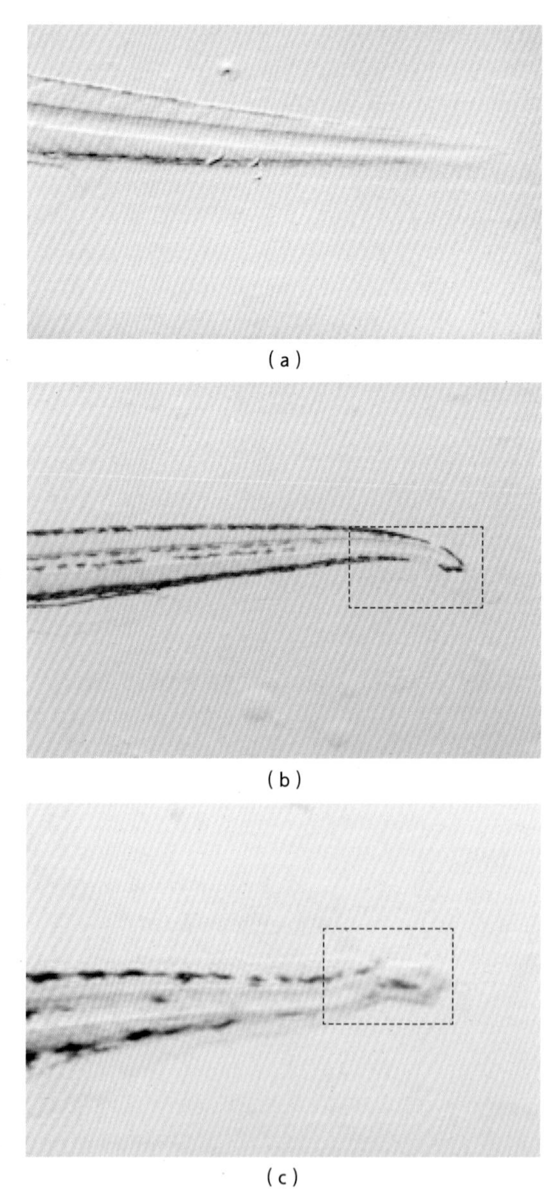

图3-50　尾鳍皱缩

第十一节　循环系统异常图谱

黄曲霉毒素B1处理后斑马鱼血液循环系统出现异常，如图3-51所示。

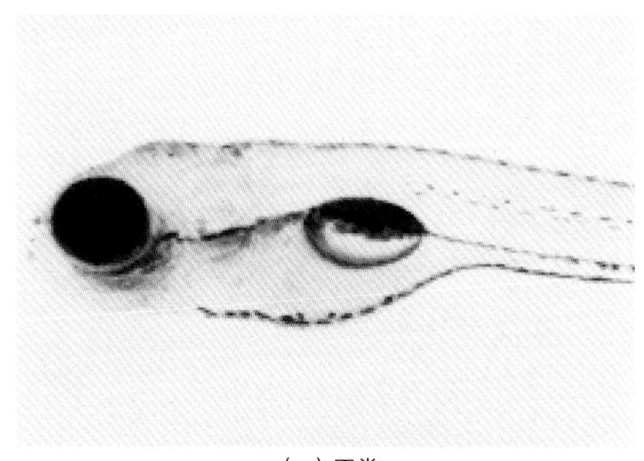

（a）正常

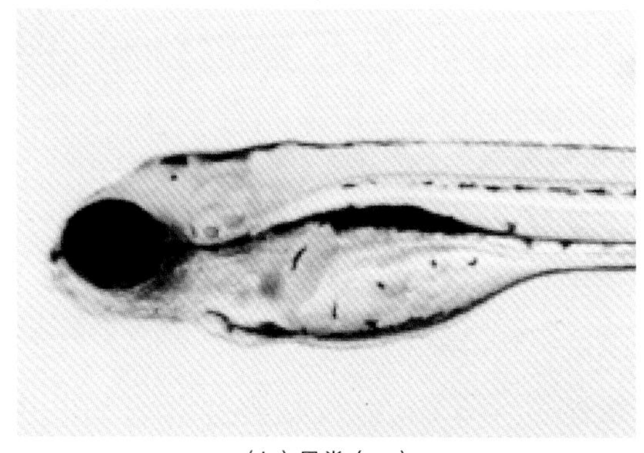

（b）异常（一）

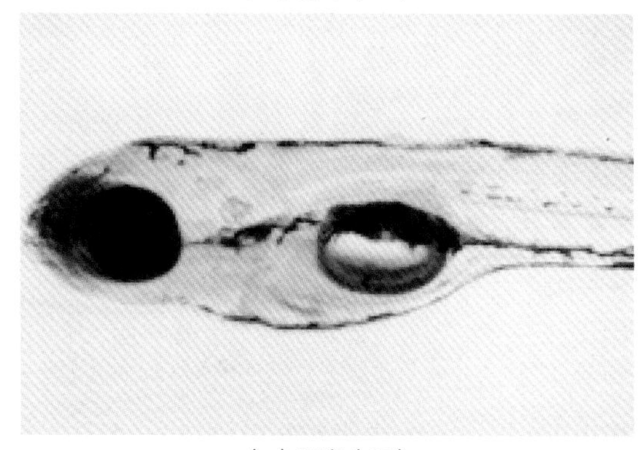

（c）异常（二）

图3-51　血液循环系统异常

第四章　斑马鱼胚胎发育异常分析方法

第一节 表型观察

一、体形异常观察

体形异常主要包括体长变化、体轴弯曲、身体水肿、身体出血、体节异常和体色素异常。

每次在实验观察终点，用间氨基苯甲酸乙酯甲磺酸（MS-222）对同一批试验鱼进行麻醉后可直接在显微镜下观察并拍照。使用这些照片和ImageJ分析软件，可测量并量化每个个体头部至尾部的距离即为体长，身体侧弯角度可表征体轴弯曲情况。身体水肿和体色素异常指标可通过与同一发育时期对照组发育正常的斑马鱼进行比较分析，其中，身体水肿主要表现为身体局部积液水肿隆起，体色素异常主要表现为黑色素和黄色素异常。身体出血主要表现为身体局部血液淤积，同时可结合心搏输出量和血流速度等参数量化表征。斑马鱼体节发生在体节期即斑马鱼胚胎发育后10～24h之间，因此，体节发育异常通常可在斑马鱼孵化后22～24h后与同一发育时期正常的斑马鱼相比，主要表现为体节缺失或数目减少，可通过量化体节数目表征体节发育异常情况。

二、主要器官异常观察

斑马鱼在生理和解剖方面与高等生物具有相同之处，斑马鱼胚胎的发育是迅速的，到5dpf时大多数内脏器官已发育完成。在胚胎、幼鱼等生命早期阶段，活体成像是一个主要优势，斑马鱼可以通过拍摄来研究细胞和胞质运动、观察器官的发育、细胞的相互作用以及对暴露于污染物所引起的毒性作用。

下面本节内容将介绍眼睛、耳朵、鱼鳔、下颌、心脏、肝脏和卵黄囊等主要器官的异常观察方法。

1. 眼睛

斑马鱼胚胎视力发育迅速，5dpf的幼鱼就已经依赖视觉线索进行捕食和躲避行为。斑马鱼不仅在角膜、晶状体、脉络膜、视网膜以及血管化和神经支配等结构上和人类的眼睛有明显的相似性，而且还有保守的基因表达、细胞构成和组织结构，因此为研究食品及保健品的眼部毒性评估提供了一个极好的模型。

评价斑马鱼眼毒性有眼睛大小、眼部细胞凋亡、眼部血管面积以及眼部病理切片4个指标。另外，斑马鱼视网膜是解决体内神经命运规范的理想模型系统，对发育中的斑马鱼视网膜的实时成像使我们能够实时跟踪整个中枢神经结构的发展。与研究的所有脊椎动物物种一样，视网膜由7种主要细胞类型组成，这些细胞类型以分层的组织遗传学排列分布。而斑马鱼的视网膜位于鱼的外侧，这样眼睛可以紧靠盖玻片，这使得在给定的聚焦深度约束下整个结构可以在四维中成像。细胞在时间和空间上都很容易被跟踪。

2. 耳朵

斑马鱼的听觉外侧系统由内耳和侧线两个关键的感觉结构组成，斑马鱼的耳朵发育非常迅速，在5dpf就能发挥功能。斑马鱼具有典型的内耳结构，内耳的毛细胞和侧线的毛细胞在结构功能及分子水平上与哺乳动物的内耳毛细胞非常相似，包括对耳毒性药物的相似反应。

与感音神经性聋相关的基因突变中有很大一部分与引起综合征性障碍的突变具有等位基因。此外，许多基因与非综合征性耳聋相关。通过MO（morpholino）、Enu（*N*-ethyl-*N*-nitrosourea）、TALENS（transcription-activator like effector nucleases）、CRISPR（clustered regularty interspaced short palindromic repeat）、viral insertion等方法可以生成针对特定疾病的斑马鱼模型，可以极大地促进对这些基因的识别。同时，斑马鱼毛细胞功能障碍模型表现出易于评分的行为特征，可用于斑马鱼内耳功能的快速评估。

3. 鱼鳔

鱼鳔是帮助有鳔鱼类完成呼吸、保持流体静力、感觉声音等生理活动的重要功能器官之一。化学污染物暴露能够影响鱼鳔的正常发育或充气，鱼鳔表型的改变可以作为评价发育毒性的形态学指标。

在4dpf，随着鱼鳔的发育，斑马鱼幼体表现出成熟的游泳能力，异常运动行为的出现与鱼鳔发育不良或未充气密切相关。而由于斑马鱼幼体透明，在显微镜下活体成像即可清楚看到鱼鳔发育情况。

4. 下颌

对斑马鱼下颌等颅面发育情况的评估，有助于我们努力了解骨骼生长和重塑的机制。对于颌面发育的观察传统上一直使用定性方法（即结构的大体存在或不存在），一直观察到5dpf。除了显微镜下直接对比观察，还可以结合使用各类染料，如阿尔新蓝、茜素红和荧光化合物钙黄绿素，使骨骼能更为清晰地在视野下显示。由于几何形态测量（geometric morphometric，GM）等形态计量学方法的引入和扩展，提供了识别和解释形状变化趋势的更大能力，使得形状量化成为可能。具体来说，它能够从肉眼看不到的、细微或连续变化的情况中提取有意义的信息，用于评估发育稳健性、形态发育的轨迹、发育过程中形状变化的速率和形态整合。

5. 心脏

通过对斑马鱼的心血管结构和功能的评估，可以进行心脏疾病研究及药物心脏毒性评价。测试临床药物对心脏的致畸性时，药物暴露通常开始于5hpf左右，对应于晚期囊胚/早期原肠阶段，并在96hpf处结束，其中大多数器官完全发育。

评价心脏发育状况可以分析其形态，因其胚胎透明、发育迅速，心脏发育全过程和局部细节可利用显微镜直接进行活体观察而不造成胚胎损伤；还可以研究血液循环（血液动力学），计算最多的参数是心跳、心排血量、心脏面积变化分数、缩短分数和血管血流速度。其中形态评估可以通过荧光标记，冷冻切片等技术的辅助，完成在显微镜下观察。详细的血液动力学分析可以在更先进的应用中完成，如计算流体动力学或粒子图像测速仪等新技术。而涉及心脏泵送效率的量化、心腔尺寸的精确测量等功能结构的评估，需要利用快速成像技术，如延时显微镜、荧光显微镜和显微计算机断层扫描。应在高速拍摄记录后，对这些视频进行图像分析，或者使用各种软件从跳动的心脏记录中自动提取所需数据。

6. 肝脏

斑马鱼已成为研究肝脏相关疾病的有力脊椎动物模型。肝损伤是药物开发过程中的一个关键问题，斑马鱼已被证明是高通量筛选肝毒性药物的重要工具。尽管斑马鱼肝脏的结构与哺乳动物不同，但其基本生理过程、基因突变和对环境损害的致病反应表现出许多相似之处。斑马鱼的幼虫透明度是肝脏研究中实时成像的一大优势。斑马鱼具有广谱的细胞色素P450酶，可以通过与哺乳动物相似的途径实现药物的生物转化，包括氧化、还原和水解反应。

评估斑马鱼的肝毒性可以采用多种方法，例如血清酶的量化、视觉和实验血清生物标志物评估、肝脏面积、肝脏变性程度、卵黄囊吸收延迟的发生率（卵黄囊是脂肪，卵黄囊吸收与肝功能密切相关）评估以及组织病理学评分。

7. 卵黄囊

斑马鱼胚胎和人类胚胎一样都有一个突出的卵黄囊，可以作为营养储备。异常卵黄囊形态是鱼类胚胎毒性研究中常见的定性发现，但定量评估和表征提供了一个机会来揭示对胚胎营养影响的毒性机制。

在斑马鱼发育毒理学研究中有几类卵黄表型尚未得到普遍定义。一种常见的表型包括卵黄囊水肿（卵黄合胞体层内有液体），但这并不易与卵黄囊肿（在卵黄囊内观察到液囊或在某些情况下膨胀的蛋黄内容物）相区分。另一个常见的表型是卵黄滞留，也称为卵黄动员利用减少或吸收不良。此时卵黄囊的面积通常比同龄对照鱼大，表明对卵黄的吸收受到了损害。相反，另一项发现是卵黄利用加速，导致卵黄面积变小，表明卵黄动员或利用增加。虽然研究经常定性地报告卵黄的观察结果，但为了更好地描述这些表型，许多最近的研究对卵黄的尺寸进行了量化。胚胎期的营养可以为整个生命过程中的代谢奠定基础。由于卵黄利用率可用于近似早期胚胎营养，因此该利用率的量化是一项重要的研究结果，对后期代谢功能障碍有影响。为了在斑马鱼模型中更直接地将卵黄与晚年生长和健康结果联系起来，还需要进行更多的纵向研究。

第二节　行为分析

斑马鱼行为分析主要是将斑马鱼神经系统、大脑功能区及生长发育与其表现出的行为关联起来，在早期胚胎幼鱼阶段，主要观测24hpf的自主运动，随着神经系统的逐渐发育，研究者选择感兴趣的发育时期进行后续的行为学观测。目前行为学分析主要是通过视频跟踪软件分析的方法实现，幼鱼前中期可以在孔板中进行观测而后期的大幼鱼可以选择水缸、迷宫、透明隔室等进行跟踪观测。研究者使用的具体方法各异，但都是利用斑马鱼本身的习性和偏好进行实验方法设计，下面描述了常见的行为分析及其方法。

一、胚胎 24hpf 自主运动

24hpf斑马鱼胚胎具有尾部自主摆动的行为，这受斑马鱼初级神经元支配，与脑部神经元和次级神经元无关。胚胎24hpf自主运动是早期检测神经行为的指标之一,一定时间下于显微镜下肉眼观察直接计次数或录制视频利用软件分析计算次数。

二、游动行为分析

游动行为分析是判断斑马鱼早期生命阶段发育毒性和神经毒性的重要手段。将斑马鱼仔鱼（根据自己试验选择不同发育时间，一般为120hpf或144hpf）放在孔板中（24孔、48孔、96孔），每孔容纳1条鱼。将孔板放入观察箱中，设定观察区与试验流程（根据自己需求可选择直接观察或添加敲击、光/暗循环等模块进行观察），试验开始前给予斑马鱼仔鱼一段适应时间为宜，适应后进行斑马鱼仔鱼行为跟踪记录，记录完毕后，在分析软件中依照自己需要选择试验指标（例如移动速度、移动时间、移动距离、加速度等）进行分析，获得并导出数据。

三、刺激行为分析

通过特殊设备制造声音、视觉、触摸、光暗、水流、震动等刺激后通过视频跟踪软件分析相关指标来反映幼鱼行为和偏好，移动距离、移动速度、加速度及活跃度等指标可以作为通用的指标，在一些典型的行为中需要注意关键指标。

（1）焦虑行为　区域访问次数、区域停留时间等。

将培养皿或水缸空间划分为内外或上下等区域，观测斑马鱼偏好。

（2）逃跑行为和惊吓行为　逃逸角度大小及方向、3D逃生路线等。

（3）光流响应　动眼、平移、转向、追逐等。

在水缸外设置显示屏显示不同光影（光点和条带等），视频软件算法分析斑马鱼行为。

四、社交行为分析

社交行为于一周龄之后开始观察到且强度和复杂性与年龄有很强的相关性。

1. 集群行为（浅滩行为）

（1）群体　集群大小、密度、间距及间距体等。

（2）个体　区域访问次数、区域停留时间等。

将一条鱼和几条刺激鱼放进有隔室的水箱，视频跟踪软件分析偏好。

2. 战斗行为

包括延迟、频率、持续时间、咬合。

将一面镜子放置在水缸侧面，与后壁成22.5°角，使镜子的左垂直边缘接触水缸侧面。因此，当一条测试鱼游到水箱的左侧时它们的镜像看起来离它们更近（如图4-1所示）。虚拟垂直线将水缸分成4个相等的部分。进行视频跟踪和软件分析，进入左边区域的时间表明倾向于接近“对手”，而进入右边的区域表明攻击性行为较少。

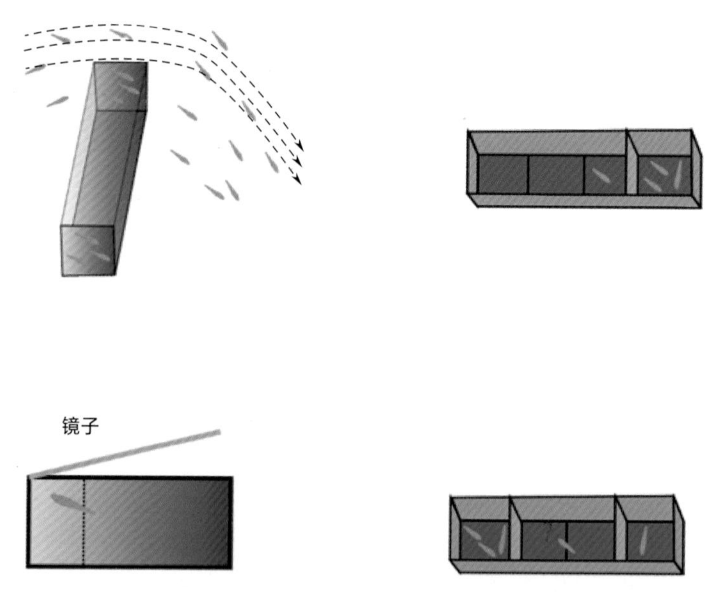

图4-1　战斗行为

3. 群体决策行为

在水平三隔室的透明水箱中，一端放入数量较多的鱼，另一端放数量较少的鱼，观测中间隔室鱼的选择偏好。如图4-2所示。

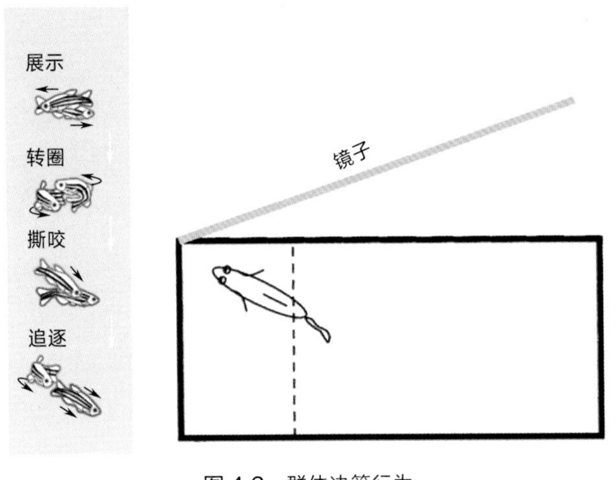

图 4-2 群体决策行为

第三节 心脏和体循环分析

一、心房、心室的形态结构分析

心脏是斑马鱼胚胎在生长和发育过程中形成的第一个重要的功能器官，具有心房和心室两个部分（如图 4-3 所示）。目前在实验室条件下，通过优质的高分辨率成像仪器即可观察到斑马鱼胚胎的整个心脏生长发育过程，在 24hpf 便能够监测到心脏的蠕动。发育至 48hpf 的斑马鱼胚胎，其心脏在结构和功能上类似于 12d 小鼠或者 35d 的人类胚胎心脏。

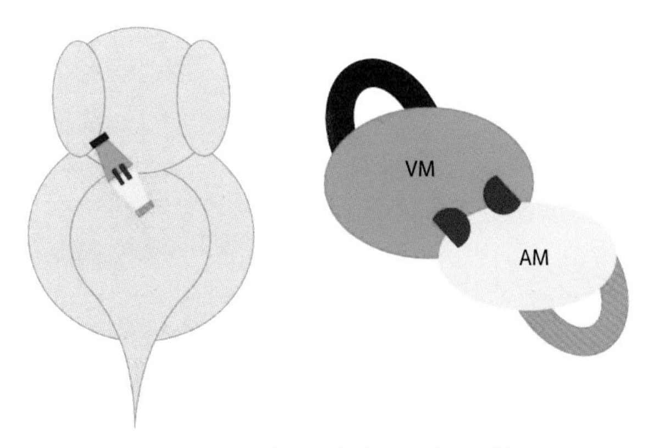

图 4-3 斑马鱼胚胎心脏（背面视图及局部放大）

VM—心室心肌；AM—心房心肌

二、心脏循环观察

斑马鱼胚胎心脏的表型观察指标如表4-1所列。

表4-1 评价斑马鱼胚胎心脏的表型指标

相关指标	测定方法	意义
斑马鱼胚胎心脏形态学和功能学评估	立体显微镜进行形态观察记录，具体测量位点：VD—心室舒张；VS—心室收缩；SV—静脉窦；BA—动脉球	反映斑马鱼胚胎心脏发育是否异常
心囊面积	立体显微镜进行形态观察记录 心室横截面积（mm^2）= 心室最大轮廓面积； 心室容积（mm^3）=0.523×（心室长度 × 心室长度）× 心室宽度 注：心室是一个近似椭圆形的球体，0.523 为其容积时的估算系数	反映斑马鱼胚胎心脏是否异常
静脉窦 - 动脉球间距（SV-BA）	立体显微镜进行形态观察记录，获取图像并使用相关分析软件进行测定	反映斑马鱼胚胎心脏房室的位置变化情况及心脏是否异常
心率	立体显微镜进行形态观察记录，获取图像并计算单位时间内心脏跳动的规律性 心率（bpm）=15 秒心跳数目 ×4	反映斑马鱼胚胎心脏功能是否良好
心脏收缩指数（VSF）	在显微镜下进行胚胎心脏录像，根据录像测量胚胎心室舒张期内径和收缩期内径，VSF=（心室舒张期内径 – 心室收缩期内径）/ 心室舒张期内径	反映斑马鱼胚胎心脏功能状况
心脏流出道发育情况	利用转基因斑马鱼系 Tg（cmlc2：mcherry），在荧光显微镜下观察斑马鱼胚胎心脏的心房和心室发育情况	反映斑马鱼胚胎心脏是否异常
血流速度	立体显微镜进行形态观察记录，采集斑马鱼胚胎心后静脉（PVCs）中红细胞（RBCs）运动的视频成像，并计算单位时间内的心律和心脏起搏间隔期	反映斑马鱼胚胎心血管系统是否异常

第五章　斑马鱼早期生命阶段相关试验技术方法

第一节　斑马鱼胚胎及仔鱼试材的获得方法

一、种鱼的养护

成鱼能够承受养殖水温度、pH值和硬度的大幅波动。然而，为了使种鱼产出优质卵，应提供最佳的养殖条件，例如：O_2饱和度≥80%，硬度30～300mg/L $CaCO_3$，NO_3^-≤48mg/L，NH_4^+和NO_2^-<0.001mg/L，余氯<10μg/L，总有机氯<25ng/L，pH=6.5～8.5，定期换水或使用净化系统水，储水箱中的温度应保持在25℃±2℃。成鱼被饲养在水族箱中，建议的载水量为每条鱼1L水，固定的光周期为12～16h。应调整最佳过滤速率，避免过高的过滤速率引起水的严重扰动；应为鱼提供多样化的饮食，包括适当的商业干粮、活的新孵化的卤虫、摇蚊、水蚤和丰年虫等；应避免过量饲养，并应定期监测水族箱的水质和清洁度，如有必要应将其恢复到初始状态。未暴露的野生斑马鱼的繁育种群具有良好的受精率，用于产卵的鱼应该没有肉眼可见的感染和疾病症状，在产卵前2个月内不应接受任何药物（急性或预防性）治疗。选择合适数量的健康鱼，并在预定产卵前将它们放在合适的水中至少2周。在生产用于实验的那批鱼卵之前应允许鱼群至少繁殖一次。

二、胚胎的获取

斑马鱼卵可以通过产卵组（在单独的产卵缸中）或通过大量产卵（在维护池中）产生。在产卵组的情况下，繁殖组中的雄性和雌性（以2：1的比例）在测试前1d黑暗开始前几个小时被放置在产卵缸中，第2天光亮前抽去隔板，使鱼开始交配，交配时保持环境安静，交配、产卵和受精在光照开始后30min内进行。由于斑马鱼的产卵组偶尔会出现产卵失败的情况，建议至少同时使用3个产卵缸。为避免遗传偏差，从至少3个育种组收集卵，混合并随机选择。在产卵期间，雄性会追逐和撞击雌性，随着卵被排出，它们就会受精。透明且无黏性的卵落到底部，父母可能会吃掉它们，为防止成年斑马鱼捕食卵，产卵缸低覆盖有适当网眼尺寸（约2mm±0.5mm）的惰性金属丝网。产卵受光的影响，如果晨光充足，鱼通常会在黎明后的清晨产卵。雌性每周可以生产数百个卵。如果认为有必要，可以将由惰性材料（例如塑料或玻璃）制成的人造植物固定在网格上作为产卵刺激物，应使用不会浸出的风化塑料材料（例如邻苯二甲酸酯）。小心地移除装有收集到卵的产卵缸网格，建议从产卵缸中收集卵后用再生水冲洗。

三、胚胎和幼虫培养

为了在最初几天获得最佳生长，需将胚胎保持在至少3cm深的系统水中（例如，在250mL烧杯中每100mL有25～50个胚胎）。如果每天换水，也可以每35mm培养皿放置25个胚胎，尽管这种方法不能提供最佳生长。生长和准确分期的最佳温度为28.5℃。胚胎通常在发育约3d后孵化，但直到受精后4d才需要喂养。那时，喂食幼虫活的草履虫或其他可以制备的微生物。大多数宠物店出售用于喂养婴儿鱼的食物。在绿豆培养物中饲养的草履虫可减少感染的机会。在9d时，食物可以切换到草履虫和小盐水虾。随着幼虫变大，它们可以被移动到更大的容器中，最后喂食成年型鱼食物。为了获得最佳的生长环境，每个容器保持较低的鱼数量，经常喂食（每天2次），每天更换每个容器中约1/3的水。

养育胚胎的一般方法：

① 将15～25个胚胎保存在250mL烧杯中的100mL系统水中。生长和分期的最佳温度为28.5℃，但胚胎的存活温度在24～33℃之间。胚胎在2～3d之间孵化。

② 受精后4d，饲喂胚胎活草履虫（或其他微生物，大多数宠物店都有售）。从6d开始喂食大量草履虫，因为那时卵黄大部分已经耗尽。

③ 9d时，将鱼苗放入1～2L育婴容器中，喂食草履虫和盐水虾。每天2次清洁容器，用干净的系统水代替。逐渐增加盐水虾的比例，逐步淘汰草履虫。

④ 21d时，将鱼移入水箱，仍然喂它们小盐水虾。一旦仔鱼足够大可以吃成人食物时就立即喂食。

四、草履虫和丰年虫的获得

1. 草履虫

（1）培养液配制　容器中分别加入0.1g碳酸氢钠、0.1g氯化钠和几粒麦粒，倒入1L煮沸纯水后混匀，放置室温待用；待溶液降至室温后加入0.1g酵母粉摇匀备用。

（2）接种　将草履虫种源按1：5比例在锥形瓶中（2000个/mL）室温培养3～7d。

（3）草履虫的过滤　经过120目和500目的过滤网过滤后，收集过滤液，直接喂养幼苗。

2. 丰年虫

（1）脱壳孵化法　将未脱壳虫卵用0.4%次氯酸钠搅拌，搅拌至待虫与壳分离，收集沉底的已脱壳虫卵，纯水清洗数次后放入少量硫代硫酸钠（即大苏打），继续清洗至水质无味。脱壳后的丰年虫可以直接投喂，或者进一步孵化至虫体有活力。

（2）丰年虫未脱壳孵化法　200mL烧杯量取海盐200mL（约230g/12L），药品勺取一大勺$NaHCO_3$（约8.5g/12L），pH　8.0～8.2。200mL烧杯量取62.5mL丰年虫卵（约30g/12L），密度约为2.5g/L。饵料间室温保持在28℃左右。充气孵化24～30h后收取已孵化出的丰年虫。

第二节　斑马鱼胚胎及仔鱼发育毒性测试主要步骤、方法

一、试验流程

将新受精的斑马鱼卵暴露在暴露测试液中120h，每间隔24h进行一次观察并记录死亡个数。将受精卵凝结、体细胞未形成、尾芽未脱离卵黄囊以及没有心跳作为致死指标。在96h暴露结束后，根据所记录死亡结果来确定急性毒性，并计算LC_{50}。根据不同器官发育成熟时间选择相应时间进行形态学观察。

二、试验的有效性

为了使试验结果有效，需满足以下条件：

① 在试验批次中收集的所有斑马鱼胚胎的总体受精率应≥70%。

② 在试验过程中，试验室内的水温应保持在26℃±1℃。

③ 在暴露结束前，空白对照和溶剂对照的胚胎总存活率应≥90%。

④ 在暴露结束时，空白对照和溶剂对照的孵化率应≥80%。

⑤ 暴露结束时，溶解氧浓度和最高测试浓度应≥80%饱和。

三、试验前期准备

1. 相关暴露物质信息

有关暴露物质的相关信息包括结构式、分子量、纯度、在水和光中的稳定性、pKa（酸碱系数或酸碱解离常数）和K_{ow}（辛醇-水分配系数）、水溶性和蒸气压。

2. 试验设备

① 鱼缸（不含有任何影响实验材质）。

② 显微镜。

③ 暴露室：例如孔板或培养皿，对于具有高K_{ow}的非极性平面化合物，应考虑吸附到聚苯乙烯上，建议使用惰性材料（如玻璃）来减少由于吸附造成的损失。

④ 铝箔纸：如果暴露用药受光解影响较大应考虑使用。

⑤ 可控制温度并保持在一定范围的培养箱或空调房。

⑥ pH计。

⑦ 测定水中溶解氧的设备或试剂盒。

⑧ 测定水的硬度和电导率的设备。

⑨ 产卵缸。

⑩ 加宽开口的移液器或滴管以收集斑马鱼卵。

⑪ 玻璃容器或离心管：用于制备不同的测试浓度的暴露溶液（烧杯、刻度瓶、刻度筒和刻度吸管）。

⑫ 如果使用替代暴露系统，例如流通式或进行测试，则需要适当的设施和设备。

3. 试验用水

暴露试验用水需满足以下条件：

① 将水曝气至氧饱和。

② 试验用水温度应保持在26℃±1℃、pH值应在6.5~8.5范围内、电导率保持在（500±20）S/m，并在试验过程中在此范围内变化。

建议使用氯化氢（HCl）、碳酸氢钠（$NaHCO_3$）以及氯化钠（NaCl）来校正含有测试化学品的溶液中的pH值和电导率。调整pH值的方式应使储备溶液浓度不会发生任何显著变化，并且不会引起化学反应或测试化学品的沉淀。

为确保试验用水不会影响测试结果，应定期取样进行分析。重金属（例如

Cu、Pb、Zn、Hg、Cd、Ni）、主要阴阳离子（例如Ca^{2+}、Mg^{2+}、Na^{+}、K^{+}、Cl^{-}、SO_4^{2-}）、农药（例如有机磷、有机氯农药），如果已证明水质在至少一年内保持不变，则可以降低测定频率并延长间隔时间（例如每6个月1次）。

4. 暴露液配置

暴露物质最好通过机械方式（例如搅拌、涡旋振荡，超声处理）简单地混合或搅动使其溶于水，应尽可能避免使用溶剂或分散剂（增溶剂）。然而对于水溶性较差的物质需要借助有机溶剂使其溶于水，则推荐选用二甲基亚砜、丙酮或乙醇作为有机溶剂。但需注意为避免有机溶剂对试验结果造成影响，暴露液中有机溶剂含量需控制在0.1%及以下。使用易于生物降解的试剂（例如丙酮）和/或高度挥发性试剂时应小心，因为这些试剂会导致流通测试中细菌滋生问题。当使用溶剂时需要设置溶剂对照组，以避免溶剂影响试验结果。

5. 试验指标解释

（1）胚胎凝固　斑马鱼胚胎凝固呈乳白色，于显微镜下观察发暗。

（2）体细胞未形成　正常发育的斑马鱼胚胎在24h后约有20个体细胞形成。正常发育的斑马鱼胚胎具有自发运动的倾向，而自发运动表明体细胞的形成。24h后没有体细胞形成可能是由于发育的普遍迟缓，但最迟不能超过48h，超过48h体细胞未形成将认为胚胎已经死亡。

（3）尾芽未脱离卵黄囊　在正常发育的斑马鱼胚胎中，尾巴从卵黄中脱离是在胚胎体后部伸长后观察的。

（4）心跳停止　在26℃±1℃的的环境下，正常发育的斑马鱼胚胎于48h后可以看到心跳。

（5）孵化率　斑马鱼受精卵孵化的比率。所有处理组和对照组的孵化率应从48hpf起进行记录。虽然孵化不是用于计算LC_{50}的终点，但孵化确保了胚胎暴露没有受到绒毛膜的潜在屏障功能的影响，更有助于数据的解释。

（6）半致死浓度（LC_{50}）　在急性毒性试验中，使实验动物半数死亡的药物浓度。

（7）最低有影响浓度（LOEC）　与对照相比，观察到物质具有显著效果（$P \leq 0.05$）的测试物质的最低测试浓度。所有高于LOEC的测试浓度必须具有等于或大于LOEC下观察到的有害影响。

四、试验步骤

（1）胚胎获取　详见第一节斑马鱼胚胎及仔鱼试材的获得方法。

（2）对照试验　为避免暴露试验用水会影响斑马鱼胚胎发育从而影响暴露试验结果，需将暴露试验用水作为空白对照。在使用有机溶剂的情况下，需要按照暴露液中有机溶剂的浓度进行溶剂对照试验。只有暴露结束前，空白对照和溶剂对照的胚胎总存活率应≥90%，暴露结束时空白对照和溶剂对照的孵化率应≥80%，才能认为暴露试验用水以及溶剂对孵化时间、存活率没有明显影响，也没有对胚胎产生任何其他不利影响。

（3）暴露浓度　对于LC_{50}通常选择至少5个具有浓度梯度的浓度进行毒性测试。测试的最高浓度最好应导致100%的致死率，而测试的最低浓度最好不产生任何可观察到的影响。

（4）暴露液更换　对于半静态的暴露环境，有以下2种暴露液更换方法：

① 在干净的容器中制备新的测试溶液，将存活的斑马鱼卵及仔鱼在少量旧溶液中轻轻转移到新容器中，避免暴露在空气中。

② 将测试生物保留在暴露室中，同时改变一部分（至少2/3）的测试水。暴露液更新的频率取决于测试物质的稳定性，但每天换水为宜。如果暴露物质在更新期内浓度不稳定（即超出标称浓度的120%或低于测量初始浓度的80%），应考虑使用动态流动的暴露环境。在任何情况下，都应注意避免在换水过程中对胚胎或仔鱼造成压力。

对于动态流动的暴露环境，需要一个连续分配和稀释测试物质储备溶液的系统（例如计量泵、比例稀释器、饱和器系统），以向暴露室提供一系列浓度。应定期检查储备溶液和稀释水的流速，最好每天检查一次，并且在整个测试过程中变化不应超过10%。

（5）暴露液监测　在半静态测试中，应在新配制暴露液时和即将更新前收集水样并进行分析，对于测试物质的浓度预计不会保持在标称值的±20%范围内的测试（基于物质的稳定性数据），有必要分析所有测试浓度。如果暴露液体积无法满足分析需要时，可以合并暴露溶液，或使用与暴露室相同材质、相同体积和表面积比率的代用室。建议将暴露结果建立在测量的浓度上。当浓度没有保持在标称浓度的80%～120%范围内时，效果浓度应用相对于测量浓度的几何平均值来表示。

对于动态流动的暴露环境，可依照与半静态测试描述的相似的采样制度。但是，如果测试持续时间超过7d则可能建议在第1周内增加采样次数（例如3组测量）以确保测试浓度保持稳定。

在胚胎暴露期间，应测量所有测试容器中的溶解氧、pH值和温度。至少应测量溶解氧和盐度（如果相关）3次，即在暴露试验开始、中间阶段和结束时。在半静态测试中，建议最好在每次换水前后或至少每周进行一次溶解氧以及pH值测定。如果担心暴露室温度有变化，则随机选择3个容器测量温度。温度最好在试验期间连续记录，或每天至少记录一次。在动态流动的暴露环境中至少每周测量一次。每次试验应测量一次硬度。应每天测量温度，最好至少在一个试验容器中连续监测温度。

（6）暴露的开始以及持续时间　暴露试验应在卵子受精后尽快开始，开始暴露时间最晚不应超过囊胚期，对于LC_{50}应在暴露96h后终止，由于斑马鱼胚胎不同发育器官的成熟时间不同，因此根据自身实验需要选择暴露试验终止时期。通过立体显微镜挑选胚胎时应选用形态正常、正在进行裂解的受精卵，并且在裂解过程中没有明显的不规则现象（如不对称、水泡形成）或绒毛膜的损伤。

（7）试验观察及观察指标　暴露试验期间每天应至少观察一次胚胎孵化和存活情况并记录数量。将胚胎凝固、体细胞未形成、尾芽未脱离卵黄囊和心跳停止作为判定斑马鱼胚胎死亡的观察指标。以上4种观察结果用于确定暴露用药的致死性且4种指标中的任何一个阳性结果都意味着斑马鱼的胚胎已经死亡。此外，从斑马鱼胚胎发育的48h开始每天应记录处理组和对照组的孵化情况。由于死亡的斑马鱼胚胎和仔鱼会迅速分解，所以一旦发现就应该被移除暴露室，移走死亡个体时应格外小心，不要敲打或物理损坏相邻的斑马鱼胚胎或仔鱼。各个器官表型观察指标及方法详见第四章斑马鱼胚胎发育异常分析方法。

斑马鱼胚胎受精后24～96h内急性毒性的观察如表5-1所列，斑马鱼胚胎各器官发育成熟时期如表5-2所列。

表5-1　斑马鱼胚胎受精后24～96h内急性毒性的观察

项目	暴露时间			
	24hpf	48hpf	72hpf	96hpf
胚胎凝固	+	+	+	+

续表

项目	暴露时间			
	24hpf	48hpf	72hpf	96hpf
体细胞未形成	+	+	+	+
尾芽未脱离卵黄囊	+	+	+	+
心跳停止		+	+	+

表 5-2 斑马鱼胚胎各器官发育成熟时期

项目	时间		
	24hpf	96hpf	120hpf
体节	+		
体型发育			+
眼睛			+
耳朵			+
鱼鳔		+	
心脏		+	
下颚			+
肝脏			+

第三节 斑马鱼胚胎与仔鱼发育异常机制研究的主要技术方法

一、基因层面技术

1. 荧光定量PCR在斑马鱼毒性研究中的应用

实时荧光定量PCR（quantitative real-time PCR）是一种在DNA扩增反应中，以荧光化学物质测量每次聚合酶链式反应（PCR）循环后产物总量的方法。通过内渗或者外渗法对待测样品中的特定DNA序列进行定量分析的方法。由于在PCR扩增的指数时期，模板的Ct值和该模板的起始拷贝数存在线性关系，所以成为定量的依据。最常用的方法是Taqman水解探针的特异性方法和DNA结合染料SYBR Green I的非特异性方法。特异性检测方法是在PCR反应中利用标记荧光染料的基因特异寡核苷酸探针来检测产物；而非特异性检测方法是在PCR反应体系中，加入过量荧光染料，荧光染料特异性地掺入DNA双链后，发射出荧光信号。前者由于增加了探针的识别步骤，特异性更高，但后者则简便易行。

张鹏宇等（2022）基于斑马鱼模型探究双酚芴［9，9-bis（4-hydroxyphenyl）fluorine，BHPF］诱导的神经毒性及作用机制，通过实时荧光定量PCR研究BHPF神经毒性的作用机制，结果显示，BHPF使*apaf1*、*cyto C*、*bax*、*caspase3*、*caspase8*、*caspase9* 和*p53* 凋亡相关基因表达上调，提示BHPF可以通过诱导细胞凋亡产生神经毒性；BHPF对*c-fos*、*gfap*、*tuba1b*、*mbp*和*syn2a*等神经发育相关基因的表达具有调控作用，上述基因表达上调提示BHPF可能通过影响神经元活动、中枢神经系统结构、突触的发生和神经递质释放产生神经毒性；BHPF可以调控*beclin1*表达显著上调，说明BHPF可以诱导线粒体自噬，降解线粒体结构蛋白，这与本实验结果类似。本研究进一步检测了*atg5*、*parkin*和*ulk2* 自噬相关基因，提示BHPF可能由于造成过度自噬产生神经毒性；结果表明BHPF可以造成斑马鱼神经发育、自噬和凋亡相关基因的异常表达，研究揭示了BHPF可以造成斑马鱼运动能力和探索行为异常，影响学习记忆功能。BHPF通过影响神经发育、自噬和凋亡等途径诱导神经毒性。

刘飞等（2022）为了探讨邻苯二甲酸二（2-乙基）己酯（DEHP）对斑马鱼早期生命阶段下丘脑－垂体－性腺轴（HPG）和下丘脑－垂体－肾上腺轴（HPA）相关功能基因表达的影响，利用实时荧光定量PCR技术测定斑马鱼仔鱼HPG和HPA轴上12个功能基因的表达。结果显示，与对照组相比，30μg/L DEHP处理组的*Cyp19b*、*GnRH3*、*Era*和*ERβ*基因表达量显著升高，*GnRH2*、*Pomc*、*Mr*、*Mc2r*、*Crh*、*Gr*和*Crhbp*基因在各DEHP处理组表达量显著降低，*FSH-β*和*Crhbp*基因表达量无显著变化。以上研究结果表明：DEHP对斑马鱼胚胎/仔鱼阶段的2个主要内分泌分子通路产生了显著影响，将会导致内分泌功能的改变，从而可能影响斑马鱼的后期生长发育。

2. 转录组测序在斑马鱼毒性研究中的应用

研究特定的细胞、组织或器官在特定的生长发育阶段或者某种生理状况下的所有的转录本的科学即为转录组学。转录本即转录组包括编码蛋白质的mRNA和非编码RNA（rRNA，tRNA和其他ncRNA）。不同于相对稳定的基因组，转录组具有变化性，是随着生物体生长发育阶段、生理状态和外界环境的改变而产生变化的。20世纪90年代，随着分子生物学技术的快速发展，促进了人们对生物多样性的认识。特别是自2008年以来，基于不同原理的新一代高通量测序技术即DNA测序技术取得了重大突破以后，使其逐渐成为目前的主流测序平台。与传统的Sanger测序法相比，新一代测序技术除了在技术上的革新以外，也拥有着如下的优点：a. 效率大幅提高，一次性测序可达上百万通量；b. 成本下降，单个碱基的测序成本也降低，各种成本局限逐渐缩小。由于基因组序列不能提供全面的生物功能信息，所以生物转录组学研究的开展变得尤为重要。基于此，新一代测序的快速发展使得RNA测序技术（high-throughput RNA sequencing，RNA-Seq）出现。RNA-Seq技术可以较高的通量和定量的方式对整个转录组进行测定，并提供“数字”基因表达水平，成本通常比其他测序技术低，可用于尚未确定基因组序列的非模式生物，已在各个领域得到广泛应用。在毒理学领域，基因表达的改变可能代表了由外来化学物质诱导的早期与机制相关的细胞事件。因此，转录组学可以用于分析由外来化学物质引起的相关毒性的作用机制并筛选出相关的生物标志物，从分子水平上阐明外来化学物质对生物体的毒性效应及其作用机制。我们可以通过对转录组图谱的丰富信息得到以下分析结果，包括基因表达信息、基因结构、新基因、可变剪切、差异表达基因和单核苷酸多态性等。如果所需要研究分析的物种没有现成的基因组信息可以提供参考，可以用全基因组测序的方式将所得序列组装拼接，从而得到单一的基因序列数据。用此种方法可以进一步对物种的基因进行功能注释、GO（基因本体）富集分析、Pathway富集分析、基因差异表达分析以及蛋白互作网络分析和单核苷酸多态性的分析等。

吴煜国等（2021）为探明低氧胁迫对雌性性腺发育的影响，针对常氧与长期低氧胁迫下的斑马鱼卵巢组织进行转录组测序，研究长期低氧胁迫与常氧条件下斑马鱼卵巢组织的转录组和基因表达谱差异。结果表明低氧与常氧卵巢差异表达显著的基因总数为675个，其中381个基因在低氧卵巢中显著下调，294个基因在低氧卵巢中表达量显著上调，从两种不同氧浓度下卵巢组织转录组差异表达基因的结果来看，对差异表达基因进行GO富集后，对差异表达基因进行GO聚类，主要富集在胰岛素样生长因子结合、细胞因子活性、细胞黏附分子结合等7个GO term上，其中可能与组织发育密切相关的GO有细胞因子活性（GO：0005125），由此推测：长期低氧胁迫可影响卵巢发育，从而影响卵母细胞的发育成熟。

陈宁等（2022）在利用模式动物斑马鱼，比较阿奇霉素及其杂质J体内诱导的毒性反应差异。通过转录组学分析，比较阿奇霉素和杂质J导致机体表达谱的变化，并寻找显著性差异基因（DEGs），结果表明，两种化合物在转录水平均可导致幼鱼的基因表达谱发生明显改变，且二者导致发生显著性变化的基因个数不同，与对照组相比，阿奇霉素导致了1257个基因发生显著性变化，其中上调基因有797个，下调基因有460个，杂质J导致了1190个DEGs，其中上调基因有688个，下调基因有502个；通过基因本体（GO）数据库对显著性差异基因进行功能归类分析，比较两种化合物对体内生物过程影响的可能差异，结果显示阿奇霉素和杂质J对斑马鱼的致死作用相似；二者均可导致幼鱼基因表达谱发生明显改变，但在转录水平可调节的DEGs个数不同；阿奇霉素单独调节的DEGs（*ctsc*、*gnpda*、*gck*和*tmem127*），在显著差异性GO生物过程（变化倍数>3，$P<0.05$）中，主要归类于调控与代谢相关和细胞生长相关的生物过程，而杂质J单独调节的DEGs（*cxcl8b. 1*）在显著差异性GO生物过程中，归类于与免疫调控相关的生物过程；qRT-PCR结果显示验证了阿奇霉素单独调节的*ctsc*、*gnpda*、*gck*和*tmem127*基因以及杂质J单独调节的*cxcl8b. 1*基因的表达变化与RNA-seq测序结果相似。

3. 原位杂交在斑马鱼毒性研究中的应用

荧光原位杂交（fluorescence in situ hybridization,FISH）是在染色体、间期细胞核和DNA纤维上进行DNA序列定位的一种有效手段。其原理是荧光原位杂交技术是根据核酸碱基互补配对原理，用半抗原标记DNA或者RNA探针与经过变性的单链核酸序列互补配对，通过带有荧光基团的抗体去识别半抗原进行检测，或者用荧光基团对探针进行直接标记并与目标序列结合，最后利用荧光显微镜直接观察目标序列在细胞核、染色体或切片组织中的分布情况。荧光原位杂交分为免疫染色荧光原位杂交（Immuno-FISH）、量子点-荧光原位杂交（QD-FISH）和微流控芯片-荧光原位杂交（FISH on microchip）等多种新技术（何世斌等，2014）。

贾婷婷等（2022）利用整胚原位杂交及半定量PCR技术在mRNA水平上检测骨骼相关基因*runx2a*、*runx2b*、*sox9a*、*sp7*、*mmp9*、*ctsk*、*bmp2b*、*bmp4* 和*gfp*的表达。结果表明二甲双胍（MET）对Bmp信号通路的促进作用不仅可以发生在胚胎的早期发育阶段，还可以持续到晚期；不论是体外或是体内诱导的斑马鱼骨质疏松模型，MET通过调控Bmp家族成员的转录及蛋白水平变化，进而促进骨骼损伤修复；MET不仅可以增强Bmp的转录和蛋白表达，还可以通过激活Bmp下游信号通路促进斑马鱼骨骼发育和损伤修复。综合本研究的实验结果表明，MET作为治疗糖尿病专用药的同时，对斑马鱼骨骼发育也有促进作用，且对骨质疏松症具有显著的修复功效。

二、蛋白水平检测

1. 蛋白组学在斑马鱼毒性研究中的应用

蛋白质是基因功能的最终执行者，也是细胞增殖、分化、凋亡等生命活动的直接体现者。利用蛋白质组学可以从蛋白质水平了解生物个体、组织器官的发育形成过程和基因调控机制。蛋白质组学的研究实现了同基因组、转录组分析的对接，为发育生物学各领域的研究提供更可靠的理论依据。蛋白质组学的研究在许多鱼类的发育过程中均有报道，诸如在金鱼（*carassius auratus* L.）胚胎发育早期、鲑鱼从体节期到器官形成阶段、草鱼（*ctenopharyngodon idellus*）的肝脏器官发育及斑马鱼卵巢发育阶段等（陈漪等，2019）。

陈漪等（2019）利用iTRAQ蛋白质质谱分析技术，检测斑马鱼早期胚胎发育过程中胚胎球型（sphere）时期的蛋白质表达情况，并分析该时期表达的蛋白质的相应功能和参与调控的生物过程。利用iTRAQ蛋白质质谱分析技术，检测了斑马鱼早期胚胎发育过程中囊胚sphere时期的蛋白质表达情况，并分析该时期表达的蛋白质的相应功能和参与调控的生物过程。

Ge等（2017）采用iTRAQ方法全面表征斑马鱼卵母细胞成熟过程中的蛋白质组，并比较排卵前完全生长的未成熟和成熟卵母细胞。总共鉴定了1568种蛋白质，这些数据将为了解斑马鱼卵母细胞成熟的分子机制提供有力的信息，并且这些蛋白质可能作为预测斑马鱼卵母细胞成熟控制的标记物。

2. 免疫荧光在斑马鱼毒性研究中的应用

以荧光物质标记抗体而进行抗原定位的技术称为荧光抗体技术。用荧光抗体示踪或检查相应抗原的方法称荧光抗体法；用已知的荧光抗原标记物示踪或检查相应抗体的方法称荧光抗原法。这两种方法总称免疫荧光技术，因为荧光色素不但能与抗体球蛋白结合，用于检测或定位各种抗原，也可以与其他蛋白质结合，用于检测或定位抗体。

在斑马鱼毒性研究中，免疫荧光法多用来检测细胞的增殖情况。如吴永梅等（2022）采用免疫荧光染色检测技术对斑马鱼头部细胞增殖情况进行检查，发现与CONT组相比，mcm5MO组增殖细胞明显减少，mcm5 mRNA能够援救由mcm5MO造成的增殖细胞减少；姚莉等（2022）也采用免疫荧光技术结合冷冻切片来检测斑马鱼损伤处增殖细胞核抗原的表达以探究Dex处理对损伤组未损伤侧细胞增殖的影响，发现Dex（5mg/L和15mg/L）预处理+损伤组视顶盖细胞增殖则受到明显抑制。

3. WB在斑马鱼毒性研究中的应用

蛋白质印迹法（western blot，WB）是分子生物学和蛋白质组学中最常用的技术之一。随着人类基因组测序工作的完成，人们开始关注由这些基因编码的蛋白质的功能，即目的基因是否发挥其特异表型效应，这方面只能通过其表达产物——蛋白质是否能被合成以及该蛋白质的生物学功能来阐明。蛋白质印迹（western blotting）技术是目前进行蛋白质表达、分析研究中应用最多的一种实验技术，它是将传统的高分辨率的SDS（十二烷硫酸钠）—聚丙烯酰胺（PAGE）电泳和灵敏度高、特异性强的免疫探测技术相结合，最有效地分析目的蛋白的表达，在分子生物学中发挥着重要的作用（张燕婉等，2008；单洪超等，2021）。

陈美琳等（2022）通过Western blot技术从蛋白水平进一步验证闹羊花对于4d的斑马鱼幼鱼的肝毒性与CASPASE-3的相关性，结果发现闹羊花提取物组（200μg/mL、300μg/mL、400μg/mL）中CASPASE-3蛋白的表达水平与阴性对照组相比显著提高（$P < 0.01$），呈剂量依赖性，与CASPASE家族基因的转录水平存在一致性；贾若南等（2022）通过WB技术对斑马鱼低氧条件下的蛋白表达进行验证，发现在低氧条件下RPl11蛋白的表达明显升高；吴坤坤等（2022）利用WB技术来验证重组质粒在HEK293T细胞中的表达情况，成功构建了斑马鱼N3ICD真核表达载体，并进行了表达分析，所构建的N3ICD真核表达载体能够对NF-κB家族中*rela*和*nfκb1*启动子的活性产生影响，使其活性明显升高。

三、特定代谢物水平测试

1. 代谢组学在斑马鱼毒性研究中的应用

代谢组学（metabolomics）是继基因组学（genomics）、蛋白质组学

（proteomics）、转录组学（transcriptomics）之后发展起来的系统生物学的又一个新的分支，是组学领域的一个新兴科学，近年来受到了人们的广泛关注。代谢组学是指通过对一个生物系统的细胞在给定时间和条件（生物体系受刺激或扰动）下所有小分子代谢物质的定性定量分析，从而定量描述生物内源性代谢物质的整体及其对内因和外因变化应答规律的科学。代谢组学的研究对象是分子量<1000的小分子代谢产物，这些代谢产物包括分子大小结构、性质和功能不同的各种小分子化合物，如氨基酸、有机酸、糖、脂肪酸以及一些挥发性代谢物等，它们是细胞内各种生物学途径和代谢过程的最终产物，直接反映了生命活动的整体状态及其动态变化过程，在食品质量与安全中扮演着重要角色。根据研究对象的不同，代谢组学研究可分为靶向代谢组学和非靶向代谢组学。靶向代谢组学分析用于验证预先确认的代谢物，需要用分析样品进行定量分析，前处理复杂且仅限定于对一种或少数几种目标物进行分析检测。而非靶向代谢组学（又称发现代谢组学）通常用于在一组实验和对照样品中寻找尽可能多的具有统计学意义的代谢物，并与所研究的生物状态或过程进行关联，揭示其内在的变化规律（代谢产物的产生模式及指纹分析），可以实现高通量的检测分析。这两种技术相结合，使代谢组学既可以实现对已知化学物质的分析，又能实现对未知化学物质的分析。

张杏丽等（2019）为探求磷酸三苯酯（TPhP）诱发水生动物发育毒性的分子机制，以斑马鱼为模式动物，暴露于不同浓度的磷酸三苯酯，考察斑马鱼胚胎生长发育指标和线粒体功能的变化，通过代谢组学分析揭示相关分子机制，代谢组学分析发现，TPhP显著抑制斑马鱼氨基酸代谢，降低缬氨酸、亮氨酸和异亮氨酸水平，抑制氨酰-tRNA生物合成过程；同时引起葡萄糖糖酵解过程和三羧酸循环发生障碍。氨基酸和糖代谢异常可能是TPhP引起斑马鱼发育畸形的主要原因，线粒体功能紊乱可能是TPhP诱发三羧酸循环障碍的原因。

费倩倩等（2019）运用代谢组学方法，对三七总皂苷（PNS）过量给药的斑马鱼幼鱼与正常组斑马鱼幼鱼的代谢物进行对比，研究三七总皂苷过量给药导致斑马鱼幼鱼急性毒性可能的毒性机制。结果表明各组代谢物均显著区分，并随时间和剂量增加越发偏离正常组，初步筛选并鉴定出29个可能和毒性相关的差异代谢物（VIP > 1，$P < 0.05$）和6条相关的代谢通路。三七总皂苷（PNS）过量致毒可能与脂质代谢、氨基酸代谢以及能量代谢等通路的紊乱有关。

韩利文等（2015）为了分析阿司咪唑诱导斑马鱼心脏毒性后内源性代谢物的

变化特点，寻找与心脏毒性发生相关的代谢生物标志物。采用阿司咪唑处理发育48hpf（hours post fertilization）斑马鱼幼鱼，观测心脏相关指标并采集斑马鱼组织进行气相色谱—质谱联用法代谢组学分析并寻找生物标志物。代谢组学分析结果显示，阿司咪唑处理组的代谢轮廓与对照组明显不同，斑马鱼体内葡萄糖、甘氨酸、乳酸肌酐、谷氨酰胺、N-乙酰-L-赖氨酸、L-脯氨酸、柠檬酸、L-酪氨酸、磷酸、胆固醇、棕榈酸等12种代谢物发生了显著变化。以上结果表明基于新型模式生物斑马鱼的代谢组学技术可以用于表征药物引起的心脏毒性改变，找到的一些与心脏毒性相关的潜在生物标志物将有助于药源性心脏毒性的早期预测和评价。

2. ELISA在斑马鱼毒性研究中的应用

酶联免疫吸附测定（enzyme linked immunosorbent assay，ELISA或ELASA）指将可溶性的抗原或抗体结合到聚苯乙烯等固相载体上，利用抗原抗体特异性结合进行免疫反应的定性和定量检测方法。常用的ELISA可以分为直接ELISA、间接ELISA、夹心ELISA、竞争ELISA、竞争抑制ELISA。

贾婷婷等（2022）通过ELISA对成骨细胞标记因子ALP及破骨细胞标记因子TRAP进行蛋白水平的检测，结果与mRNA变化趋势相似，MET可以促进由FAC引起的ALP表达降低，降低由FAC引起的TRAP的表达升高。证明MET可以在蛋白质水平上修复由FAC诱导的斑马鱼体外骨质疏松。

四、酶活性测定

1. 测定乙酰胆碱酯酶表征药物对斑马鱼胚胎神经毒性的影响

乙酰胆碱酯酶（acetylcholinesterase，AChE）在脊椎动物和无脊椎动物体内广泛分布，是生物神经传导中的一种关键性的酶，在胆碱能突触间该酶降解乙酰胆碱，终止神经递质对突触后膜的兴奋作用，保证神经信号在生物体内的正常传递；其主要存在于神经细胞突触、神经肌肉接头、红细胞等部位，乙酰胆碱酯酶活性的测定是基于将乙酰胆碱转变为蓝色产物三硝基苯的显色反应。一般认为乙酰胆碱酯酶是水环境中暴露于神经毒性化合物的生物标志物，乙酰胆碱酯酶（AChE）在神经系统的信息传导中起重要作用。研究发现有机磷和氨基甲酸酯农药对生物的AChE具有明显的抑制作用，从而破坏生物的神经功能，导致一系列生物学效应。朱璧然等（2019）研究氯硝柳胺对斑马鱼幼鱼的神经毒性，结果显示氯硝柳胺40μg/L、80μg/L处理幼鱼存活率降低、畸形率增加、运动速度降低，且AChE

活力增加；王翀昊等（2018）以斑马鱼为动物模型研究乌头碱的神经毒性并初步探索其神经毒性的致病机制，结果显示乌头碱浓度 > 0.5μmol/mL时可呈剂量相关性，显著降低斑马鱼游泳活力、幼鱼的肌节长度，抑制RohonBeard神经元的生理性凋亡，推测其神经毒性与抑制乙酰胆碱酯酶活性有关。

2. 测定抗氧化酶表征药物对斑马鱼胚胎毒性的影响

当生物体内的氧化剂与抗氧化剂比率失衡时就会产生氧化应激作用，该作用还能进一步对生物体内的脂类、蛋白质等物质造成氧化损伤。活性氧（ROS，reactive oxygen species）的大量激增是氧化应激作用的主要表现形式，而过量的活性氧会导致严重的细胞结构损伤。生物体内的解毒过程是多种酶共同作用的结果，首先在SOD的作用下将ROS转化成为过氧化氢（hydrogen peroxide，H_2O_2），而产生的H_2O_2由CAT和GPx进一步分解为水和氧气。因此，测试抗氧化酶的活性被认为是鉴别生物体内氧化应激作用的一种有效方法。

超氧化物歧化酶（superoxide dismutase，SOD）是一种广泛存在于动植物、微生物体内的金属酶，是生物体防御氧毒性的关键性防线，它可催化超氧阴离子自由基（$O_2^-\cdot$）发生歧化反应，产生H_2O_2与O_2，起到消除$O_2^-\cdot$的作用，因而SOD在生命体的自我保护系统中起着极为重要的作用，具有抗衰老、提高机体对多种疾病的抵抗力、增强机体对外界环境的适应力等生理功能；其在免疫系统中也有重要的功能，主要分布于胞浆和线粒体的基质中。

过氧化氢酶（catalase from microorganisms，CAT）是鱼体内的一种含巯基（—SH）的抗氧化酶，它可以与谷胱甘肽过氧化物酶一起，清除长链脂肪酸代谢以及SOD歧化超氧阴离子自由基（$O_2^-\cdot$）产生的过氧化氢，阻断活性氧的大量产生，从而阻断污染物对鱼类产生氧化毒性。张棋麟等（2020）研究汞暴露对斑马鱼肝脏抗氧化指标的影响，结果显示与对照组相比，斑马鱼HGC暴露显著降低了肝组织CAT活性，表明水体汞对斑马鱼肝组织可能造成了氧化损伤。另外，CAT也可能是一种潜在的水环境汞污染风险评估酶学标志物，显示了其用于评估汞暴露对鱼类肝组织损伤程度的潜力。水体汞暴露能使斑马鱼肝组织中抗氧化酶活性受到影响，引起肝组织中氧化酶及抗氧化酶系统发生紊乱，导致肝组织受损，且这种损伤在短时间（24h）内即可产生。

谷胱甘肽过氧化物酶（GPx）被认为是能够有效防止脂质过氧化的保护性酶，它能催化过氧化氢的还原反应，对由活性氧和羟基自由基（·OH）诱发的脂质过氧化物及过氧化氢有极强的清除能力，从而保护生物大分子和生物膜结构免受过氧化物损伤。穆希岩等（2016）用苯醚甲环唑处理斑马鱼后，研究表明斑马鱼脑和肝脏中GPx活性均出现下降，其中脑中GPx活性下降程度更大。脑中含有大量容易被氧化的多不饱和脂肪酸，在暴露于外源有毒物质后很容易发生脂质过氧化，因此迫切需要激活GPx以消除脂质过氧化物；然而脑自身并非解毒代谢器官，自身抗氧化能力有限，因此可能出现GPx抗氧化系统的失调，进一步导致其活性下降。

参考文献

[1] 张鹏宇, 王宝堃, 刘可春, 等. 双酚芴对斑马鱼神经行为的影响及毒性作用机制[J]. 生态毒理学报, 2022, 17(03): 157-166.

[2] 陈宁, 黄权华, 苏军权, 等. 阿奇霉素及其杂质J对斑马鱼毒性的转录组学分析[J]. 中国抗生素杂志, 2022, 47(03): 241-244.

[3] 吴煜国, 林枫, 江守文, 等. 长期低氧胁迫下斑马鱼的卵巢转录组特征分析[J]. 基因组学与应用生物学, 2021, 40(Z1): 1921-1927.

[4] 张杏丽, 邹威, 周启星. 基于代谢组学技术分析磷酸三苯酯诱导斑马鱼胚胎发育毒性的分子机制[J]. 生态毒理学报, 2019, 14(03): 79-89.

[5] 费倩倩, 韦英杰, 汪晶, 等. 基于代谢组学研究三七总皂苷在斑马鱼幼鱼中的急性毒性机制[J]. 中国中药杂志, 2019, 44(17): 3798-3805.

[6] 韩利文, 赵亮, 楚杰, 等. 采用GC-MS代谢组学技术表征阿司咪唑诱导斑马鱼心脏毒性的内源性代谢物[J]. 中国药学杂志, 2015, 50(01): 45-50.

[7] 贾婷婷, 雷蕾, 吴歆媛, 等. 二甲双胍对斑马鱼骨骼发育及损伤修复的机制研究[J]. 遗传, 2022, 44(01): 68-79.

[8] 穆希岩, 黄瑛, 沈公铭, 等. 苯醚甲环唑对斑马鱼抗氧化酶的影响[J]. 中国环境科学, 2016, 36(04): 1242-1249.

[9] 刘飞, 王凡, 郑雅婷, 等. DEHP对斑马鱼仔鱼HPG和HPA轴相关功能基因表达的影响[J]. 淡水渔业, 2022, 52(02): 3-8.

[10] 张棋麟, 江宇航, 董志祥, 等. 汞暴露对斑马鱼肠道菌群结构和肝脏抗氧化指标的影响[J]. 生态环境学报, 2020, 29(08): 1645-1653.

[11] 朱璧然, 李博, 冯秋珍, 等. 氯硝柳胺对斑马鱼幼鱼的神经毒性研究[J]. 中国寄生虫学与寄生虫病杂志, 2019, 37(05): 588-592.

[12] 王翀昊, 王心童, 朱娜. 乌头碱在斑马鱼胚胎和幼鱼发育过程中的神经毒性作用[J]. 中国实验诊断学, 2018, 22(08): 1432-1435.

[13] 何世斌, 柴连琴, 谭珺隽, 等. 荧光原位杂交技术的研究进展[J]. 植物科学学报, 2014, 32(02): 199-204.

[14] 陈漪, 胡瑞芹, 冉皓宇, 等. 斑马鱼早期胚胎发育囊胚sphere时期的蛋白组学研究[J]. 海洋渔业, 2019, 41(01): 53-64.

[15] Ge C, Lu W, Chen A. Quantitative proteomic reveals the dynamic of protein profile during final oocyte maturation in zebrafish[J]. Biochemical & Biophysical Research Communications, 2017, 490(3): 657-663.
[16] 吴永梅, 黄四洲, 苏炳银. 微小染色体维持蛋白5在斑马鱼脑发育中的作用及机制研究[J]. 成都医学院学报, 2022, 17(01): 1-6, 33.
[17] 姚莉, 张耀东, 张熙佳, 等. 地塞米松介导肠道炎症及肠黏膜屏障功能对斑马鱼脑损伤修复的抑制作用[J]. 延安大学学报(医学科学版), 2022, 20(03): 7-13, 2.
[18] 张燕婉, 叶珏, 时那, 等. 蛋白质免疫印迹技术的实验研究[J]. 实验技术与管理, 2008(10): 35-37.
[19] 单洪超, 曹宇, 谭晶, 等. 蛋白质印迹技术的研究进展[J]. 广东化工, 2021, 48(14): 129-130.
[20] 陈美琳, 李芝奇, 范琦琦, 等. 基于斑马鱼模型研究闹羊花肝损效应及其作用机制[J]. 中国中药杂志, 2023.
[21] 贾若南, 林枫, 许强华. 低氧胁迫下斑马鱼鳃中核糖体蛋白基因家族的表达分析[J]. 上海海洋大学学报, 2022, 31(02): 318-327.
[22] 吴坤坤, 徐行, 季策, 等. 斑马鱼notch3基因真核表达载体的构建及其表达分析[J]. 生物技术通报, 2022, 38(01): 179-186.

第六章　斑马鱼胚胎发育异常的研究进展

第一节　生物遗传因素

一、基因突变、表达异常等

1. 斑马鱼*shha*、*ihha*和*fgf10a*基因突变对鱼鳔发育的影响

Hedgehog（Hh）信号通路可以调控鱼鳔的生长发育过程，Wingless（Wnt）信号通路与之存在交互作用，即Hh信号通路受Wnt信号通路调节，并与之形成负反馈调节（Yin et al.，2012）。*Sonic Hedgehog*（*shha*）和*Indian Hedgehog*（*ihha*）是Hh信号途径中的调控基因，Winata等研究发现，敲除*shha*和*ihha*基因后可以引起鱼鳔的发育缺失（Winata et al.，2009）。*shha*和*ihha*是调控鱼鳔上皮组织、间质层细胞生长和平滑肌细胞分化的必要因子，抑制*shha*和*ihha*的表达就是抑制了Hh信号通路，会导致鱼鳔发育过程中上皮和间质层的发育缺失，同时导致外间皮层组织的损伤（刘迎等，2017）。另外，*fibroblast growth factor 10a*（*fgf10a*）的表达同样影响着鱼鳔的间质层发育，*fgf10a*基因点发生突变后会引起鱼鳔的发育缺失，调控上皮层发育的*ihha*和*fgfr2*基因与调控间质层发育的*fgf10a*和*ptcs*基因构成了相互依赖的反馈调控环节，是鱼鳔正常生长和发育的重要调控环节之一（Korzh et al.，2011）。

2. 斑马鱼*ngs*基因突变对骨骼发育的影响

*ngs*基因被认为在斑马鱼早期脊索发育中起到关键作用，董乐等（2022）利用CRISPR/Cas9构建了*ngs*基因突变体，胚胎发育观察显示同野生型斑马鱼的“硬币叠加”状的脊索相比，*ngs*$^{-/-}$突变体斑马鱼脊索呈不规则的颗粒状，并在尾部出现脊索断裂。*ngs*基因突变导致了脊索发育异常，进而致使椎骨发育畸形，生长发育减缓，同时造成了肌间刺数量的减少。基因表达分析结果表明，*ngs*基因突变可能在胚胎期通过影响BMP信号通路相关基因的表达使胚胎成骨作用减弱，椎骨发育异常，而在胚后发育阶段可能通过影响肌肉中*bmp2b*、*smad5*和*runx2b*基因的表达从而影响肌间刺的数量。

3. 斑马鱼*ogg1*基因调节脑、心脏发育的易损性

脑发育过程易受到氧化应激而引起损伤，增加先天性脑发育异常的风险。严丽锋（2015）采用斑马鱼受精卵及发育至5d的幼鱼为模型，应用原位杂交方法，

发现*ogg1*在出生后17～48h的胚胎脑组织中高表达，尤其是在中脑区。应用吗啉代技术，在受精卵单细胞期进行*ogg1*基因敲除，导致胚胎脑部发育缺陷、脑室狭窄、神经细胞排列紊乱、中-后脑边界毁损以及平衡和运动能力异常等。这些功能障碍可通过补充外源*ogg1* mRNA部分挽救。基因芯片分析发现，*ogg1*缺失导致细胞周期、凋亡、神经发生等通路的基因表达发生显著改变，构成了*ogg1*应答信号调控网络。

DNA损伤所致的基因组损伤可影响祖细胞分化，进而损害器官形成过程，导致先天性疾病的发生。严丽锋（2015）通过原位杂交发现*ogg1*主要表达在斑马鱼胚胎（16体节期）前侧板中胚层、原始心管以及之后的心肌细胞中。应用吗啉代技术敲减*ogg1*基因，应用Tg（myl7：Ds Red2-nuc）、Tg（nkx2.5：EYFP）、Tg（myl7：EGFP）转基因鱼系，观察心脏的形态、搏动节律、心肌细胞计数，并运用Brdu免疫荧光染色和$p53^{-/-}$（p53M214K）转基因鱼系分析增殖与凋亡，发现*ogg1*缺失，导致严重的心脏结构和功能损伤，包括：心脏长度缩短、心律不齐、心肌细胞以及$nkx2.5^{+}$心脏祖细胞数量减少。*ogg1*缺失所致的心脏祖细胞凋亡增加和增殖减少，可以部分解释上述由*ogg1*缺失所致的心脏表型。基因芯片结果提示，*ogg1*缺失后，参与胚胎心管形态和心脏结构的基因表达显著改变。总之，*ogg1*基因在斑马鱼胚胎脑和心脏的发育中发挥着保护性作用。

4. 斑马鱼*zic3*基因调控脑血管发育

李帅庭等（2021）利用CRISPR/Cas9技术获得*zic3*基因突变体，利用血管标记转基因鱼AB（Tg flk1：gfp）与*zic3*突变体杂交，将得到的$zic3^{+/-}$（Tg flk1：gfp）进行自交得到同窝对照。与对照组（野生型斑马鱼）相比，*zic3*纯合突变体存在明显的出血表型，且质膜膜泡关联蛋白（plasmalemma vesicle associated protein，Plvap）基因与*zic2*基因的表达量明显升高，但杂合突变体未观察到此表型。在杂合突变体中，后脑血管发育出现明显抑制，血管数量相比野生型降低60%，存在明显发育缺陷。同时非经典Wnt信号通路基因（*wnt5a*、*wnt7ba*、*wnt9b*）以及血管内皮生长因子（vascular endothelial growth factor，VEGF）通路基因（*kdrl*、*vegfab*、*ephrlnb2*）表达量均明显上升。在斑马鱼中*zic3*功能可被*zic2*进行代偿，*zic3*通过抑制PLVAP的表达降低胚胎脑血管通透性，通过抑制非经典Wnt信号和VEGF信号通路调控胚胎脑血管发育。

5. 斑马鱼*arid1b*基因对神经系统发育的影响

*arid1b*基因编码BAF复合物（一种染色质重塑复合体）的重要亚基，其变异与Coffin-Siris综合征（CSS）（Vals et al., 2014）、智力障碍（ID）（Hoyer et al., 2012）和孤独症谱系障碍（ASD）（Iossifov et al., 2015）等神经系统发育障碍疾病关系密切。夏晨璐（2020）基于CRISPR/Cas9 技术构建了斑马鱼*arid1b*基因突变模型，并发现斑马鱼*arid1b*纯合突变体幼鱼相较于野生型发育缓慢，体长较短。明暗刺激实验中，突变体对刺激的反应能力明显下降，表明*arid1b*基因在神经系统早期发育中起重要作用。

6. 斑马鱼转录因子TBX20对心脏发育的影响

转录因子TBX20在脊椎动物心脏的腔室发育和维护中起至关重要的作用。朱哲等（2019）利用CRISPR/Cas9系统成功制备了斑马鱼*tbx20*突变鱼系，T7E1检测结果显示F0敲除效率平均为42.1%，测序分析F1中突变种质遗传效率为36.7%。F2突变体中观察到心脏突变表型：48hpf，心包腔肿大，静脉窦瘀血，环化异常，心脏结构变形；3dpf心脏畸形拉伸成线状结构。原位杂交和qRT-PCR结果显示，突变体中*vmhc*表达上调，*amhc*和*myl7*表达下调。成功制备了斑马鱼*tbx20*突变体，结果表明*tbx20*纯合突变体心脏畸形，环化受到影响，为深入探究*tbx20*在早期心脏腔室分化过程中的作用奠定了基础。

7. 斑马鱼*keratin92*基因对颅面发育的影响

李泽坤（2022）利用CRISPR/Cas9基因编辑技术敲除斑马鱼*keratin92*基因，筛选出*keratin92*基因斑马鱼突变体纯合子。全胚原位杂交的实验结果表明*keratin92*基因在胚胎早期发育时期广泛表达，24hpf后集中表达在斑马鱼颌骨、咽弓以及肠道部位。*keratin92*突变体斑马鱼在胚胎早期发育过程（4.70～8.00hpf）时胚胎发育几乎停滞，该时期同时也是神经嵴早期发育的重要时期。颌骨染色的结果表明，120hpf的突变体斑马鱼具有颌骨发育异常，其梅克尔软骨的宽度增加、两侧舌角骨的夹角角度增大。实时荧光定量PCR的结果表明，突变体的颅面结构发育相关基因*dlx2*、*zic2a*、*fzd4*、*dkk1b*，成骨标记基因*fgf8a*以及软骨发育相关基因*col2a1a*、*nkx3.2*、*pAX9*的表达相较于野生型均下调。以上研究发现，*keratin92*基因的缺失会造成斑马鱼颌骨发育异常，为研究*keratin92*基因的相关功能提供了一定的理论和实验基础。

二、蛋白水平改变

1. 神经靶酯酶对斑马鱼神经发育的影响

近年来，含patatin样磷脂酶（patatin-like phospholipase，PNPLA）家族开始吸引人们的注意力，这一家族成员在脂质代谢和信号传导的不同方面发挥着重要作用。神经靶酯酶（neuropathy target esterase，NTE）又称PNPLA6，位于内质网，由1327个氨基酸组成，分子量约为14.6万，是具有7个跨膜区的单链跨膜蛋白，大部分结构位于内质网的胞质面。

在脊椎动物中，NTE主要在神经元中表达，而在胶质细胞中不表达。研究表明，NTE对于神经系统发育和功能维持具有重要作用，它的功能异常可导致包括有机磷诱导的迟发性神经病（organo phosphate induced delayed neuropathy，OPIDN）和单纯型遗传性痉挛性截瘫（hereditary spastic paraplegia，HSP）在内的神经退行性疾病的发生，这两种疾病的特征都是进行性的下肢痉挛，远端轴突变性。

山东大学龚瑶琴课题组探讨了NTE在斑马鱼早期胚胎发育中的功能及其在神经退行性疾病发生中的作用机制。研究发现，斑马鱼NTE蛋白与人NTE蛋白的同源性高达73%，NTE在斑马鱼胚胎发育早期已经存在，并在后续的发育过程中持续表达。抑制NTE表达会导致斑马鱼胚胎尾部弯曲、运动能力下降、运动神经元轴突生长缺陷和循环系统发育缺陷等表型。野生型人NTE mRNA可以拯救抑制NTE表达导致的斑马鱼表型，而编码酶活性部位关键氨基酸突变的NTE mRNA无法拯救抑制NTE表达的表型，证明NTE的正常生物学功能依赖于其酯酶活性。抑制斑马鱼NTE表达导致BMP信号途径的标志分子P-smad1/5/8表达水平升高，并且BMP信号的抑制剂Dorsomorphin处理抑制NTE表达胚胎可以抑制上调的BMP信号，并拯救抑制NTE表达表型，表明抑制NTE表达造成的斑马鱼表型是通过调节BMP信号作用的。以上研究对我们了解NTE功能以及遗传性痉挛性截瘫和有机磷中毒引起的两种神经退行性疾病的发病机制具有重要意义（宋扬等，2012）。

2. 蛋白质SUMO化修饰对斑马鱼心脏发育的影响

蛋白质的SUMO化修饰是SUMO（small ubiquitin-related modifier）蛋白在一系列酶的作用下，通过异肽键共价连接到靶蛋白的赖氨酸上调节靶蛋白功能的生物学过程。SUMO化修饰是真核细胞中关键的蛋白调节性修饰之一，参与调控细胞的多个方面如细胞质分裂，信号转导，DNA复制和转录，有丝分裂和减数分裂等。

SUMO化修饰在发育中的功能日渐受到关注，心脏的正常发育依赖于生物体总SUMO化水平的精细调控，SUMO化水平过高或过低都会导致心脏畸形。目前，SUMO化水平失调导致心脏发育缺陷的机理仍不甚清楚。上海交通大学朱军团队以斑马鱼为模型深入解析了SUMO化修饰在心脏发育过程中的功能及机理。利用TALEN和morpholino反义寡核苷酸构建SUMO化修饰的E2结合酶*ubc9*基因缺失斑马鱼模型，研究发现*ubc9*基因缺失的斑马鱼心脏表现出心房和心室畸形、环化异常和房室通道缺陷。分析其心脏发育过程发现斑马鱼胚胎心脏形态发生的各个阶段包括中线迁移、心管延长和环化等都存在异常，同时心肌和心内膜分化异常。由于*ubc9*基因缺失的斑马鱼心脏发育异常与*gata5*的功能缺失最为相似，因此另研究探讨了*gata5*的SUMO化修饰参与心脏发育的可能性。首先，在体外实验中，GATA5受到SUMO1和SUMO2修饰，其修饰主要发生在K324和K360两个位点。GATA5的SUMO化修饰不影响其在细胞中的定位，但影响其转录功能。体内实验中，生理条件GATA5在野生型斑马鱼胚胎中能增加心脏前体细胞的数量，导致心脏增大，但在*ubc9*基因缺失的斑马鱼胚胎中丧失该能力。这表明GATA5发挥功能需要SUMO化修饰。为了进一步评估SUMO化修饰对GATA5的影响，我们使用K324R或K360R mRNA去拯救gata5 morpholino产生的心脏缺陷，发现K324和K360的SUMO化修饰都影响GATA5调控心脏前体细胞的数量和分化的能力，其中K360是主要功能位点。另一方面，相对于野生型GATA5、SUMO2-GATA5或SUMO1-GATA5融合蛋白在部分*ubc9*基因缺失的斑马鱼中恢复增加心脏前体细胞数量的能力，且心脏形态趋于正常。因此，SUMO化修饰在斑马鱼心脏发育中的生物学功能至少部分是通过GATA5的SUMO化修饰实施的。该研究推进了SUMO化修饰影响心脏发育的细胞和分子机理的理解，揭示了心脏发育调节蛋白GATA5的蛋白质翻译后修饰对心脏发育的影响（文斌等，2016）。

3. YAP对斑马鱼大脑、眼睛和肾脏发育的影响

YES相关蛋白（yes-associated protein，YAP）是一种与许多转录因子结合并调节其活性的小蛋白质。生物信息学分析表明，斑马鱼中的YAP与果蝇、鸡、

小鼠和人类具有较高的同源性。复旦大学宋后燕团队研究发现YAP的母体转录本普遍存在，内源性YAP在脊索、脑、眼睛、鳃弓和胸鳍中按时间顺序表达。YAP的敲除导致胚胎明显的形态缺陷，表现为头部小，眼睛比正常小，鳃裂弓软骨较少。YAP突变体脑内原神经及神经元基因表达明显降低。在YAP变体的所有可识别的拱相关区域，CRESTIN的表达也显著减少。此外，TUNEL分析显示，YAP突变体内脑细胞死亡显著增加。综上所述，YAP对斑马鱼大脑、眼睛和神经嵴的正常发育至关重要（Jiang et al.，2009）。

Hippo信号通路高度保守，调控了器官组织生长、分化、胚胎发育和肿瘤形成，在果蝇及哺乳动物中均高度保守，通路异常与多种肿瘤的发生密切相关。YAP是Hippo通路的关键靶因子，近年来研究提示Hippo通路异常，特别是YAP表达水平改变，与肾脏异常发育及多囊肾病的发生密切相关。然而YAP在正常生理状态下，是否以及如何参与肾脏发育，及对多囊肾病发生和进展的影响机制尚有待于探索。第二军医大学解放军肾脏病研究所梅长林团队以模式生物斑马鱼为模型，通过morpholino注射技术下调YAP表达，观察到其对斑马鱼前肾囊肿形成、肾管发育形态、群体细胞迁移和纤毛发生的重要作用，并发现在多囊肾斑马鱼模型pkd2 morphants过表达YAP能够挽救疾病表型。研究阐明了YAP在体内与纤毛发生及囊肿形成的相关性，以及抑制多囊肾进展的保护性作用，为多囊肾病治疗提供了新的靶点和契机（贺靓靓，2015）。

三、特定代谢物改变

1. 促红细胞生成素对斑马鱼早期胚胎肾脏细胞发育的影响

促红细胞生成素（erythropoirtin，Epo）是一种糖蛋白复合物，在成人体内主要由肝脏及肾脏分泌。既往研究提示，Epo在抑制前成红细胞凋亡及促进红细胞生成方面起到至关重要的作用。近年来有研究提示，Epo在造血以外系统，包括肾脏病理、神经发育和氧化应激等方面同样起到重要调节作用，人类及小鼠肾脏细胞中都可以检测到Epo的表达，提示Epo可能在肾脏疾病中发挥作用，进一步研究表明，Epo的单核苷酸多态性遗传改变在糖尿病肾病发生发展中产生一定影响。此外，在糖尿病肾病小鼠中持续给予Epo受体（Epo receptor，EpoR）激动剂可明显减少肾脏细胞凋亡和坏死的数量。以上研究均提示Epo可能在肾脏病理生理改变中起到作用。

西安交通大学折剑青团队研究了*epo*在斑马鱼早期胚胎肾脏细胞发育中的凋亡和坏死方面起到的作用。研究发现*epo*及*epor*基因表达下调的斑马鱼胚胎在48 hpf可见明显肾小球囊样改变，且肾小管颈部缩短消失。TUNEL及Annexin V染色结果提示48hpf后*epo*及*epor*基因表达下调的斑马鱼胚胎中肾脏凋亡细胞增多，但*epor*基因下调的斑马鱼胚胎内主要表现为晚期凋亡细胞及坏死细胞增多。Western blot实验结果提示*epo*及*epor*基因表达下调的斑马鱼胚胎较对照组Akt磷酸化减少表明*epo*基因可引起Akt磷酸化。该研究表明*epo*及*epor*基因可直接引起斑马鱼肾脏结构发育异常，为*epo*基因的造血系统以外作用提供了新的证据支持，并提示阻止*epo*基因表达下调可能是治疗肾脏疾病的新靶点（折剑青等，2018）。

2. 高糖对斑马鱼胚胎心脏及多巴胺神经元发育的影响

随着人们生活方式的改变，妊娠合并糖尿病的发病率明显上升，危害孕妇和胎儿的健康。据文献报道，妊娠期糖尿病导致妊高征、早产、新生儿窒息、巨大儿的发生率明显升高。临床流行病学研究表明，妊娠高糖影响胎儿发育。有研究发现，体外实验中高糖可能导致胚胎致畸率升高，高血糖对早期胚胎的发育具有毒性作用。

成都医学院苏炳银团队研究高浓度葡萄糖对斑马鱼胚胎发育以及斑马鱼多巴胺神经元发育的影响。研究发现25mmol/L的葡萄糖溶液会导致斑马鱼胚胎发育异常、生长缓慢、死亡率增加以及心脏畸形，与文献报道的哺乳动物、鸟类妊娠糖尿病对胚胎发育影响的研究结果相似。同时高糖导致了多巴胺神经元荧光增强，端脑部位多巴胺神经元数量增加，帕金森病相关基因表达水平升高，说明在高糖环境下多巴胺神经元的发育并未受到影响，可能是通过上调Parkin的表达，调节细胞内线粒体的功能，对多巴胺的发育提供保护作用（吴永梅等，2016）。

多数先天性心脏病是通过基因与环境因素之间相互作用所形成，因此非遗传性风险因素对心脏发育的影响越来越受到重视。流行病学资料表明：糖尿病合并妊娠（PGDM）是先天性心脏病重要的非遗传性风险因素，高血糖是PGDM重要的致畸因子。目前高糖对胚胎心脏发育的影响及机理尚不清楚。复旦大学桂永浩团队探究了高糖对斑马鱼胚胎心脏发育的影响。结果发现6～30hpf时间段心脏畸形发生率最高，随着暴露起始时间后移，心脏畸形比例逐渐下降。高糖暴露后斑马鱼胚胎出现严重生长迟缓和发育落后。心脏发育亦出现明显落后，且与胚胎落后程度大致同步。高糖引起斑马鱼胚胎多种心脏畸形，如心包水肿、心管环化障碍、血液返流等。L-葡萄糖对胚胎和心脏发育无明显影响。综上所述，高糖可引起斑马鱼胚胎心脏发育落后和多种心脏畸形，斑马鱼胚胎心脏发育过程中高糖敏感时间窗是6～30hpf（梁进涛等，2010）。

3.叶酸对斑马鱼胚胎发育的影响

叶酸在生物的生长和发育过程中扮演重要角色，它参与生物体内许多重要反应和重要物质的合成。叶酸缺乏是导致胚胎发育异常的环境因素之一。有研究表明，人群中叶酸缺乏会导致胎儿先天性异常的发生率上升，如心脏发育异常、神经管缺陷以及唇腭裂等，并可使胚胎发生严重多发畸形，导致胚胎在发育早期即死亡。

复旦大学桂永浩团队在叶酸缺乏致斑马鱼胚胎发育异常方面取得了重要进展：

① 在造血系统和心血管系统发育方面，叶酸缺乏干扰了血细胞的生成，叶酸缺乏组胚胎FLK-1、GATA1和GATA2的表达降低和造血区的凋亡增加与胚胎血液系统发育异常相关。同时，叶酸缺乏斑马鱼模型表现为心脏发育异常表型多样、心功能受损、心脏流出道发育异常和血管发育受到干扰（孙淑娜等，2007）。

② 在背主动脉发育方面，叶酸缺乏可导致斑马鱼胚胎背主动脉发育异常，其机理与EPHINB2、ANG-1和RADAR的表达减弱以及底索凋亡增加有关。

③ 在体轴发育方面，叶酸缺乏组一定比例胚胎存在体轴偏移以及肝脏、胰脏和心脏左右轴异位。叶酸缺乏组Nodal信号通路下游因子ntl以及gsc的表达强度无明显变化，但表达的空间模式发生改变，提示轴中胚层发育紊乱。因此，叶酸缺乏可导致斑马鱼胚胎体轴发育异常以及轴中胚层发育紊乱，但对Nodal信号通路无明显干扰作用（孙淑娜等，2009）。

④ 在心脏发育方面，胚胎早期发育阶段6～12hpf是斑马鱼胚胎对叶酸拮抗剂甲氨蝶呤的敏感时期。叶酸生物学活性受抑对早期胚胎的心脏发育影响较大，可导致斑马鱼心脏发育延迟及心脏形态异常，并下调斑马鱼心脏发育相关基因*bmp2b*及*has2*的表达，这可能是叶酸生物学活性受抑后导致心脏发育异常的机制之一（孙淑娜等，2007）。

第二节　环境因素

一、异常环境条件诱导

目前，据报道可知引起斑马鱼胚胎发育异常的物理因素主要有氧气、光照、温度、紫外线、电刺激、声音刺激等。虽然已经有许多论文研究了物理因素对斑马鱼生物学的影响，但这一领域的知识仍然匮乏，特别是与其他模式生物（如大鼠）相比，因此应该鼓励进一步的研究。

目前已有的研究具体表现为以下6个方面。

1. 氧气

氧气是细胞中营养分子有效释放化学能所不可缺少的因素，因此，在胚胎发育的初期，氧气的含量非常关键，氧气水平动态波动对斑马鱼胚胎有重大影响。缺氧处理不仅会导致斑马鱼胚胎生长和发育迟缓，而且会导致重要器官发育速度和形态发生时间的显著延迟（Kajimura et al., 2005）。目前，在哺乳动物胚胎中产生精确定义的缺氧水平所需要的实验操作在技术上具有挑战性。相比之下，利用斑马鱼胚胎研究缺氧对胚胎生长的影响，制备具有一定氧含量的缺氧水非常容易和简单，这为进行可重复实验提供了很大的优势。利用人工净化氧气的低氧水，斑马鱼胚胎模型可以有效地复制非生理性或病理性缺氧的条件，纯氮气在水中泡5～10min，可以清除水中的溶解氧，通过应用这种方法可以获得正常水中（大约8.0mg/L）氧含量的1/20～1/10（0.4～0.8mg/L）的水。24h的1/20～1/2水平的氧处理可显著减缓斑马鱼胚胎的生长（Kamei H et al., 2020）。此外，在斑马鱼模型中，通过测量体节数、体长、头-躯干角度等表型指标，可以轻松快速评估改变的溶解氧对胚胎的生长发育（Chen et al., 2020）。由于这些有利的特征，使得斑马鱼胚胎非常适合开展波动氧张力和胚胎生长之间的分子联系研究。已有研究表明，斑马鱼胚胎在低氧水平下发育迟缓的调节机制为缺氧强烈诱导胰岛素样生长因子（IGF）结合蛋白（IGFBP）-1的表达，这是一种在细胞外环境中结合IGF的分泌蛋白。缺氧不改变IGF、IGF受体或其他IGFBP的表达水平。升高的IGFBP-1通过结合和抑制IGF的活性来介导缺氧诱导的胚胎生长迟缓和发育迟缓（Artsen et al., 2020）。

2. 光照

正常的光照节律是斑马鱼生长、发育、繁殖所必需的。已有报道表明，异常的光照环境可以改变斑马鱼的视觉行为和各种昼夜节律行为，包括产卵、进食、运动活动、浅滩、光/暗偏好和垂直位置偏好的昼夜节律等（Bilotta et al., 2000）。这些异常光照条件主要包括光照节律紊乱，持续的黑暗，持续的光照，以及暴露在各种强光光照循环下。在正常光照情况下，斑马鱼的视力随着年龄的增长而提高。而在异常的光照环境下饲养的鱼的视力会明显低于在正常光照条件下饲养的鱼，最严重的视力退化发生在持续光照下。值得注意的是，斑马鱼昼夜节律的主要外部授时因子是可见光照明的日变化，在缺乏环境时间线索的情况下斑马鱼的昼夜节律行为会受到不同程度的干扰。产卵作为斑马鱼最引人注目的昼夜节律过程之一，产卵活动通常在黑暗后暴露在光照下的第1min内开始，因此，光照节律的紊乱影响着斑马鱼成鱼的繁殖行为，与光照节律下生活的正常斑马鱼相比，光周期紊乱明显抑制了斑马鱼的繁殖行为，主要表现为干扰了雌雄成年斑马鱼共同进入产卵区的时间和频次，尤其是当光照周期为（6h光照/18h黑暗）时对斑马鱼繁殖行为的影响最为严重。已有报道表明，斑马鱼的衰老与夜间睡眠总时长的减少有关，随后是白天活动水平的降低，此外斑马鱼衰老过程中褪黑素的产生逐渐下降。运动活动的昼夜节律是斑马鱼成体和幼虫最显著的行为终点之一。在斑马鱼幼体中，从亮到暗的突然转变会触发视觉运动反应，也称为“暗反应”。这种短期的行为效应会导致身体的大角度转向，然后是推进运动，之后10～15min的运动活动仍会增加，视觉运动反应与焦虑样行为相关（Krylov et al., 2021）。因此，目前对光照变化的研究主要集中在使用斑马鱼运动活动的昼夜节律作为毒性评估的指标。

3. 温度

在影响斑马鱼胚胎发育的物理因素中，温度是非常重要的，它被认为是水生变温动物的“非生物主因子”，影响着斑马鱼的正常行为和生理过程。斑马鱼是一种小型热带淡水鱼类，可以耐受比较广的温度。最大耐受的温度范围为6～38℃。一般认为28.5℃是斑马鱼养殖的最适温度，通常情况下鱼房温度控制设置在28℃（Morick et al., 2015）。超过斑马鱼特定最佳极限的温度可能导致水体的溶氧度降低，同时会增加其代谢率、耗氧量以及病原体的侵入性和毒力，从而对鱼类健康产生不利影响，进而会引起各种病理生理紊乱，导致鱼类死亡。而过低的养殖温度会造成斑马鱼的生长发育放缓，产卵量降低（Lopez-Olmeda et al.，2011）。

目前，已有研究主要集中在温度变化对其发育、生长、代谢、繁殖、行为、昼夜生物学和毒理学等生理变量的影响（Bao et al.，2022）。虽然在这些极限温度范围内没有观察到畸形的出现，幼鱼表现出正常的发育，但其发育速度受到影响，斑马鱼的发育在33℃时发生得更快，而在25℃时发生得更慢，温度从23℃升高到28℃会使其发育率增加25%（Kimmel et al.，1995）。在另一项研究中，胚胎保持在25℃、28℃和30℃三种不同的温度下，分别在受精后第4天、第2.5天和第1.5天孵化。这种发育速度上的差异可以用温度对生长发育的影响来解释即随着温度的升高，在20.0～30.8℃的范围内体细胞发生期会缩短，参与生长发生的生化反应速度加快（Krone et al.，1997）。

在变温动物中，变温生物的代谢率和体型大小强烈依赖于温度，水温升高会导致更高的新陈代谢、更高的生长速度和更高的食物转换效率。一般情况下，耗氧率被用作代谢率的指标。在斑马鱼中，静息代谢率与温度之间的关系不是线性的而是曲线的，也取决于其生活所适应的环境温度。高温引起的鱼生长的增加可能是由温度对激素产生的作用介导的。例如，据报道，在一些物种中生长激素（GH）水平在较高的温度下会增加（Elbialy et al.，2020）。大多数关于斑马鱼生长代谢的研究都评估了温度对幼虫生长的影响，主要表现在耗氧量和心率随着温度的升高而增加，其中在31℃时的耗氧量最高。

同时，温度变化改变斑马鱼的肌肉组成。在硬骨鱼中，胚胎和幼鱼在发育过程中所处的环境温度会改变骨骼肌的组成，从而导致在幼鱼和成鱼中观察到长期的影响，在不同温度条件处理下，斑马鱼在快肌纤维数量上表现出差异，在26℃的胚胎中快肌纤维数量最高；其次是31℃。

斑马鱼的行为也被报道为受温度影响的生理变量之一。在变温动物中，行为温度调节是主要的温度调节机制。因此，温度对斑马鱼行为影响的研究主要集中在温度偏好和选择。报道称，与18℃饲养的鱼相比，28℃饲养的斑马鱼的最大持续游泳速度有所增加；此外，心排血量和代谢率也与温度呈正相关，表明运动活动的增加可能是由于生理过程速率的增加。然而，随着温度升高而增加的活动并不是观察到的唯一模式。例如，有些鱼会补偿温度变化，在不同温度下保持恒定的游泳速度。

4. 紫外线

在水产养殖中，短期暴露于紫外线辐射用于保护幼鱼免受寄生虫感染。然而，过度暴露在紫外线辐射下的斑马鱼会引起一些致病效应，如鱼鳍减少或缺失、癌症、皮肤损伤、炎症、氧化应激和DNA损伤（Neuffer et al.，2022）。其中，紫外线（UV）是黑色素瘤的一个主要环境风险因素，黑色素瘤是一种致命的皮肤癌，来源于被称为黑色素细胞的色素细胞。在人类和斑马鱼中，*slc24a5*的突变会导致黑素小体中黑色素的数量减少，导致斑马鱼的金黄色（苍白）表型（Cheng et al.，2014）。鉴于紫外线是黑色素瘤的主要环境危险因素，斑马鱼可发生黑色素瘤，目前，一些研究主要集中在斑马鱼中建立紫外线诱导的黑色素瘤模型，该模型对于未来的黑色素瘤易感性位点、色素在黑色素瘤保护和发展中的作用以及癌症基因中紫外线DNA损伤突变的研究具有重要意义。紫外线照射导致斑马鱼DNA损伤，主要以嘧啶二聚体［顺式环丁烷嘧啶二聚体和嘧啶（6-4）嘧啶光产品］的形式出现，生物体已经发展出复杂的多蛋白修复过程来应对DNA损伤。据报道成年斑马鱼皮肤有能力进行核苷酸切除的DNA损伤修复，与哺乳动物细胞一样，紫外线处理促进H2AX的磷酸化和p53依赖性反应（Qiu et al.，2022）。

此外，紫外线也是影响鱼类皮肤黑色素细胞分布、增殖的一个重要因素，这是由于暴露在太阳紫外线辐射下的动物体内黑色素通过吸收紫外线和自由基来保护DNA不发生突变。紫外线照射后，额外的皮肤细胞（角质形成细胞）通过合成和分泌黑素皮质素刺激激素（MSH）来应对紫外线应激。然后MSH与产生黑色素的细胞表面的黑色素皮质素受体1（MCR1）相互作用，激活一个信号级联，指导黑色素细胞特定的细胞器，黑素小体，在色素细胞内合成、储存和运输黑色素。其他信号通路，包括内皮素和*kit*信号通路，参与促进黑素发生和正常黑素细胞功能（Zeng et al.，2009）。作为这些信号的结果，黑色素的增加负责斑马鱼的紫外线防护。

总的来说，这些研究为探索紫外线在斑马鱼皮肤疾病发展中的作用奠定了基础，使得斑马鱼成为研究紫外线对动物影响的一个重要模型系统，部分原因是胚胎很容易被紫外线照射处理，而且DNA损伤修复途径在斑马鱼和哺乳动物中似乎是保守的。

5. 电刺激

电刺激斑马鱼后斑马鱼会表现出一系列的惊播与惊厥行为，主要包括前窜、跳跃、甩尾或回旋特征反应行为（惊搐反应），全身挺直、不动、继而出现侧翻、昏迷或死亡（惊厥反应）。斑马鱼在不同电刺激程度下具体表现为：在通电的瞬间立即做出行为反应，突然增速、转弯；加大电场强度至感电阈值时，斑马鱼的尾柄、鱼鳍出现轻微颤动，呼吸加快，但仍能自由活动，多在水箱上层横向来回往复运动；继续加大电流，当接近趋阳阈值时斑马鱼表现出明显的惊恐反应，呼吸急速，四处窜逃，试图逃离电场区域；在趋电阈值下，斑马鱼头转向阳极，并开始向阳极游动。期间会转向阴极，但立刻又转向阳极游动，好像是被驱使着必须朝向阳极。延长通电时间，有些斑马鱼会静止、斜立在水中，但仍朝向阳极或与电场垂直的方向。当电场强度增大到麻醉阈值时，斑马鱼迅速游动、抽搐、急速呼吸，慢慢身体开始僵硬，下沉到箱底，最终斜卧或底部朝上停在箱底，但仍有呼吸，切断电源，立即恢复活动（Kilroy et al.，2022）。鉴于斑马鱼在电刺激条件下行为的高度敏感性和明确性，目前，斑马鱼电惊厥实验主要在神经药理学研究领域备受关注，通过电惊厥实验构建癫痫疾病经典模型，研究新型抗癫痫药等对斑马鱼惊搐与惊厥的影响（Afrikanova et al.，2013）。此外，通过电刺激在活的斑马鱼脊索细胞上标记，同时诱导和成像机械负荷的方法在活体生理环境中研究活体细胞生物膜力学。

6. 声音刺激

像所有鱼类一样，斑马鱼利用声音来了解其生活环境。因此，任何干扰斑马鱼探测这些声音的因素都会对它们的听力、生理和行为产生各种各样的影响。然而，关于声环境对斑马鱼影响的研究很少，特别是从水下声音和鱼类生物声学的角度。有研究表明，低强度超声可以加速斑马鱼鱼卵胚胎细胞的生长（Yan et al.，2021），但是，如果噪声太大，环境中增加的声音会导致斑马鱼的听力和激素水平变化，同时这些鱼的产卵量也会降低（Popper et al.，2022）。

二、环境化学物质诱导

过去几十年内，各种类型化合物的使用在世界范围内逐渐增加，其中包含可能对人体健康产生潜在毒性作用的化合物。这些合成化学品主要用于农业、工业、制造业、食品加工和医疗等领域，主要包含农兽药、持久性有机污染物（POPs）、微塑料、纳米材料等。众所周知，化学物质的毒性涉及内分泌功能障碍、生长缺陷、器官衰竭、代谢性疾病、癌症和死亡。目前，已采用各种模型系统对危险化学品多方面表观遗传因素的影响进行了系统研究，包括小鼠、大鼠、斑马鱼、拟南芥等。大多数研究都是采用哺乳动物模型进行的，而在非哺乳动物模型上的研究较少。尽管哺乳动物模型的研究结果可以更好地迁移到人类，但越来越多的新型化学物质的出现使得进行此类体内研究既费事又耗费大量资金。此外，人类各器官细胞已被应用于化学材料的高通量毒性测试，但这并不能反映化学物质对整个生物体的危害。因此，急需选择合适的、可替代的生物模型对化学物质的安全性和毒性进行更充分的评估。

斑马鱼作为一种出色的脊椎动物模型，越来越多地被用于体内化学毒性和疗效筛选，以及评估化学物质的毒性和安全性。所采用的斑马鱼模型包括不同生命阶段、转基因和突变系等。在评估毒性时，还需充分考虑暴露时间、剂量选择、对照选择等因素，以准确评估发育毒性及特异性器官毒性的特征及程度。同时，与目前用于毒性测试和评估的哺乳动物模型相比，斑马鱼模型展示出良好的可替代性方案。斑马鱼模型的突出优势包括体积小、胚胎透明、胚胎发育迅速、养殖成本低、繁殖力强且与哺乳动物系统极为相似等。此外，斑马鱼胚胎和幼鱼可成功应用于基于整体生物的基因和药物筛选。其应用可使功能基因组学技术和其他实验操作变得非常可控，使它们成为进行分子机制研究的最有效的模型。

斑马鱼胚胎在环境科学中最重要的应用是开发一种快速、简单、易操作的96h急性毒性鱼类胚胎试验方法。其可用于化学品、杀虫剂、生物杀菌剂及其他药品的环境风险评估。此外，还可用于排放废水的毒性评价。目前，国内外较常用的有关鱼类胚胎急性毒性评价的操作细则为2013年经济合作与发展组织（OECD）发布的*Guidelines For The Testing Of Chemicals Fish Embryo Acute Toxicity*（*FET*）*Test*（以下简称OECD TG 236），目前其已成功应用于评估不同作用模式、溶解度、挥发性和疏水性的化学物质急性毒性强弱。刚受精的斑马鱼卵暴露于待测试的化学物质96h。每隔24h对以下4项致命性指标进行观察和记录：a. 受精卵凝结；b. 体节未形成；c. 尾部未脱落；d. 缺乏心跳。在暴露期结束后，根据记录的4个指标中任何一个的阳性结果确定急性毒性，并计算LC_{50}。最新调查研究通过检索U.S. EPA ECOTOX、PubMed和CNKI等数据库，整理汇总了包含对水生环境构成重大风险的杀虫剂和杀菌剂、生产材料和中间体中相关的环境毒物、个人护理产品和阻燃剂等33种有毒化学物质的急性毒性评价结果。这33种化学物质的详细信息如表6-1所列。其具体的急性毒性评价结果见表6-2。对于文献中所报道的多个LC_{50}值，我们对其求平均值计算。将其数据与传统采用的急性鱼类毒性试验（AFT）结果相比，结果一致，且操作更加简便，成本更低。

表 6-1　测试的 33 种化学物质基本信息

<table>
<tr><th colspan="2">化合物名称</th><th rowspan="2">CAS 号</th><th rowspan="2">来源</th><th rowspan="2">纯度 /%</th></tr>
<tr><th>中文名称</th><th>英文名称（化学式）</th></tr>
<tr><td>阿维菌素</td><td>Abamectin</td><td>71751-41-2</td><td>中国索莱宝科技有限公司</td><td>98</td></tr>
<tr><td>啶虫脒</td><td>Acetamiprid</td><td>135410-20-7</td><td>上海麦克林生化科技有限公司</td><td>97</td></tr>
<tr><td>嘧菌酯</td><td>Azoxystrobin</td><td>131860-33-8</td><td>上海源叶生物科技有限公司</td><td>98</td></tr>
<tr><td>二苯甲酮</td><td>Benzophenone</td><td>119-61-9</td><td rowspan="3">北京翰隆达科技发展有限公司</td><td>99.5</td></tr>
<tr><td>二苯甲酮 -1</td><td>Benzophenone-1</td><td>131-56-6</td><td>98</td></tr>
<tr><td>二苯甲酮 -3</td><td>Benzophenone-3</td><td>131-57-7</td><td>99</td></tr>
<tr><td>双酚 A</td><td>Bisphenol A</td><td>80-05-7</td><td>赛默飞世尔科技公司</td><td>97</td></tr>
<tr><td>双酚 AF</td><td>Bisphenol AF</td><td>1478-61-1</td><td rowspan="2">上海阿拉丁生化科技股份有限公司</td><td>98</td></tr>
<tr><td>双酚 B</td><td>Bisphenol B</td><td>77-40-7</td><td>98</td></tr>
<tr><td>双酚 F</td><td>Bisphenol F</td><td>620-92-8</td><td>麦克林试剂</td><td>98</td></tr>
<tr><td>西维因</td><td>Carbaryl</td><td>63-25-2</td><td>北京翰隆达科技发展有限公司</td><td>99</td></tr>
<tr><td>氯化镉</td><td>$CdCl_2$</td><td>10108-64-2</td><td>国药集团化学试剂有限公司</td><td>99</td></tr>
<tr><td>百菌清</td><td>Chlorothalonil</td><td>1897-45-6</td><td>上海阿拉丁生化科技股份有限公司</td><td>98</td></tr>
<tr><td>硫酸铜</td><td>$CuSO_4$</td><td>7758-98-7</td><td>国药集团化学试剂有限公司</td><td>99</td></tr>
<tr><td>氯氟氰菊酯</td><td>Cyhalothrin</td><td>68359-37-5</td><td>上海源叶生物科技有限公司</td><td>> 95</td></tr>
<tr><td>二嗪农</td><td>Diazinon</td><td>333-41-5</td><td>北京翰隆达科技发展有限公司</td><td>98</td></tr>
<tr><td>尼泊金乙酯</td><td>Ethylparaben</td><td>120-47-8</td><td>北京翰隆达科技发展有限公司</td><td>99</td></tr>
<tr><td>杀螟松</td><td>Fenitrothion</td><td>122-14-5</td><td>安耐吉化学</td><td>≥ 95</td></tr>
<tr><td>氰戊菊酯</td><td>Fenvalerate</td><td>51630-58-1</td><td>北京沃凯生物科技有限公司</td><td>97</td></tr>
<tr><td>醚菌酯</td><td>Kresoxim-methyl</td><td>143390-89-0</td><td>上海源叶生物科技有限公司</td><td>97</td></tr>
<tr><td>醋酸铅</td><td>Lead acetate</td><td>301-04-2</td><td>天津市津科精细化工研究所</td><td>≥ 99</td></tr>
<tr><td>羟苯甲酯</td><td>Methylparaben</td><td>99-76-3</td><td rowspan="2">北京翰隆达科技发展有限公司</td><td>99</td></tr>
<tr><td>对羟基苯甲酸丙酯</td><td>Propylparaben</td><td>94-13-3</td><td>99</td></tr>
</table>

续表

化合物名称		CAS 号	来源	纯度/%
中文名称	英文名称（化学式）			
四溴双酚 A	Tetrabromobisphenol A	79-94-7	赛默飞世尔科技公司	97
三唑酮	Triadimefon	43121-43-3	北京翰隆达科技发展有限公司	99.8
磷酸三丁酯	Tributyl phosphate	126-73-8	安耐吉化学	98
敌百虫	Trichlorfon	52-68-6	上海阿拉丁生化科技有限公司	99
三氯生	Triclosan	3380-34-5	默克生命科学	100
三甲基氯化锡	TriMethyltin chloride	1066-45-1	安耐吉	99
磷酸三苯酯	Triphenyl phosphate	115-86-6	毕得医药	99
磷酸三（1，3- 二氯 -2- 丙基）酯	Tris（1，3-dichloro-2-propyl）phosphate	13674-87-8	麦克林试剂	96
硫酸锌	$ZnSO_4$	7733-02-0	毕得医药	99
4- 氯苯酚	4-Chlorophenol	106-48-9	安耐吉	98

表 6-2　33 种化学物质对斑马鱼急性毒性（FET）试验结果

化合物名称		平均 LC_{50} /（mg/L）	文献中 LC_{50} 结果 /（mg/L）
中文名称	英文名称（化学式）		
阿维菌素	Abamectin	3.83	3.83（Sanches et al.，2018）
啶虫脒	Acetamiprid	14.38	13.33，15.52（Wang et al.，2018）
嘧菌酯	Azoxystrobin	0.85	0.61（Mu et al.，2016）；2.02（Kim et al.，2020） 0.52（Guo，2021）；0.81（Jiang et al.，2019a）
二苯甲酮	Benzophenone	9.54	9.54（Zhang et al.，2021）
二苯甲酮 -1	Benzophenone-1	1.39	7.14（Meng et al.，2021）
二苯甲酮 -3	Benzophenone-3	4.15	3.84（Meng et al.，2021）
双酚 A	Bisphenol A	9.12	13.92，8.67（Fei et al.，2010）； 10.43（Mu et al.，2018）； 12.80（Corrales et al.，2016）； 9.81（Blanc et al.，2019）； 8.04（Chan and Chan，2012）； 5.82（Ren et al.，2017）

续表

化合物名称		平均 LC_{50} /（mg/L）	文献中 LC_{50} 结果 /（mg/L）
中文名称	英文名称（化学式）		
双酚 AF	Bisphenol AF	1.94	2.04（Ren et al.，2017）；1.84（Yang，2016）；1.95（Mu et al.，2018）
双酚 B	Bisphenol B	3.88	3.88（Ren et al.，2017）
双酚 F	Bisphenol F	7.42	7.40（Ren et al.，2017）；19.59（Mu et al.，2018） 2.82（Yang，2016）
西维因	Carbaryl	14.46	14.46（Pandey and Guo，2015）
二价镉	Cd^{2+}	35.96	74.98（0.67mM）（Wiecinski et al.，2013） 17.25（0.15mM）（Zhang et al.，2012）
百菌清	Chlorothalonil	0.35	0.35（Li et al.，2018）
二价铜	Cu^{2+}	0.42	0.14（2.20μM）（Xin，2016）； 0.08（1.26μM）（Chen and Chen，2016） 4.12（64.88μM）（Song，2019）； 0.64（10.08μM）（Santos et al.，2020）
氯氟氰菊酯	Cyhalothrin	0.11	0.11（Demicco 2010）
二嗪农	Diazinon	8.76	8.21 ~ 9.34（Modra et al.，2011）
尼泊金乙酯	Ethylparaben	20.86	20.86（Merola et al.，2020）
苯硝基硫磷	Fenitrothion	12.39	12.39（Guo，2017）
氰戊菊酯	Fenvalerate	13.24	13.24（Ma et al.，2009）
甲基克雷索辛	Kresoxim-methyl	0.27	0.34（Jiang et al.，2019a）； 0.22（Jiang et al.，2019b）
尼泊金甲酯	Methylparaben	72.67	72.67（Merola et al.，2020）
二价铅	Pb^{2+}	113.98	113.98（0.55mM）（Li et al.，2018）
尼泊金丙酯	Propylparaben	3.98	3.98（Peruginim et al.，2020）
四溴双酚 A	Tetrabromobisphenol A	1.60	0.49（Parsons et al.，2019）； 1.96（Kalasekar et al.，2015）； 1.30（Godfrey et al.，2017）； 5.27（Chan and Chan，2012）
曲唑酮	Triadimefon	21.10	21.10（Jiang et al.，2015）
磷酸三丁酯	Tributyl phosphate	7.82	7.82（Du et al.，2015）
敌百虫	Trichlorfon	25.40	25.40（Coelho et al.，2015）

化合物名称		平均 LC_{50} /（mg/L）	文献中 LC_{50} 结果 /（mg/L）
中文名称	英文名称（化学式）		
三氯生	Triclosan	2.33	2.33（Wang et al.，2020）
三甲基氯化锡	TriMethyltin chloride	2.99	2.99（Kim et al.，2016）
磷酸三苯酯	Triphenyl phosphate	0.67	1.53（Du et al.，2015）；0.29（He，2019）
磷酸三（1，3-二氯-2-丙基）酯	Tris（1，3-dichloro-2-propyl）phosphate	2.12	0.42（Du et al.，2015）；7.00（Liu et al.，2013） 1.90（Godfrey et al.，2017）； 3.66（McGee et al.，2012）；
二价锌	Zn^{2+}	17.21	17.21（0.26mM）（Roales and Perlmutter，1974）
4-氯苯酚	4-Chlorophenol	19.66	3.3（Liu et al.，2004）；5（Zhao et al.，2016）； 42.8，40.4，45（Lammer et al.，2009）

然而，随着新型化学物质的不断出现及实验技术的不断进步，仅用上述4个致死性指标对化学物质进行的急性毒性评价不足以全面表现出化学物质对生物体的负面作用。因此，斑马鱼胚胎到幼鱼（0～120hpf）生长期间的发育障碍与其他形态学改变、亚致死终点（如心跳变化、自发运动模式改变及孵化率降低等）等致畸指标被纳入评价系统。以全面评估化学物质的毒性、作用方式及可能存在的长期不良影响。以斑马鱼为基础的发育毒性试验需要考虑以下3个方面：a. 暴露条件；b. 测试终点；c. 饲养条件。在评估斑马鱼胚胎的致死率和致畸性时，制定标准化的测试方案，尽可能排除实验条件外的干扰，才有可能增加斑马鱼发育毒性测试对人类毒性药物风险评估中的有效性。

（1）暴露时间的选择　斑马鱼发育毒性试验的主要目标就是对哺乳动物的发育毒性测试结果做一定的补充。据文献报道，大鼠和兔的母体暴露开始于囊胚发生原肠胚形成，结束于硬腭闭合（Thieme et al.，2012）。28℃条件下，斑马鱼的囊胚和原肠胚阶段相当于受精后2.25～5.25h和5.25～10h（Kimmel et al.，1995）。因此，斑马鱼胚胎药物暴露通常开始于受精后5h左右对应于囊胚晚期和原肠胚早期。大鼠和兔子的硬腭闭合对应于斑马鱼的突出嘴期（约受精后72h）。大多数斑马鱼的器官在受精后96h发育完全。鱼鳔通常受精后120h充气完成。在这个阶段，斑马鱼可以自由游泳和独立进食，因此斑马鱼发育毒性试验通常在受精后120h进行（Beekhuijzen et al.，2015）。

（2）测试终点的选择　发育形态的变化观察和评分是斑马鱼发育毒性试验的关键步骤。表6-3总结了文献中常见的发育异常评价指标。Brannen等（2010a）从哺乳动物致畸的18种化学物质中，确定了16种化学物质对斑马鱼致畸。然而，在斑马鱼的16种致畸物质中有2种化学物质只对哺乳动物的颅面组织产生致畸作用。另外，尽管啮齿动物四肢或脚趾的改变可能会在鱼类中表现为鳍异常（Shubin et al.，2009；Stickney et al.，2000；Wake et al.，2011），四氢嘧啶可导致斑马鱼的背鳍异常，却在大鼠或兔子中没有引起任何异常（Van et al 2011）。这种差异可能是由于斑马鱼体内化学物质与相关组织之间的直接相互作用，而哺乳动物则通过胎盘间接相互作用。然而，斑马鱼和哺乳动物在发育毒性评价结果上具有一致性，范围从64%（Hermsen et al.，2011）到87%（Brannen et al.，2010b）。除表6-3所列的发育异常评价指标外，常见的化合物质诱导产生的胚胎毒性还包括肝脏毒性、卵黄囊发育异常、肠道毒性及肌肉纹理的紊乱等。

表6-3　斑马鱼发育毒性试验常见的发育异常评价指标

指标	Brannen et al.，2010	Padilla et al.，2012	Hermsen et al.，2011
评估时间（受精后天数）/d	5	6	3
阳性预测准确度/%	89（16/18 致畸物）	62（191/309 致畸物）	73（8/11 致畸物）
阴性预测准确度/%	85（11/13 非致畸物）		100（1/1 非致畸物）
致死率	有	有	有
孵化率	有	有	有
颅面部	脑的大小和节段，眼睛的大小和间距，耳囊的大小和间距	头部、眼睛、耳石异常	眼（视觉，平面度，球面度）
下颌	尺寸及厚度		嘴部突出程度
心脏及胸腔	心脏（尺寸）	胸腔（膨胀度）	循环系统（心跳、循环血细胞）
体节	边界清晰度		可视度
脊椎	可视度	骨骼发育不良	

续表

指标	Brannen et al., 2010	Padilla et al., 2012	Hermsen et al., 2011
尾部	弯曲程度		脱落程度
鳍	尺寸，弯曲度，脱落程度	鳍	胸鳍数目
状态		水中状态（漂浮或是侧躺）	动作（胸鳍、尾巴、全身）

斑马鱼耳由耳膜板发育而来，其形成于胚胎受精14h后脑两侧之间，大约在眼睛和第一体节之间。在受精后约19h后出现耳部囊泡并逐渐增大。半规管的形成开始于受精后44h左右，并在受精后64h发育完成（Malicki et al., 1996）。研究表明，抗甲状腺药物（如甲巯咪唑和丙基硫脲嘧啶）和抗癫痫药物（如卡马西平、三甲沙酮、托吡酯和丙戊酸）可导致斑马鱼耳石发育畸形（Inoue et al., 2016; Selderslaghs et al., 2012; Weigt et al., 2011）；视囊泡在受精后12h开始形成，斑马鱼的眼睛形成可见的扁平结构。受精24h后，斑马鱼的眼睛就变成了球形。受精40h后，神经节细胞分化，轴突到达视顶盖。光感受器外段在受精后55h左右出现，眼外肌则在受精后70h左右开始发挥功能（Neuhauss et al., 2010）。杀虫剂阿苯达唑可诱使大鼠和斑马鱼均产生小眼症（Longo et al., 2013）。此外，采用斑马鱼胚胎发育毒性试验评价ToxCast一期化学物质清单中的致畸物，研究表明，炎症信号、细胞外基质重塑、轴突引导、转运蛋白ABCB1和有丝分裂阻滞与斑马鱼的眼睛变小显著相关（Nishimura et al., 2016）；在斑马鱼中，心脏在受精后22h左右开始跳动，并被分为静脉窦、心房、心室和球状动脉（Hu et al., 2000; Stainier et al., 1993）。丙戊酸暴露可诱发人和大鼠的心脏畸形。还可诱发斑马鱼的心脏发育畸形和心包水肿（Binkerd et al., 1988）。双氯芬酸是一种非甾体抗炎药，已被证明也可引起斑马鱼的心脏发育畸形和心包水肿（Inoue et al., 2016; Pruvot et al., 2012; Rachel et al., 2005）；斑马鱼体细胞发育的整体过程与哺乳动物相似。在斑马鱼中，第一个体节出现在受精后10h左右。每隔30min可产生额外的椎体，形成双侧对称的前后波，直到受精后24h总共约30个体节形成支撑脊椎（Stickney et al., 2000）。躯体产生轴骨和躯干的骨骼肌。肌纤维则在躯体形成后不久开始形成。在母体子宫内接触酒精的婴儿出生后通常表现出运动和反射发育等缺陷（Monte et al., 2014)。同时，在斑马鱼（Sylvain et al., 2009）、雏鸡（Chaudhuri et al., 2004）和大鼠（Nwaogu et al., 1999）中也观察到胚胎期暴露于酒精引起的骨骼肌发育畸形。

此外，为了更加精准地识别化学物质对胚胎内在发育的影响，如对心血管或神经分化的损害，则需使用带有特定荧光标记的转基因系斑马鱼。斑马鱼胚胎心脏的形状和大小可使用转基因系如*myl7*：*GFP*（曾命名*cmlc2*：*GFP*）来判断，它表现出荧光心肌细胞（Burns et al., 2005）。通过标记内皮细胞的转基因细胞系，如*fli1*：*eGFP*，可以观察到血管的其他部分（Lawson et al., 2002），而通过监测*gata1*:*dsRed*细胞系的荧光红细胞，可以测量血管的血流速度（Traver et al., 2003）。其他常见的用于观察心脏、神经、肝和肾毒性的转基因品系如表6-4所列。

表6-4 常见的用于观察心脏、神经、肝和肾毒性的转基因品系

转基因品系（基因组特征）	标记位置	斑马鱼信息网品系及编号
心血管系统		
myl7：*GFP* （*f1Tg*）	心肌	*ZDB-ALT-060719-2*；*ZDB-TGCONSTRCT-070117-49*
gata1：*DsRed* （*sd2Tg*）	红细胞	*ZDB-ALT-051223-6*；*ZDB-TGCONSTRCT-070117-38*
cmlc2：*gCaMP* （*s878Tg*）	心脏特异钙传感器	*ZDB-ALT-070806-1*；*ZDB-TGCONSTRCT-070806-2*
fli1：*EGFP* （*y1Tg*）	血管	*ZDB-ALT-011017-8*；*ZDB-TGCONSTRCT-070117-94*
脑和神经系统		
mrc1a：*eGFP* （*y251Tg*）	神经胶质细胞 / 血脑屏障	*ZDB-ALT-170717-2*；*ZDB-TGCONSTRCT-170717-2*
elavl3：*eGFP* （*knu3Tg*）	一般神经元标记（～HuC）	*ZDB-ALT-060301-2*；*ZDB-TGCONSTRCT-070117-150*

续表

转基因品系（基因组特征）	标记位置	斑马鱼信息网品系及编号
Cre/Lox and Gal4/UAS lines	细胞类型特异性表达	numerous lines and constructs
	肝	
fabp10: eGFP（as3Tg）	肝细胞	*ZDB-ALT-060627-2；ZDB-TGCONSTRCT-070117-123*
krt18: eGFP（p314Tg）	胆管脱落细胞	*ZDB-ALT-140703-1；ZDB-TGCONSTRCT-140703-1*
hand2: eGFP（pd24Tg）	肝星形细胞	*ZDB-ALT-110128-40；ZDB-TGCONSTRCT-110128-8*
	肾	
wt1b: GFP（li1Tg）	肾小球，近端小管	*ZDB-ALT-071127-1；ZDB-TGCONSTRCT-071127-1*
PT: eGFP（nz4Tg）	近端小管	*ZDB-ALT-150414-3；ZDB-TGCONSTRCT-150414-3*
cdh17: eGFP（zf237Tg）	近端和远端小管	*ZDB-ALT-110525-2；ZDB-TGCONSTRCT-110525-1*
enpep: eGFP（p152Tg）	近端和远端小管	*ZDB-ALT-101123-3；ZDB-TGCONSTRCT-101123-2*
pax8: mCherry（nia03Gt）	远端小管	*ZDB-ALT-110711-15；ZDB-GTCONSTRCT-110322-1*
pod: mCherry（zf238Tg）	肾小球	*ZDB-ALT-110525-3；ZDB-TGCONSTRCT-110525-2*

三、生物电信号诱导

生物电被定义为由带电分子的动态分布所介导的内源性电信号（Chang et al., 2014; Levin et al., 2014; Levin et al., 2017; Mathews et al., 2018）。所有活着的细胞都有膜电位（Vm），这使得生物电成为生命的基本属性。生物电调节的重要性已经在神经肌肉、胚胎发育、癌症、伤口愈合、再生、组织构型和细胞迁移等多个领域显示出来（Huang et al., 2014; Nakajima et al., 2015; Harris et al., 2021; Levin et al., 2021）。电信号在早期胚胎发育中的关键作用多年来一直被提出，主要是基于间接结果。各种离子通道和带电分子的其他调节器的突变已被证明会导致广泛的表型（Dahal et al., 2012; Dahal et al., 2017; Villanueva et al., 2015; Yin et al., 2018），例如，将*kcna5*基因注入爪蟾胚胎可以诱导异位眼的生长、*kcnj13*在体节中的瞬时异位表达可以导致成年斑马鱼的长鳍表型、通道和缝隙连接的改变可能会改变正常的色素图案（Pai et al., 2012; Silic et al., 2020; Lanni et al., 2019; Perathoner et al., 2014; Sims et al., 2009; Stewart et al., 2021; Daane et al., 2021）。所有这些结果表明，生物电信号在正常的胚胎发育中发挥着至关重要的作用。

① 卵裂沟超极化先于胞质分裂，并且随着斑马鱼胚胎在卵裂期发育而变得更加动态，为了更好地理解和量化这种卵裂期的局部细胞膜超极化，使用高速LSM检查了卵裂期胚胎的Vm信号。研究表明，即使在未受精的胚胎和细胞期胚胎的初始卵裂面中也存在生物电信号。卵裂沟周围的细胞膜超极化先于早期分裂并以高度动态的方式持续存在。此外，由于胞质分裂的动态过程和斑马鱼胚胎的不完全裂胚卵裂，当胞质分裂进行时卵裂沟信号持续但波动。总体而言，该阶段的生物电信号仍局限于沟，在新形成的细胞中趋于略微异步。

② 斑马鱼囊胚期全细胞Vm瞬时信号位于浅层卵裂球。随着斑马鱼胚胎发育到囊胚期，细胞数量增加，但由于盘状卵裂，细胞体积减少。一旦鱼类胚胎到达囊胚期，生物电信号就会转变为全细胞VM瞬变事件。Vm瞬变集中在细胞分裂频繁的EVL和YSL浅层区域。表明该信号可能仍与细胞分裂有关。细胞间的顺序瞬变表明电信号也可能被用于组织水平的交流。在原肠胚期，Vm瞬变在胚胎边缘仍占主导地位。然而，在胚胎期约30%的时候它们开始出现在更深的细胞中。与原肠发育早期相比，原肠发育后期Vm瞬变数减少，但生物电瞬变持续时间不变。

③ 全细胞Vm瞬态信号在斑马鱼原肠胚期间出现频率更高，但信号持续时间相似。当鱼类胚胎发育至原肠胚期时，与囊胚期一样，早期原肠胚期Vm瞬变经常波动。然而，Vm瞬变的数量增加了，而Vm瞬变持续时间没有受到显著影响。

由于在囊胚期仅在EVL和YSL内观察到Vm瞬变，在原肠胚期，3个胚层由动态细胞运动和内化形成。在原肠后期和节段期，体节细胞出现组织水平的超极化。这些组织水平的生物电信号可能与组织分化有关。随着鱼类胚胎进入节段期，强烈的体节级生物电信号变得更加动态，支持了它们与组织模式和分化有关的观点。所有这些特征生物电信号对应于特定的胚胎发育阶段，表明它们的内在作用。

④ 在分割期间，存在组织级动态细胞生物电信号。当鱼类胚胎进入分割期时，零星的瞬态电信号继续在胚胎各处出现。然而，可能会发生更多的组织水平变化。某些区域（如体节），变得比周围组织更超极化。其他一些组织中的Vm信号，如发育中的心脏，也表现出更明显的电信号变化。相比之下，前几个前体节在此阶段没有表现出许多信号波动。前体和后体之间存在显著差异，其他中间区域之间甚至存在显著差异。然而，产生这些信号的潜在离子通道和连接蛋白尚不清楚。对钙门控钾通道（KCa）和内向整流钾通道（Kir）的基因表达分析显示，许多基因（*kcnn1b*、*kcnn3*、*kcnma1a*、*kcnma1b*、*kcnmb2b*、*kcnmb3*、*kcnj4*、*kcnj2a*、*kcnj2b*、*kcnj11*、*kcnj5*、*kcnj21*）在相似的发育阶段具有体细胞特异性表达。它们在发育期间的体节中的存在可能表明这些通道活动是组织水平生物电的基础。未来通过CRISPR阻断这些钾通道的实验可能会证明它们对somite生物电信号的贡献。在早期斑马鱼胚胎中，神经组织没有表现出比其他组织更多的电活动，尤其是新形成的体节。由于胚胎在此阶段不可移动，因此这些强Vm变化不太可能是由移动引起的。相反，这表明生物电信号可能对体节分化至关重要，如上皮-间充质转化和皮肤平滑肌瘤分化。这种电信号的扰动可能会对成年斑马鱼的身体模式产生显著影响。

这些独特的发育阶段特有的生物电信号模式在斑马鱼胚胎发生过程中的作用在很大程度上仍未被探索。它们可能与细胞周期或胞质分裂有关。由于大多数VM瞬变发生在胚泡和原肠胚期的外周区域，它们可能在细胞生长、分化和器官构型中发挥指导作用。由于神经组织中的电信号与钙信号相关，也有可能电瞬变只是某些组织中钙信号变化的反映。另一种可能性是电信号触发钙信号。

在神经科学领域，钙信号已被用作神经元放电和电活动的替代标记，最近的比较研究证实两者具有良好的相关性。钙信号在斑马鱼胚胎中得到了广泛的研究，两者都与胚胎发育阶段有关，从卵裂沟局部模式到全细胞瞬变和细胞间发生，两者在胚胎发育过程中可能参与了相似的生物学功能。值得注意的是，单细胞生物体，如细菌和原生动物，没有神经系统，仍然有钙信号和电活动，离子通道、VM的存在，甚至神经递质的活动。因此，生物电和钙作为重要的调节器，可能在这些物种的神经组织发育之前就已经进化了。除了相似之处，这两种信号之间的差异与先前报道的GCaMP6G在斑马鱼胚胎中的钙信号相比，我们发现瞬时的Vm信号更多，发生更快。

综上所述，斑马鱼胚胎细胞在胚胎发生的卵裂期在卵裂沟处表现出局部的膜超极化。这一信号出现在胞质分裂之前，并随着细胞分裂的进展而波动。相反，在囊胚期和原肠胚期观察到了全细胞的瞬时超极化。这些信号通常局限于表面的卵裂球，但在原肠胚期可以在深层细胞中检测到。此外，斑马鱼胚胎在分割期间表现出组织水平的细胞Vm信号。中年体节有较强的动态Vm波动，大约在12体节阶段开始。这些胚胎阶段特有的细胞生物电信号表明，它们可能在斑马鱼胚胎发育中发挥不同的作用，这可能是人类先天性疾病的基础。

第三节　疾病因素

一、神经系统疾病

斑马鱼有着与人类相同的神经系统组成，包括中枢神经系统（脑、脊髓）和周围神经系统（颅神经和脊神经）两大部分，是研究神经系统疾病的一种理想模型。

1. 中枢神经系统疾病

斑马鱼胚胎时期中枢神经系统开始发育，原肠胚时期（6hpf）时细胞分化产生神经细胞并转移到胚胎内的不同位置（Kimmel et al.，1990）。原肠胚形成结束时（9～10hpf），胚胎内会形成与其他脊椎动物一样的神经板，进而发育为神经系统，神经板是胚胎背部的外胚皮上层组织，神经板通过卷曲收缩形成管状结构的神经管，后分裂为不同的大脑区域，并向不同的发育终点进行分化。胚胎发育至24hpf，斑马鱼脑部形成不同区域，包括前脑（间脑和端脑）、中脑、后脑和脊髓（Wilson et al.，2002）。

斑马鱼中枢神经系统异常产生的疾病有阿尔兹海默病、帕金森病、癫痫等。正常斑马鱼发育至胚胎不同时期会展现甩尾、游动等自发运动。在17hpf左右，斑马鱼胚胎突然开始表现出自发收缩，随后从21hpf开始对触摸做出反应。触摸反应包括快速尾圈，以响应头部或尾部的触觉刺激。胚胎在27hpf后开始表现出游泳运动，以响应对尾巴或头部的触摸，并且在36hpf之后，游泳速度增加到与成年斑马鱼相当的速度（Buss et al., 2001）。而伴随斑马鱼神经系统发育异常通常会产生运动能力异常的现象。

帕金森病（PD）是第二常见的神经退行性疾病，其特征是黑质中多巴胺能神经元的进行性丧失，表现出运动和非运动症状。PD的3个主要指征是静态震颤、肌肉强直和运动迟缓（Rai et al., 2020）。1-甲基-4-苯基-1，2，3，6-四氢吡啶（MPTP）能够诱导脑部多巴胺能神经元丢失，所造成的现象与PD相似，因此常用作PD动物模型诱导药物，使动物模型产生运动障碍。在斑马鱼幼鱼的帕金森疾病模型中，斑马鱼幼鱼于MPTP中暴露至48hpf时鱼鳔损失现象明显，直接影响其运动能力，120hpf时MPTP不仅降低了斑马鱼幼鱼的运动轨迹，而且在平均运动速度和总移动距离方面降低了运动活性（Shan et al., 2022）。

癫痫是一种常见的严重神经系统疾病，其特征是大脑中反复出现异常活动（放电），临床特征是突然短暂的意识改变或丧失、不自主运动或抽搐，包括遗传和获得性病因（Thijs et al., 2019）。戊四唑（PTZ）是诱导动物癫痫模型的重要药物，斑马鱼短时间低剂量暴露于PTZ溶液即可产生癫痫样行为。后天诱导的斑马鱼幼鱼PTZ模型其运动行为变化表现为三个阶段，从沿鱼缸外围的快速运动开始，然后是呈"漩涡状"运动，在PTZ浓度较高的情况下，癫痫样行为有短暂停顿和快速运动的交替，运动行为生涩并且偶尔表现出身体僵硬状态（Afrikanova et al., 2013）。由于遗传因素造成的癫痫在儿童早期有明显表现，因此以斑马鱼幼鱼作为这一阶段疾病研究模型有极高的参考价值。由于基因突变造成的癫痫通常有游泳异常、多动、肌阵挛性抽搐、惊厥行为、对高热敏感、面部和鳍运动异常等部分异常表现。

2. 运动神经系统疾病

由于遗传因素或外界因素的影响，造成斑马鱼运动神经元损伤也会形成运动神经系统疾病。包括帕金森病在内，常见的有遗传性痉挛性截瘫（HSP）、脊髓性肌萎缩（SMA）等。斑马鱼为研究运动神经元疾病提供了一种极好的替代脊椎动物模型。通过基因敲除技术构建的SMA模型表现出胚胎发育不良，大脑体积小和运动能力差的异常发育状况（Wan et al., 2012）。

3. 其他神经系统疾病

维生素缺乏会导致胚胎早期发育障碍，称为维生素缺乏症（vitamin deficiency，avitaminosis），产生神经系统和脑部发育的异常。缺乏维生素的斑马鱼胚胎磷脂代谢失调，能量状态和抗氧化系统失调，表现出神经系统发育缺陷，包括外脑畸形、背根神经节（DRG）增加和血脑屏障发育缺陷。在Brian Head等（2020）的研究中，维生素E缺乏胚胎产生了严重的发育并发症和死亡现象，包括大脑和眼睛畸形以及12hpf的体细胞定义不清；到24hpf时，存活的维生素E缺乏胚胎显示出定义不清的体细胞和发育不良的鳍形成；到48hpf时，胚胎经历了严重的心包和卵黄囊水肿以及尾部发育的破坏，并且整体呈现更高的死亡率。维生素缺乏症斑马鱼胚胎脑和体细胞畸形发生率增加，且发育迟缓。

过量摄入营养物质同样也会造成斑马鱼胚胎发育异常。硒是维持脊椎动物正常生长发育所必需的微量元素。过量摄入硒会引起心血管毒性、生殖毒性和神经毒性。在这项研究中（Zhao et al.，2022），浓度为0.5μmol/L的硒处理降低了斑马鱼胚胎的移动速度和距离，并减弱了触摸反应。TUNEL实验和免疫荧光分析表明，硒诱导斑马鱼胚胎神经系统损伤，包括促进细胞凋亡、增殖和神经炎症，减少神经元。

二、代谢疾病

代谢性疾病一般是指由于机体代谢系统发生功能性障碍或过度旺盛而引发的疾病，常见的代谢性疾病有糖尿病、痛风、坏血病、骨质疏松症等。自发患有代谢疾病的斑马鱼数量并不多，而应用于药物筛选研究中的斑马鱼却是一种重要的代谢疾病生物模型。在化学药物、生物毒素、物理环境的变化下，斑马鱼可成为糖尿病、脂肪肝等疾病的模型，在筛选靶向药物及机制机理的研究过程中，胚胎发育指标是一个重要的评价项目，因此需要针对代谢疾病斑马鱼模型胚胎发育异常的相关内容进行概述。

（1）脂肪肝　脂肪肝（fatty liver）是一种肝脏部位的代谢综合征，典型的病理变化为肝细胞内脂肪堆积过多。科学人员通过以“高脂肪（HF）饮食”和“高脂肪+高胆固醇（HFC）饮食”喂养的方式，构建了斑马鱼脂肪肝疾病模型，经研究发现患有脂肪肝的斑马鱼幼鱼，其脂肪变性发生率显著增高，并普遍伴随着肝炎发生。

全油红O染色实验指征的高脂饮食使斑马鱼幼鱼肝脏脂肪变性。此外，经过建模后的斑马鱼脂肪肝疾病模型，其体长、体重也发生了显著性的改变。斑马鱼脂肪肝疾病模型较普通饲料喂养的斑马鱼，其体长有一定科学意义上的延长，同时伴随着体重的增加（Dai et al., 2015）。

（2）Ⅰ型糖尿病　Ⅰ型糖尿病（diabetes mellitus type 1）是因胰岛β细胞的T细胞依赖性破坏而产生的代谢性疾病，也被专家学者判定为自身免疫疾病。研究人员多以Tg（*Tg1*：*hmgb1-mCherry*）和Tg（*pax6b*：*GFP*）构建双转基因斑马鱼，并以此作为Ⅰ型糖尿病的斑马鱼疾病模型。目前，针对由于糖尿病导致的斑马鱼胚胎发育异常的研究报道还比较少，而更多的是以分子生物学为主要研究手段来评价斑马鱼体内糖代谢进程、葡萄糖和胰岛素含量及机制机理研究（Wang et al., 2015）。

（3）Ⅱ型糖尿病　Ⅱ型糖尿病（diabetes mellitus type 2）是因胰岛素分泌不足或胰岛素抵抗而引起的代谢性疾病，多发生于40岁以上人群，随着饮食习惯的改变，患者人群也有年轻化的趋势呈现。Ⅱ型糖尿病患者的血糖较正常人群的普遍偏高，并伴随着多饮、多食、多尿、体重减轻等症状。南京师范大学的学者使用无毒剂量的药物建立了斑马鱼幼鱼Ⅱ型糖尿病模型，并发现伴随明显的骨质疏松现象。经研究发现，糖尿病斑马鱼模型较普通野生型斑马鱼相比发现了显著的胚胎发育异常，主要包括：a. 斑马鱼腹部及其周围出现水肿及出血现象；b. 脊柱弯曲和折尾；c. 心包囊肿；d. 卵黄囊肿大；e. 胸鳍缺失；f. 色素沉着；g. 无法孵化和自主运动能力下降，甚至是死亡等（李玺雯等，2021）。

（4）线粒体病　线粒体病（mitochondrial diseases）亦是一种代谢性疾病，其中线粒体呼吸链（respiratory，RC）疾病作为一个线粒体病的典型代表，是一种异质性和高度病态的能量缺乏症。这种疾病的临床表现为严重的神经发育异常、心脏病、肌肉相关疾病、肾病、肝病、内分泌紊乱、听力及视力障碍等。科研人员利用鱼藤酮（rotenone）、叠氮化物（azide）、寡霉素（oligomycin）和氯霉素（chloramphenicol）等线粒体酶复合物Ⅰ、Ⅳ、Ⅴ和线粒体翻译的抑制剂，构建了线粒体功能障碍的斑马鱼模型。患有线粒体病的斑马鱼中出现了发育速度减缓，胚胎发育未超过尾芽期，尾部缺失，黑色沉着、心包水肿、心率减缓、脊柱弯曲（James et al., 2018）。

三、癌症

近年来，恶性肿瘤已成为威胁人类生命健康的主要杀手之一。热带淡水鱼类斑马鱼（zebrafish，*danio rerio*）自发患有肿瘤疾病的概率低至10%。由于患有肿瘤疾病或接种有肿瘤细胞的斑马鱼的胚胎发育或有一定异常表现，因此自20世纪60年代，斑马鱼开始被应用于肿瘤疾病的相关研究中。据报道，在特定药物的诱导下，斑马鱼或患肿瘤疾病，例如*N*-甲基-*N*-硝基-*N*-亚硝基胍（MNN）、7，12-二甲苯蒽致癌物质（DMBA）等（Spitsbergen et al.，2000）。随着斑马鱼在疾病研究中的应用范围越来越广，科学家尝试以斑马鱼作为实验载体进行肿瘤移植相关研究。经过斑马鱼移植瘤实验的验证，人们发现斑马鱼因其生长周期短、繁殖率高、胚胎透明等特点，是一个研究多种恶性肿瘤中良好模型，例如肝癌、黑色素癌等。再者，斑马鱼与人之间不仅在组织学上具有相近性，而且在其体内均保留有相同或相似的肿瘤异性变化的相关通路，例如在50%肿瘤疾病中都存在发生的p53肿瘤抑制蛋白信号通路、在黑色素瘤研究中具有突出贡献的RAS/RAF/MEK/ERK信号通路等。在筛选肿瘤疾病的靶向药物及机制机理的研究过程中，胚胎发育指标是一个重要的评价项目，因此需要针对肿瘤疾病斑马鱼模型胚胎发育异常的相关内容进行概述。

（1）黑色素瘤　黑色素瘤（melanoma）是一种皮肤癌，转移性黑色素瘤有着较高的致死率。国际学者利用转基因Tg（*mitf-BRAFV600E*；$p53^{-/-}$）品系构建了黑色素瘤的斑马鱼模型，该模型下的斑马鱼胚胎伴有一定程度的发育异常，涉及的组织部位包括头部（缺失）、脊柱（弯曲）、尾部（异常），另有色素沉着等现象发生（White et al.，2011）。

（2）肝细胞癌　肝细胞癌（hepatocellular carcinoma，HCC）是常见的肝恶性肿瘤类型，占约90%的比例。其主要特征之一是编码β-catenin的*ctnnb1*基因突变，研究人员等利用Tg（*fabp10a*：*pt-cat*）转基因斑马鱼构建肝细胞癌模型，该模型有肝脏增大和肝细胞增殖增加等发育异常现象。

四、其他

（1）无脾和脾发育不全　无脾和脾发育不全分别是指脾脏组织完全或部分缺失，少数属于先天性的，而常见于手术性脾脏切除术。无脾和脾发育与脾脏功能障碍密切相关，主要包括代谢、自身免疫、感染和血液疾病以及凝血功能障碍等。西南大学通过原位杂交和定量PCR分析对多种基因能否在斑马鱼脾脏中表达进行了筛选实验，并通过CRISPR/Cas9基因敲除技术构建了先天性无脾的转基因斑马鱼模型。经研究发现，先天性无脾的转基因斑马鱼胚胎除了脾脏缺失等发育异常外，还伴随有存活率低、肝肾异常等发育影响（谢浪等，2021）。

（2）循环系统疾病　循环系统疾病也称为心血管病，包括心脏、血管和调节血液循环的神经体液组织器官异常的疾病。其中心脏病（heart disease）是一类较为常见的循环系统疾病，治愈难、常复发，能显著地影响患者的劳动能力，给患者和社会造成了很大负担。人类中调控心脏发育的*tbx5*基因表达异常会导致心脏病的发生，使人类出现上肢短小、心脏畸形等；同样，当斑马鱼体内的*tbx5a*失活，也会出现胸鳍短小、心脏拉伸、心包水肿等发育异常（Deborah et al.，2002）。

（3）骨质疏松症　骨质疏松症（osteoporosis）是由于多种原因导致的骨密度和骨质量下降，骨微结构破坏，造成骨脆性增加，从而容易发生骨折的全身性骨病，分为原发性和继发性两大类。使用一定浓度氯化铝溶液或泼尼松龙暴露可构建骨质疏松症斑马鱼模型，经研究发现该模型有明显的骨骼异常，包括骨量丢失以及严重的软骨发育缺陷（王雅琪等，2020；文婧等，2021）。由于骨骼质量与硬度是维持斑马鱼胚胎发育的重要组织器官，因此患有骨质疏松症的斑马鱼还可能伴随有脊柱弯曲、发育迟缓、行动能力下降等。

（4）骨骼遗传病　骨骼遗传病（skeletal genetic diseases）是一类因遗传因素导致发育紊乱影响骨和软骨组织组成与结构的骨骼系统疾病，常见的临床表现为全身各个部位骨骼组织的生长、发育异常，另有身材矮小、头颅四肢畸形、脊柱畸形、骨密度异常等表现。一些研究人员通过基因敲除的方式构建了骨骼遗传病斑马鱼模型。由于骨骼具有支持躯体、保护脏器、供肌肉附着等功能，因此具有骨骼遗传病的斑马鱼模型其胚胎具有一定的发育异常现象。陆军军医大学的学者使用CRISPR/Cas9技术敲除斑马鱼的*rmrp*基因，建立了软骨毛发发育不良（cartilage-hair hypoplasia，CHH）的斑马鱼模型，并发现该模型斑马鱼的角舌软骨的长度缩短、角舌软骨弓变得凹陷且钝，严重的甚至出现重度软骨发育不良和软骨内成骨迟缓（孙先定等，2019）。

（5）先天性脊柱畸形　先天性脊柱畸形（congenital scoliosis，CS）是由于椎体发育异常导致的脊柱侧方弯曲，也可伴有肾脏、心脏、脊髓等其他系统畸形，也可能是其他综合征的一部分。斑马鱼容易在受营养、环境及遗传等因素的影响下发生脊柱畸形，并且斑马鱼与人类脊柱具有相似的生物力学刺激，因此斑马鱼适合作为脊柱畸形的研究模型。最近，一些*dstyk*基因突变的先天性脊柱畸形斑马鱼模型，被报道有严重的脊柱侧弯、椎体发育缺陷、体节缩短等发育异常现象。孙先定等（2019）研究表明由于*smt*基因突变导致斑马鱼发育过程中先天性脊柱畸形（孙先定等，2019）。

（6）CATSHL综合征　CATSHL综合征（OMIM 610474）是一种遗传性疾病，可导致屈曲指等骨骼发育异常及听力丧失等。学者通过CRISPR/Cas9技术建立Fgfrs敲除斑马鱼模型来模拟CATSHL综合征，研究发现Fgfrs突变体颅面骨骼发育畸形、颅缝闭合延迟、咽弓软骨的发育异常可能与软骨细胞的排列紊乱等有关。

参考文献

[1] 董乐, 佟广香, 闫婷, 等. 斑马鱼 ngs 基因突变对骨骼发育的影响 [J]. 基因组学与应用生物学, 2022, 41(07): 1403-1415.

[2] 郭东梅. 农药混合污染对斑马鱼内分泌干扰联合效应研究 [D]. 北京: 中国农业科学院, 2017.

[3] 郭志芯. 嘧菌酯与外源硒对斑马鱼不同生命阶段的联合毒性效应研究 [D]. 北京: 中国农业科学院, 2021.

[4] 何君仪. 微塑料与磷酸三苯酯对斑马鱼的联合毒性效应研究 [D]. 南京: 南京理工大学, 2019.

[5] 贺靓靓. Yap 蛋白对斑马鱼肾脏发育及肾囊肿形成的影响研究 [D]. 上海: 第二军医大学, 2015.

[6] 李帅庭, 王云鹏, 袁志, 等. Zic3 通过非经典 Wnt 和 VEGF 信号轴调控斑马鱼胚胎脑血管发育的分子机制 [J]. 第三军医大学学报, 2021, 43(19): 1831-1838.

[7] 李玺雯. 斑马鱼 Ⅱ 型糖尿病合并骨质疏松症模型的建立以及在药物评价中的应用 [D]. 南京: 南京 师范大学, 2021.

[8] 李泽坤. 利用 CRISPR/Cas9 基因编辑技术构建 Keratin92 基因斑马鱼突变体及其表型分析 [D]. 南昌: 南昌大学, 2022.

[9] 梁进涛. 高糖对斑马鱼胚胎心脏发育的影响及机制研究 [D]. 上海: 复旦大学, 2010.

[10] 刘迎, 姜蕾, 潘波, 等. 斑马鱼胚胎经丙草胺暴露后对其仔鱼致畸效应的研究 [J]. 农业环境科学学报, 2017, 36(3): 481-486.

[11] 宋扬. 以斑马鱼为模型研究神经靶酯酶的功能及其在神经退行性疾病发生中的作用机制 [D]. 济南: 山东大学, 2012.

[12] 孙淑娜, 桂永浩, 蒋璆, 等. 叶酸缺乏对斑马鱼胚胎造血系统影响的初步研究 [J]. 营养学报, 2010, 32(01): 21-25.

[13] 孙淑娜, 桂永浩, 蒋璆, 等. 叶酸缺乏对斑马鱼体轴发育的影响 [J]. 复旦学报(医学版), 2009, 36(06): 663-669.

[14] 孙淑娜，桂永浩，钱林溪，等. 叶酸缺乏对斑马鱼背主动脉发育的影响 [J]. 中国实验动物学报，2008(05): 321-324, 318.

[15] 孙淑娜，桂永浩，宋后燕，等. 叶酸拮抗剂甲氨喋呤导致斑马鱼心脏发育异常及 BMP2b HAS2 表达下调 [J]. 中国当代儿科杂志，2007(02): 159-163.

[16] 孙淑娜. 叶酸缺乏对斑马鱼心血管系统发育影响的实验研究 [D]. 上海：复旦大学，2007.

[17] 孙先定. 利用斑马鱼研究几种骨骼遗传疾病的发病机制 [D]. 重庆：中国人民解放军陆军军医大学，2019.

[18] 王雅琪. 中药水煎液对高铝诱导斑马鱼骨质疏松的影响 [D]. 西安：西北大学，2020.

[19] 文斌. 蛋白质 SUMO 化修饰在斑马鱼心脏发育中的生物学功能研究 [D]. 上海：上海交通大学，2016.

[20] 文婧. 全反式维甲酸对泼尼松龙诱导的斑马鱼幼鱼骨质疏松症的干预作用和机制研究 [D]. 武汉：武汉科技大学，2021.

[21] 吴永梅，杨琴，李淑蓉，等. 高浓度葡萄糖对斑马鱼胚胎及多巴胺神经元发育的影响 [J]. 第三军医大学学报，2016, 38(15): 1750-1754.

[22] 夏晨璐. 基于 CRISPR/Cas9 技术构建斑马鱼 arid1b 基因突变模型及表型分析 [D]. 武汉：华中科技大学，2020.

[23] 谢浪. 先天无脾对斑马鱼系统免疫的影响及机制研究 [D]. 重庆：西南大学，2021.

[24] 严丽锋. DNA 损伤修复基因 8-羟基鸟嘌呤 DNA 糖苷酶 OGG1 调节斑马鱼胚胎脑、心脏发育的易损性研究 [D]. 南京：南京医科大学，2015.

[25] 折剑青，娄博文，吴岳，等. 促红细胞生成素在斑马鱼胚胎发育中抑制肾脏细胞凋亡 [J]. 中国病理生理杂志，2018, 34(06): 1067-1074.

[26] 朱哲，胡沛男，李伟明，等. 利用 CRISPR/Cas9 构建斑马鱼 tbx20 基因突变体及其功能分析 [J]. 上海海洋大学学报，2019, 28(01): 1-9.

[27] Afrikanova T, Serruys A S, Buenafe O E, et al. Validation of the zebrafish pentylenetetrazol seizure model: Locomotor versus electrographic responses to antiepileptic drugs[J]. PLoS One, 2013, 8(1): e54166.

[28] Artsen A M, Liang R, Leslie Meyn, et al. T regulatory cells and TGF-beta 1: Predictors of the host response in mesh complications[J]. Acta Biomaterialia, 2020, 115: 127-135.

[29] Bao Y G, Shen Y D, Li X J, et al. A new insight into the underlying adaptive strategies of euryhaline marine fish to low salinity environment through cholesterol nutrition to regulate physiological responses[J]. Frontiers in Nutrition, 2022, 9.

[30] Beekhuijzen M, Koning C D, Maria-Eugenia F, et al. From cutting edge to guideline: A first step in harmonization of the zebrafish embryotoxicity test(ZET)by describing the most optimal test conditions and morphology scoring system[J]. Reprod Toxicol, 2015, 56: 64-76.

[31] Bilotta J. Effects of abnormal lighting on the development of zebrafish visual behavior[J]. Behavioural Brain Research, 2000, 116: 81-87.

[32] Binkerd P E, Rowland J M, Nau H, et al. Evaluation of valproic acid(VPA)developmental toxicity and pharmacokinetics in sprague—Dawley rats[J]. Toxicological Sciences,

1988.

[33] Blanc, M, Rüegg J, Scherbak N, et al. Environmental chemicals differentially affect epigenetic-related mechanisms in the zebrafish liver(ZF-L)cell line and in zebrafish embryos[J]. Aquat Toxicol, 2019, 215: 105272.

[34] Brannen K C, Julieta M P, Tracy L D, et al. Development of a zebrafish embryo teratogenicity assay and quantitative prediction model[J]. Birth Defects Research Part B Developmental & Reproductive Toxicology, 2010, 89(1): 66-77.

[35] Burns C G, David J M, Eric J Grande, et al. High-throughput assay for small molecules that modulate zebrafish embryonic heart rate[J]. Nat Chem Biol, 2005, 1: 263-264.

[36] Buss R R, Drapeau P. Synaptic drive to motoneurons during fictive swimming in the developing zebrafish[J]. J Neurophysiol, 2001, 86(1): 197-210.

[37] Chan W, Chan K. Disruption of the hypothalamic-pituitary-thyroid axis in zebrafish embryo-larvae following waterborne exposure to BDE-47, TBBPA and BPA[J]. Aquat Toxicol, 2012, 108: 106-11.

[38] Chang F, Minc N. Electrochemical control of cell and tissue polarity[J]. Annu. Rev. Cell Dev. Biol, 2014, 30: 317-336.

[39] Chaudhuri J D. Effect of a single dose of ethanol on developing skeletal muscle of chick embryos[J]. Alcohol, 2004.

[40] Chen Y, Chen J. Toxic effect of heavy metal ions of Cu^{2+}, Cd^{2+} and Hg^{2+} on embryo development of zebrafish(*Danio rerio*)[J]. South China Fisheries Science, 2016, 12: 35-42.

[41] Chen Z Y, Li N J, Cheng F Y, et al. The effect of the chorion on size-dependent acute toxicity and underlying mechanisms of amine-modified silver nanoparticles in zebrafish embryos[J]. International Journal of Molecular Sciences, 2020, 21.

[42] Cheng C C, Chou C Y, Chang Y C, et al. Protective role of comfrey leave extracts on UV-induced zebrafish fin damage[J]. J Toxicol Pathol, 2014, 27: 115-121.

[43] Coelho S, Oliveira R, Pereira S, et al. Assessing lethal and sub-lethal effects of trichlorfon on different trophic levels[J]. Aquat Toxicol, 2011, 103: 191-198.

[44] Corrales J, Kristofco L, Steele W, et al. Toward the design of less hazardous chemicals: exploring comparative oxidative stress in two common animal models[J]. Chem Res Toxicol, 2016: 893-904.

[45] Daane J M, Blum N, Lanni J, et al. Modulation of bioelectric cues in the evolution of flying fishes[J]. Current Biology, 2021.

[46] Dahal G R, Pradhan S J, Bates E A. Inwardly rectifying potassium channels influence Drosophila wing morphogenesis by regulating Dpp release[J]. Development, 2017, 144: 2771-2783.

[47] Dahal G R, Rawson J, Gassaway B, et al. An inwardly rectifying K^+ channel is required for patterning[J]. Development, 2012, 139: 3653-3664.

[48] Dai W, Wang K, Zheng X, et al. High fat plus high cholesterol diet lead to hepatic

steatosis in zebrafish larvae: A novel model for screening anti-hepatic steatosis drugs[J]. Nutr Metab(Lond), 2015, 12: 42.

[49] DeMicco A, Cooper K, Richardson J, et al. Developmental neurotoxicity of pyrethroid insecticides in zebrafish embryos[J]. Toxicol Sci, 2010, 113: 177-186.

[50] Directive of No 2010/63/EU of the European parliament and of the council of 22 September on the protection of animals used for scientific purposes[J]. Chinese Journal of Zoonoses, 2010, 39(4): 741-750.

[51] Du Z, Wang G, Gao S, et al. Aryl organophosphate flame retardants induced cardiotoxicity during zebrafish embryogenesis: By disturbing expression of the transcriptional regulators[J]. Aquatic Toxicology, 2015, 161: 25-32.

[52] Elbialy A, Igarashi Y, Asakawa S, et al. An acromegaly disease zebrafish model reveals decline in body stem cell number along with signs of premature aging[J]. Biology-Basel, 2020, 9.

[53] Fei X, Song C, Gao H. Transmembrane transports of acrylamide and bisphenol A and effects on development of zebrafish(*Danio rerio*)[J]. J Hazard Mater, 2010, 184: 81-88.

[54] Garrity M, Sarah Childs, Mark C. Fishman. The heartstrings mutation in zebrafish causes heart/fin Tbx5 deficiency syndrome[J]. Development, 2002, 129(19): 4635-4645.

[55] Godfrey A, Abdel-Moneim A, Sepúlveda M. Acute mixture toxicity of halogenated chemicals and their next generation counterparts on zebrafish embryos[J]. Chemosphere, 2017, 181: 710-712.

[56] Guang Zhao, Jun Hu, Meng Gao, et al. Excessive selenium affects neural development and locomotor behavior of zebrafish embryos[J]. Ecotoxicology and Environmental Safety, 2022, 238: 113611.

[57] Harris Matthew P. Bioelectric signaling as a unique regulator of development and regeneration[J]. Development(Cambridge, England), 2021, 148(10): dev180794.

[58] Head B, La Du J, Tanguay R L, et al. Vitamin E is necessary for zebrafish nervous system development[J]. Sci Rep, 2020, 10: 15028.

[59] Hermsen S A, Tessa E Pronk, Evert-Jan van den Brandhof, et al. Chemical class-specific gene expression changes in the zebrafish embryo after exposure to glycol ether alkoxy acids and 1, 2, 4-triazole antifungals[J]. Reprod Toxicol, 2011, 32: 245-52.

[60] Hoyer Juliane, Ekici Arif B, Endele Sabine, et al. Haploinsufficiency of ARID1B, a member of the SWI/SNF-a chromatin-remodeling complex, is a frequent cause of intellectual disability[J]. Am J Hum Genet, 2012, 90: 565-572.

[61] Hu N, Sedmera D, Yost H J, et al. Structure and function of the developing zebrafish heart[J]. The Anatomical Record, 2000, 260.

[62] Huang X, Jan L Y. Targeting potassium channels in cancer[J]. J. Cell Biol, 2014, 206: 151-162.

[63] Inoue A, Nishimura Y, Matsumoto N, et al. Comparative study of the zebrafish

embryonic toxicity test and mouse embryonic stem cell test to screen developmental toxicity of human pharmaceutical drugs[J]. Fundamental Toxicological Sciences, 2016, 3(2): 79-87.

[64] Iossifov Ivan, Levy Dan, Allen Jeremy, et al. Low load for disruptive mutations in autism genes and their biased transmission[J]. Proc Natl Acad Sci U S A, 2015, 112: E5600-7.

[65] James Byrnes, Rebecca Ganetzky, Richard Lightfoot, et al. Pharmacologic modeling of primary mitochondrial respiratory chain dysfunction in zebrafish[J]. Neurochemistry International, 2018, 117: 23-34.

[66] Jiang J, Lv L, Wu S, et al. Developmental toxicity of kresoxim-methyl during zebrafish(*Danio rerio*)larval development[J]. Chemosphere, 2019b, 219: 517-525.

[67] Jiang J, Wu S, Lv L, et al. Mitochondrial dysfunction, apoptosis and transcriptomic alterations induced by four strobilurins in zebrafish(*Danio rerio*)early life stages[J]. Environ Pollut, 2019a, 253: 722-730.

[68] Jiang Q, Liu D, Gong Y, et al. Yap is required for the development of brain, eyes, and neural crest in zebrafish[J]. Biochemical and Biophysical Research Communications, 2009, 384(1): 114-119.

[69] Kajimura S, Aida K, Duan CM. Insulin-like growth factor-binding protein-1(IGFBP-1) mediates hypoxia-induced embryonic growth and developmental retardation[J]. Proceedings of the National Academy of Sciences of the United States of America, 2005, 102: 1240-1245.

[70] Kalasekar S, Zacharia E, Kessler N, et al. Identification of environmental chemicals that induce yolk malabsorption in zebrafish using automated image segmentation[J]. Reprod Toxicol, 2015, 55: 20-29.

[71] Kamei H. Oxygen and embryonic growth: The role of insulin-like growth factor signaling[J]. General and Comparative Endocrinology, 2020, 294.

[72] Kilroy E A, Amanda C I, Kaylee L B, et al. Beneficial impacts of neuromuscular electrical stimulation on muscle structure and function in the zebrafish model of Duchenne muscular dystrophy[J]. Elife, 2022, 11.

[73] Kim C, Choe H, Park J, et al. Molecular mechanisms of developmental toxicities of azoxystrobin and pyraclostrobin toward zebrafish(*Danio rerio*)embryos: Visualization of abnormal development using two transgenic lines[J]. Environ Pollut, 2021, 270: 116087.

[74] Kim J, Kim C, Song J, et al. Trimethyltin chloride inhibits neuronal cell differentiation in zebrafish embryo neurodevelopment[J]. Neurotoxicol Teratol, 2016, 54: 29-35.

[75] Kimmel C B, Ballard W W, Kimmel S R, et al. Stages of embryonic-development of the zebrafish[J]. Developmental Dynamics, 1995, 203: 253-310.

[76] Kimmel C B, Warga R M, Schilling T F. Origin and organization of the zebrafish fate map[J]. Development, 1990, 108(4): 581-594.

[77] Korzh Svitlana, Winata Cecilia Lanni, Zheng Weiling, et al. The interaction of

epithelial Ihha and mesenchymal Fgf10 in zebrafish esophageal and swimbladder development[J]. Dev Biol, 2011, 359: 262-276.

[78] Krone P H, Lele Z, Sass J B. Heat shock genes and the heat shock response in zebrafish embryos[J]. Biochemistry and Cell Biology-Biochimie Et Biologie Cellulaire, 1997, 75: 487-497.

[79] Krylov V V, Izvekov E I, Pavlova V V, et al. Circadian rhythms in zebrafish(*Danio rerio*) behaviour and the sources of their variability[J]. Biological Reviews, 2021, 96: 785-797.

[80] Lammer E, Kamp H, Hisgen V, et al. Development of a flow-through system for the fish embryo toxicity test(FET)with the zebrafish(*Danio rerio*)[J]. Toxicol In Vitro, 2009, 23: 1436-1442.

[81] Lanni J S, Peal D, Ekstrom L, et al. Integrated K^+ channel and K^+Cl^-cotransporter functions are required for the coordination of size and proportion during development[J]. Dev. Biol, 2019, 456: 164-178.

[82] Lawson N D, Weinstein B M. In vivo imaging of embryonic vascular development using transgenic zebrafish[J]. Developmental Biology, 2002, 248(2): 307-18.

[83] Levin M, Pezzulo G, Finkelstein J M. Endogenous bioelectric signaling networks: Exploiting voltage gradients for control of growth and form[J]. Annu. Rev. Biomed. Eng, 2017, 19: 353-387.

[84] Levin M. Bioelectric signaling: Reprogrammable circuits underlying embryogenesis, regeneration, and cancer[J]. Cell, 2021, 184: 1971-1989.

[85] Levin M. Molecular bioelectricity: How endogenous voltage potentials control cell behavior and instruct pattern regulation in vivo[J]. Mol. Biol. Cell, 2014, 25: 3835-3850.

[86] Li X Y, Liang H J, He Y J, et al. Acute toxicity and safety assessment of five fungicides to three aquatic organisms[J]. Guangdong Agricultural Sciences, 2014.

[87] Liu C, Wang Q, Liang K, et al. Effects of tris(1, 3-dichloro-2-propyl)phosphate and triphenyl phosphate on receptor-associated mRNA expression in zebrafish embryos/ larvae[J]. Aquat Toxicol, 2013, 128-129, 147-157.

[88] Longo M, Zanoncelli S, Colombo P A, et al. Effects of the benzimidazole anthelmintic drug flubendazole on rat embryos in vitro[J]. Reprod Toxicol, 2013, 36: 78-87.

[89] Lopez-Olmeda J F, Sanchez-Vazquez F J. Thermal biology of zebrafish(*Danio rerio*)[J]. Journal of Thermal Biology, 2011, 36: 91-104.

[90] Malicki J, Schier A F, Solnica-Krezel L, et al. Mutations affecting development of the zebrafish ear[J]. Development, 1996, 123: 275-283.

[91] Mathews J, Levin M. The body electric 2. 0: Recent advances in developmental bioelectricity for regenerative and synthetic bioengineering[J]. Curr. Opin. Biotechnol, 2018, 52: 134-144.

[92] McGee S, Cooper E, Stapleton H, et al. Early zebrafish embryogenesis is susceptible to developmental TDCPP exposure[J]. Environ Health Perspect, 2012, 120: 1585-1591.

[93] Meng Q, Yeung K, Kwok M, et al. Toxic effects and transcriptome analyses of zebrafish(*Danio rerio*)larvae exposed to benzophenones[J]. Environ Pollut, 2020, 265: 114857.

[94] Merola C, Lai O, Conte A, et al. Toxicological assessment and developmental abnormalities induced by butylparaben and ethylparaben exposure in zebrafish early-life stages[J]. Environ Toxicol Pharmacol, 2020, 80: 103504.

[95] Modra H, Vrskova D, Macova S, et al. Comparison of diazinon toxicity to embryos of *Xenopus laevis* and *Danio rerio*: Degradation of diazinon in water[J]. Bull Environ Contam Toxicol, 2011, 86: 601-604.

[96] Monte S M, Kril J J. Human alcohol-related neuropathology[J]. Acta Neuropathologica, 2014, 127: 71-90.

[97] Morick D, Faigenbaum O, Smirnov M, et al. Mortality caused by bath exposure of zebrafish(*Danio rerio*)larvae to nervous necrosis virus is limited to the fourth day postfertilization[J]. Applied and Environmental Microbiology, 2015, 81: 3280-3287.

[98] Mu X, Huang Y, Li X, et al. Developmental effects and estrogenicity of bisphenol A alternatives in a zebrafish embryo model[J]. Environ Sci Technol, 2018, 52: 3222-3231.

[99] Mu X, Huang Y, Luo J, et al. Evaluation of acute and developmental toxicity of azoxystrobin on zebrafish via multiple life stage assays[J]. Acta Sci Circumst, 2017, 37: 1122-1132.

[100] Nakajima K I, Zhu K, Sun Y H, et al. KCNJ15/Kir4. 2 couples with polyamines to sense weak extracellular electric fifields in galvanotaxis[J]. Nat. Commun, 2015, 6: 8532.

[101] Nath A K, Ryu J H, Jin Y N, et al. PTPMT1 inhibition lowers glucose through succinate dehydrogenase phosphorylation[J]. Cell Reports, 2015, 10(5): 694-701.

[102] Neuffer S J, Cooper C D. Zebrafish syndromic albinism models as tools for understanding and treating pigment cell disease in humans[J]. Cancers(Basel), 2022, 14.

[103] Neuhauss S. Zebrafish vision[J]. Fish Physiology, 2010, 29: 81-122.

[104] Nishimura Y, Inoue A, Sasagawa S, et al. Using zebrafish in systems toxicology for developmental toxicity testing[J]. CongenitAnom(Kyoto), 2016, 56: 18-27.

[105] Nwaogu I C, Ihemelandu E C. Effects of maternal alcohol consumption on the allometric growth of muscles in fetal and neonatal rats[J]. Cells Tissues Organs, 1999, 164: 167-73.

[106] Pai V P, Aw S, Shomrat T, et al. Transmembrane voltage potential controls embryonic eye patterning in *Xenopus laevis*[J]. Development, 2012, 139: 313-323.

[107] Pandey M, Guo H. Evaluation of cytotoxicity and genotoxicity of insecticide carbaryl to flounder gill cells and its teratogenicity to zebrafish embryos[J]. J Ocean Univ China, 2015, 14: 362-374.

[108] Parsonsa Aoife, Lange Anke, Hutchinson T H, et al. Molecular mechanisms and tissue

targets of brominated flame retardants, BDE-47 and TBBPA, in embryo-larval life stages of zebrafish(*Danio rerio*)[J]. Aquatic Toxicology, 2019, 209.

[109] Perathoner S, Daane J M, Henrion U, et al. Bioelectric signaling regulates size in zebrafifish fifins[J]. PLoS Genet, 2014, 10, e1004080.

[110] Perugini M, Merola C, Amorena M, et al. Sublethal exposure to propylparaben leads to lipid metabolism impairment in zebrafish early-life stages[J]. J Appl Toxicol, 2020, 40: 493-503.

[111] Popper A N, Sisneros J A. The sound world of zebrafish: A critical review of hearing assessment[J]. Zebrafish, 2022, 19: 37-48.

[112] Pruvot B, Quiroz Y, Voncken A, et al. A panel of biological tests reveals developmental effects of pharmaceutical pollutants on late stage zebrafish embryo[J]. Reproductive Toxicology, 2012.

[113] Qiu C, Bao B. Effects of UV illumination on number of melanocytes and expression of related genes in sws1 mutant zebrafish[J]. Journal of Shanghai Ocean University, 2022, 31: 1-10.

[114] Rachel Alsdorf, Diego F W. Teratogenicity of sodium valproate[J]. Expert Opinion on Drug Safety, 2005.

[115] Ren W, Wang Z, Yang X, et al. Acute toxicity effect of bisphenol A and its analogues on adult and embryo of zebrafish[J]. J Ecol Rural Environ, 2017, 33: 372-378.

[116] Roales R, Perlmutter A. Toxicity of zinc and cygon, applied singly and jointly, to zebrafish embryos[J]. Bull Environ Contam Toxicol, 1974, 12: 475-480.

[117] Sanches A, Daam M, Freitas E, et al. Lethal and sublethal toxicity of abamectin and difenoconazole(individually and in mixture)to early life stages of zebrafish[J]. Chemosphere, 2018, 210: 531-538.

[118] Santos D, Félix L, Luzio A, et al. Toxicological effects induced on early life stages of zebrafish(*Danio rerio*)after an acute exposure to microplastics alone or co-exposed with copper[J]. Chemosphere, 2020, 61: 127748.

[119] Selderslaghs I W, Ronny Blust, Hilda E W, et al. Feasibility study of the zebrafish assay as an alternative method to screen for developmental toxicity and embryotoxicity using a training set of 27 compounds[J]. Reprod Toxicol, 2012, 33: 142-154.

[120] Shan Dongjie R, Samuel Rajendran, Qing Xia, et al. Neuroprotective effects of Tongtian oral liquid, a traditional Chinese Medicine in the Parkinson's disease-induced zebrafish model[J]. Biomedicine & Pharmacotherapy, 2022, 148.

[121] Shubin N, Shubin N, Tabin C, et al. Deep homology and the origins of evolutionary novelty[J]. Nature, 2009, 457: 818-823.

[122] Silic M R, Wu Q, Kim B H, et al. Potassium channel associated bioelectricity of the dermomyotome determines fin patterning in zebrafifish[J]. Genetics, 2020, 215: 1067-1084.

[123] Sims K, Jr Eble D M, Iovine M K. Connexin43 regulates joint location in zebrafifish

fifins[J]. Dev. Biol, 2009, 327: 410-418.

[124] Song M. Study on embryo developmental toxicity of heavy metal copper on zebrafish[D]. 烟台: 烟台大学, 2019.

[125] Spitsbergen J M, Tsai H W, Reddy A, et al. Neoplasia in zebrafish(*Danio rerio*) treated with 7, 12-dimethylbenz[a] anthracene by two exposure routes at different developmental stages[J]. Toxicol Pathol, 2000, 28: 705-715.

[126] Spitsbergen J M, Tsai H W, Reddy A, et al. Neoplasia in zebrafish(*Danio rerio*)treated with *N*-methyl-*N′*-nitro-*N*-nitrosoguanidine by three exposure routes at different developmental stages[J]. Toxicol Pathol, 2000, 28: 716-725.

[127] Stainier D Y R, Lee R K, Fishman M C. Cardiovascular development in the zebrafish. I. Myocardial fate map and heart tube formation[J]. Development, 1993, 119(1): 31-40.

[128] Stewart S, Bleu H K L, Yette G A, et al. Longfin causes cis-ectopic expression of the kcnh2a ether-a-go-go K^+ channel to autonomously prolong fin outgrowth[J]. Development(Cambridge, England), 2023, 148(11): dev199384.

[129] Stickney H L, Barresi M J, Devoto S H. Somite development in zebrafish[J]. Developmental Dynamics An Official Publication of the American Association of Anatomists, 2000, 219: 287.

[130] Sylvain N J, Daniel L B, Declan W Ali. Zebrafish embryos exposed to alcohol undergo abnormal development of motor neurons and muscle fibers[J]. University of Alberta(Canada), 2009.

[131] Thieme R, Ramin N, Fischer S, et al. Gastrulation in rabbit blastocysts depends on insulin and insulin-like-growth-factor 1[J]. Mol Cell Endocrinol, 2012, 348: 112-119.

[132] Thijs R D, Surges R, O′ Brien T J, et al. Epilepsy in adults[J]. Lancet, 2019, 393(10172): 689-701.

[133] Traver D, Barry H P, Kenneth D P, et al. Transplantation and in vivo imaging of multilineage engraftment in zebrafish bloodless mutants[J]. Nature Immunology, 2003, 4: 1238-1246.

[134] Vals Mari-Anne, Õiglane-Shlik Eve, Nõukas Margit, et al. Coffin-Siris Syndrome with obesity, macrocephaly, hepatomegaly and hyperinsulinism caused by a mutation in the ARID1B gene[J]. Eur J Hum Genet, 2014, 22: 1327-1329.

[135] Van den Bulck K, Hill A, Mesens N, et al. Zebrafish developmental toxicity assay: A fishy solution to reproductive toxicity screening, or just a red herring?[J] Reprod Toxicol, 2011, 32: 213-219.

[136] Villanueva S, Burgos J, Lopez-Cayuqueo K I, et al. Cleft palate, moderate lung developmental retardation and early postnatal lethality in mice defificient in the Kir7. 1 inwardly rectifying K^+ channel[J]. PLoS ONE, 2015, 10, e0139284.

[137] Wake D B, Wake M H, Specht C D. Homoplasy: From detecting pattern to determining process and mechanism of evolution[J]. Science, 2011, 331: 1032-1035.

[138] Wan J, Yourshaw M, Mamsa H, et al. Mutations in the RNA exosome component gene

EXOSC3 cause pontocerebellar hypoplasia and spinal motor neuron degeneration[J]. Nat Genet, 2012, 44(6): 704-708.

[139] Wang G, Rajpurohit S K, Delaspre F, et al. First quantitative high-throughput screen in zebrafish identifies novel pathways for increasing pancreatic β-cell mass[J]. eLife, 2015, 4：e08261.

[140] Wang P, Wang Z, Xia P, et al. Concentration-dependent transcriptome of zebrafish embryo for environmental chemical assessment[J]. Chemosphere vol, 2020, 245: 125632.

[141] Wang Y, Wu S, Chen J, et al. Single and joint toxicity assessment of four currently used pesticides to zebrafish(*Danio rerio*)using traditional and molecular endpoints[J]. Chemosphere, 2018, 192: 14-23.

[142] Weigt S, Huebler N, Strecker R, et al. Zebrafish(*Danio rerio*)embryos as a model for testing proteratogens[J]. Toxicology, 2011, 281: 25-36.

[143] White R, Cech J, Ratanasirintrawoot S, et al. DHODH modulates transcriptional elongation in the neural crest and melanoma[J]. Nature, 2011, 471: 518-522.

[144] Wiecinski P, Metz K, King H, et al. Toxicity of oxidatively degraded quantum dots to developing zebrafish(*Danio rerio*)[J]. Environ Sci Technol, 2013, 47: 9132-9139.

[145] Wilson S W, Brand M, Eisen J S. Patterning the zebrafish central nervous system[J]. Results Probl Cell Differ, 2002, 40: 181-215.

[146] Winata Cecilia Lanny, Korzh Svetlana, Kondrychyn Igor, et al. Development of zebrafish swimbladder: The requirement of Hedgehog signaling in specification and organization of the three tissue layers[J]. Dev Biol, 2009, 331: 222-236.

[147] Xin S. Evaluation of combined biotoxicity of heavy metals in zebrafish embryos by developmental toxicity test[D]. 上海：上海师范大学, 2016.

[148] Yan Y, Zheng J, Tang H, et al. Effects of low intensity ultrasound on the growth of zebrafish embryos[J]. Technical Acoustics, 2021, 40: 358-364.

[149] Yang Y. Toxic effects and thyroid disruptions of bisphenol AF on zebrafish embryos and larvae[D]. 海口：海南大学, 2016.

[150] Yin Ao, Korzh Vladimir, Gong Zhiyuan. Perturbation of zebrafish swimbladder development by enhancing Wnt signaling in Wif1 morphants[J]. Biochim Biophys Acta, 2012, 1823: 236-244.

[151] Yin W, Kim H T, Wang S, et al. The potassium channel KCNJ13 is essential for smooth muscle cytoskeletal organization during mouse tracheal tubulogenesis[J]. Nat. Commun, 2018, 9: 2815.

[152] Yun Ma, Linhua Chen, Xianting Lu, et al. Enantioselectivity in aquatic toxicity of synthetic pyrethroid insecticide fenvalerate[J]. Ecotoxicology and Environmental Safety, 2009, 72(7): 1913-1918.

[153] Zeng Z Q, Richardson J, Verduzco D, et al. Zebrafish have a competent p53-dependent nucleotide excision repair pathway to resolve ultraviolet b-induced DNA damage in the skin[J]. Zebrafish, 2009，6: 405-415.

[154] Zhang W, Lin K, Miao Y, et al. Toxicity assessment of zebrafish following exposure to CdTe QDs[J]. J Hazard Mater, 2012, 213-214, 413-420.
[155] Zhang Y Y, Prachi Shah, Fan Wu, et al. Potentiation of lethal and sub-lethal effects of benzophenone and oxybenzone by UV light in zebrafish embryos[J]. Aquatic Toxicology, 2021, 235: 105835.
[156] Zhao X, Ren X, Zhu R, et al. Acute developmental toxicity and apoptosis in zebrafish embryos treated by 4-chlorophenol[J]. J Jilin Normal Univ(Nat Sci Eng Edit), 2016, 37: 106-111.

第七章　代表性研究案例

第一节　双酚 A 替代物对斑马鱼胚胎的发育毒性和神经毒性机制

一、试验思路

BPF作为BPA的主要替代品已在工业中投入使用。除了能在化妆品和食品中检测到外，BPF还出现在各种环境介质中，如室内灰尘、沉积物和水。BPF暴露对水生生物的负面影响已逐渐引起关注。急性接触BPF对鱼类的致死、发育和雌激素作用与BPA相当或更强，最近的研究进一步证实了BPF对水生生物的致畸作用、身体激素改变和生殖毒性。但BPF对神经系统发育的负面影响尚不清楚，评估BPF暴露对鱼类的神经影响非常重要。神经炎症被认为是BPA神经毒性的重要靶点。因此，使用斑马鱼胚胎模型全面表征BPF的神经毒性和涉及的分子机制。

二、方法

斑马鱼胚胎暴露于0.0005mg/L（环境相关浓度）、0.5mg/L和5.0mg/L BPF的溶液中。受精后2hpf的胚胎被随机转移到24孔板中的试验溶液里。每个平板使用20个孔，每个孔含有2mL暴露溶液和一个胚胎。建立空白对照和溶剂对照，每个测试浓度和对照重复3次。

在行为测试的同一天，将2hpf的胚胎暴露于0（对照）、0.0005mg/L和0.5mg/L浓度下。在暴露后48h（hpf），从对照组、0.0005mg/L和0.5mg/L组的每个烧杯中收集25个胚胎，用标准水去除角质并洗涤2次，然后储存在-80℃环境中。

运动行为指标：对斑马鱼胚胎进行BPF处理至6dpf后，测量斑马鱼的总移动距离，以评估BPF对斑马鱼运动功能的影响，随机选择10个胚胎，由行为分析仪记录，以记录斑马鱼在60min内的活动，包括3个明暗时段（黑暗中10min和光明中10min）。

测定斑马鱼神经元发育情况、凋亡情况并进行Illumina测序和转录组分析、DEGS转录因子预测、qPCR测序。

三、讨论

所有三种处理（0.0005mg/L、0.5mg/L和5.0mg/L BPF暴露于2hpf）都降低了6dpf时斑马鱼的游泳距离和运动活动，抑制程度分别为21%、96%和98%（减少的距离）以及14%、85%和94%（减少的活动）[图7-1（a)、(b）]。此外，从行为轨迹可以明显看出，与对照组相比，BPF处理组中仔鱼的活动范围和游泳速度通常较低[图7-1（c）]。图7-1（a）为对照组和BPF处理组中6dpf时斑马鱼仔鱼的移动距离（0.0005mg/L、0.5mg/L和5.0mg/L），其中红线表示每组的算术平均值。图7-1（b）为对照组和BPF处理组斑马鱼仔鱼在6dpf时的运动。图7-1（c）为对照组和BPF处理组中6dpf斑马鱼幼虫的运动轨迹图，图中不同颜色的线条表示轨迹中不同的移动速度（绿色表示4~20mm/s；红色表示>20mm/s；黑色表示<4mm/s)。图7-1中星号表示治疗组和对照组之间的显著差异（通过Dunnett事后比较确定；*表示$P<0.05$；**表示$P<0.01$)；误差条表示标准偏差；0.0005、0.5和5.0表示暴露浓度为0.0005mg/L、0.5mg/L和5.0mg/L。

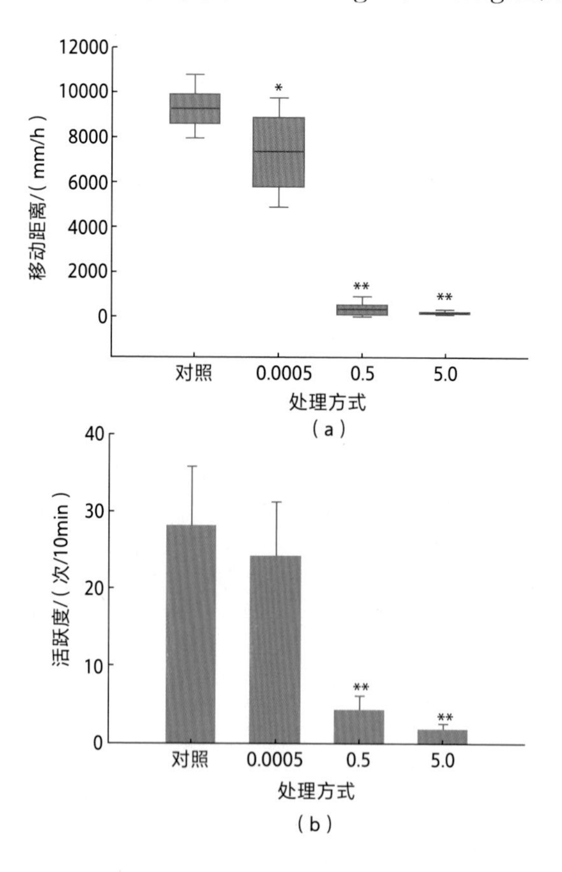

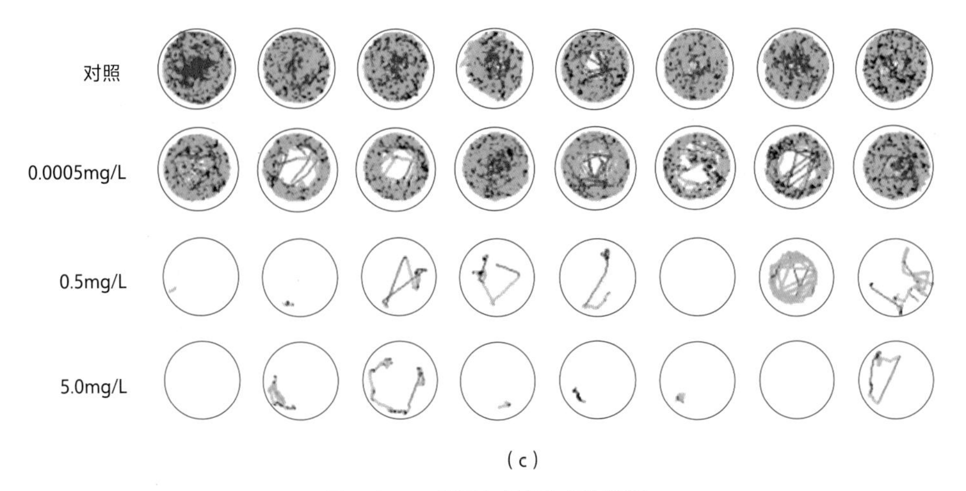

（c）

图 7-1 BPF 斑马鱼仔鱼的行为指标

（1）BPF诱导斑马鱼的神经炎症反应 对脑切片进行Gfap或Iba-1染色，分别显示胶质细胞和小胶质细胞活化。与对照组相比，所有BPF治疗组中脑区Gfap和Iba-1的免疫反应性均显著增加（P<0.01），Gfap的荧光强度为0.20（对照组）、0.74（0.0005mg/L）、1.23（0.5mg/L）和5.40（5.0mg/L），Iba-1为0.18、0.86、1.73和5.47。这表明BPF暴露已诱导发育斑马鱼胶质细胞或小胶质细胞的显著激活。胶质细胞是占中枢神经系统体积约50%的主要细胞类型，其毒性暴露后的功能障碍被认为是观察到的神经毒性的主要原因，同时抑制胶质细胞的形成有效地防止了神经元的死亡。此外，活化的小胶质细胞会分泌一系列促炎因子，包括细胞因子（如TNF-a和IL-1b）、趋化因子和活性氧（ROS），这些因子的积累进一步导致神经元损伤。在我们的研究中，0.0005mg/L和0.5mg/L的BPF诱导了Tnfα水平的急剧增加，而il-6和il-1β的转录水平在5.0mg/L时升高，这与先前的研究一致。这些发现表明，BPF可以通过激活胶质细胞和小胶质细胞，诱导斑马鱼仔鱼大脑的神经炎症。

BPF激活斑马鱼仔鱼大脑中的胶质细胞和小胶质细胞如图7-2所示。

图7-2（a）为72h暴露于0、0.0005mg/L、0.5mg/L和5.0mg/L BPF的仔鱼大脑冠状切片的代表性IF图像，其显示了Gfap（A1，红色）、4′，6-二氨基-2-苯基吲哚（DAPI）（A2，蓝色）和合并（A3）脑切片；图7-2（b）为72h暴露于0、0.0005mg/L、0.5mg/L和5.0mg/L BPF的仔鱼大脑端脑区的代表性IF图像，显示了Iba-1（B1，棕色）、DAPI（B2，蓝色）和合并的（B3）脑切片。

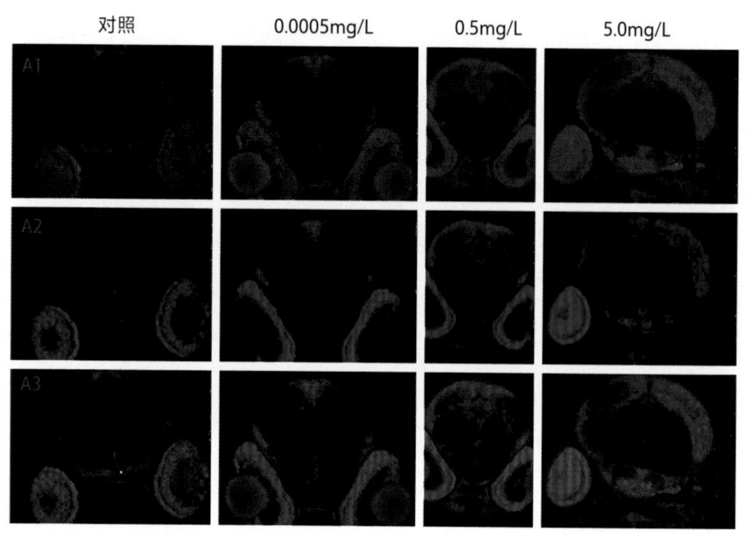

（a）72h暴露于0、0.0005mg/L、0.5mg/L和5.0mg/L BPF的仔鱼大脑冠状切片的代表性IF图像

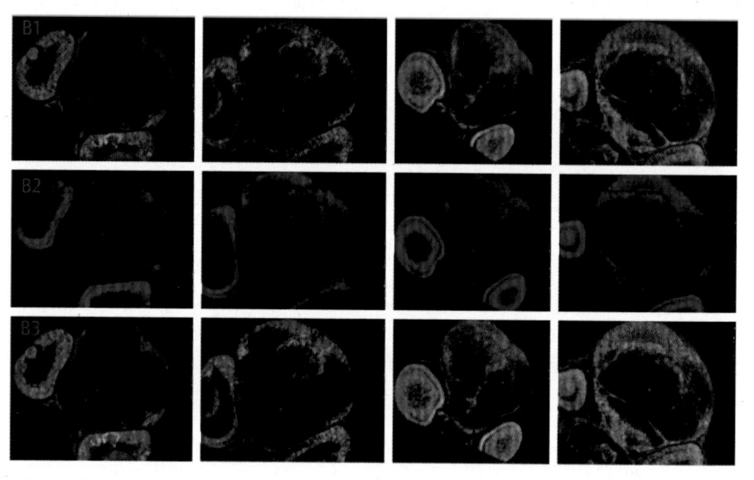

（b）72h暴露于0、0.0005mg/L、0.5mg/L和5.0mg/L BPF的仔鱼大脑端脑区的代表性IF图像

图 7-2　BPF 激活斑马鱼仔鱼大脑中的胶质细胞和小胶质细胞

（2）BPF诱导CNS细胞凋亡　根据AO染色结果，BPF显示了72hpf时斑马鱼大脑中凋亡细胞荧光强度的剂量依赖性诱导［图7-3（a）］。此外，BPF在48hpf时显著诱导了斑马鱼胚胎中Caspase3的酶活性［图7-3（b）］，并上调了bax和Caspase3的转录［图7-3（c）］，这进一步证实了AO染色的结果。先前的研究也报道了BPs可以诱导神经细胞凋亡。Lee等（2013）发现BPAF诱导大鼠HT-22和初级神经元细胞凋亡。Gu等（2018）报道，BPS暴露后，斑马鱼幼虫的运动减少，同时促进细胞凋亡。值得注意的是，诱导中枢神经系统细胞凋亡

的BPF有效浓度（诱导显著变化的浓度）仅为0.0005mg/L，这与行为影响一致。

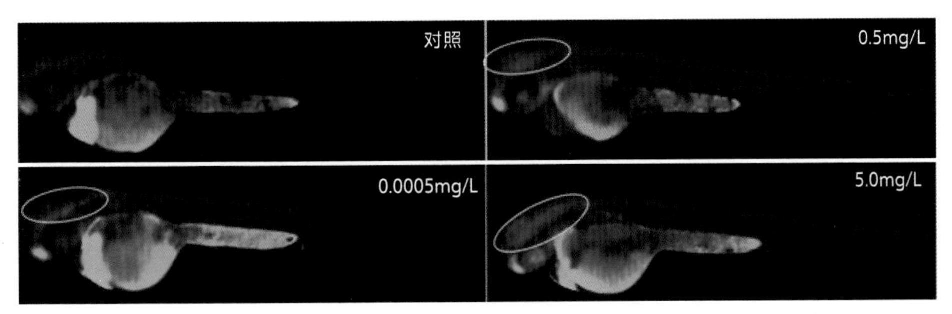

（a）BPF在72 hpf时对斑马鱼胚胎的大脑和中枢神经系统诱导的细胞凋亡效应

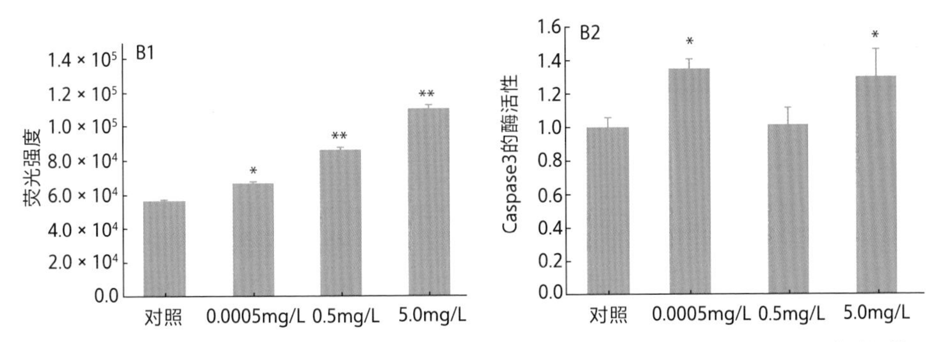

（b）斑马鱼胚胎CNS中凋亡细胞的定量荧光强度以及48 hpf时对照组和BPF处理组中Caspase3的酶活性

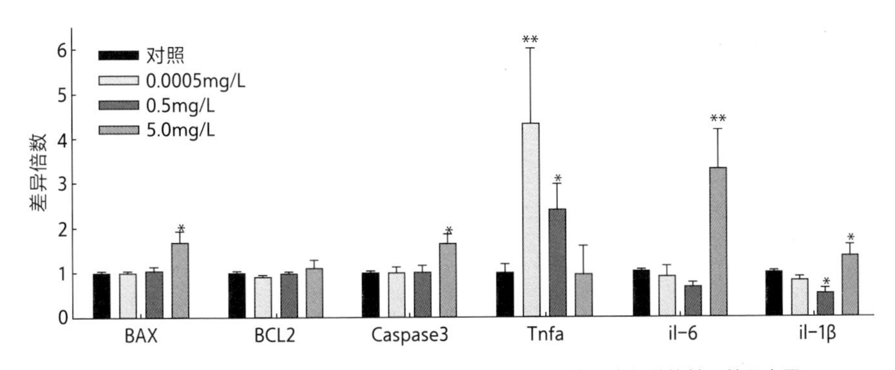

（c）48hpf时对照组和BPF治疗组中与细胞凋亡和炎症反应相关的基因转录水平

图7-3　BPF诱导斑马鱼胚胎中枢神经系统细胞凋亡

图7-3中，图7-3（a）表示BPF在72hpf时对斑马鱼胚胎的大脑和中枢神经系统诱导的细胞凋亡效应，其中黄色圆圈表示细胞凋亡的主要位置；图7-3（b）中，B1图为斑马鱼胚胎CNS中凋亡细胞的定量荧光强度，B2图表示在48hpf时对照组和BPF处理组中Caspase3的酶活性（酶活性表示为对照组的倍数变化）；

图7-3（c）表示48hpf时，对照组和BPF治疗组中与细胞凋亡和炎症反应相关的基因转录水平，其中星号表示治疗组和对照组之间的显著差异。

（3）BPF诱导斑马鱼仔鱼的神经炎症反应　对脑切片进行Gfap或Iba-1染色，分别显示胶质细胞和小胶质细胞活化。与对照组相比，所有BPF治疗组中脑区Gfap和Iba-1的免疫反应性均显著增加（$P<0.01$），Gfap的荧光强度分别为0.20（对照组）、0.74（0.0005mg/L）、1.23（0.5mg/L）和5.40（5.0mg/L），Iba-1为0.18、0.86、1.73和5.47。这表明BPF暴露已诱导发育斑马鱼星形胶质细胞或小胶质细胞的显著激活。星形胶质细胞是占中枢神经系统体积约50%的主要细胞类型，其毒性暴露后的功能障碍被认为是观察到的神经毒性的主要原因，同时抑制星形胶质细胞的形成有效地防止了神经元的死亡。此外，活化的小胶质细胞会分泌一系列促炎因子，包括细胞因子（如TNF-a和IL-1b）、趋化因子和活性氧（ROS），这些因子的积累进一步导致神经元损伤。在我们的研究中，0.0005mg/L和0.5mg/L的BPF诱导了Tnfα水平的急剧增加，而il-6和il-1β的转录水平在5.0mg/L时升高，这与先前的研究一致。这些发现表明，BPF可以通过激活星形胶质细胞和小胶质细胞，诱导斑马鱼幼鱼大脑的神经炎症。

（4）BPF对斑马鱼胚胎的转录改变　为了研究介导BPF引起的神经毒性的分子途径，我们进一步进行了转录组分析。基于RNA序列数据，我们进行了GO富集，GO富集结果表明：在0.0005mg/L BPF暴露后，应激反应（包括细胞死亡的调节、细胞因子反应和激素刺激反应）是受影响最大的生物过程；其次是与神经元发育和凋亡相关的过程［图7-4（b）中B1］。在0.5mg/L BPF治疗组中，神经发育相关过程显著改变［图7-4（b）中B2］。KEGG途径富集分析的结果显示，0.0005mg/L和0.5mg/L BPF治疗组中，凋亡相关途径（FoxO、TGF-β信号通路）占据了最富集的途径［图7-4（c）］。图7-4中，A1图和A2图显示暴露于0.0005mg/L和0.5mg/L BPF后显著差异表达的转录物的数量；对照组和BPF处理组的转录水平分别绘制在x轴和y轴上；B1图和B2图表示基因本体（GO）术语富集分析后，确定了受0.0005mg/L和0.5mg/L BPF影响的生物过程/分子功能；C1图和C2图为基于KEGG和PANTHER数据库获得0.0005mg/L和0.5mg/L BPF影响的途径。作为细胞凋亡调节剂的FoxO信号通路是0.0005mg/L BPF暴露后受影响最大的通路，FoxO信号通路的改变将导致细胞凋亡，MAPK信号通路的改变可能导致多种神经毒性，包括认知损伤、焦虑样行为和神经元细胞凋亡。通过使用0.0005mg/L和0.5mg/L BPF处理中的DEG的转录因子结合位点分析，发现了许多神经元发育转录因子（如SOX10、UNCX、FOXG1、DLX6、NKX6-1、NKX6-2、LHX9）。

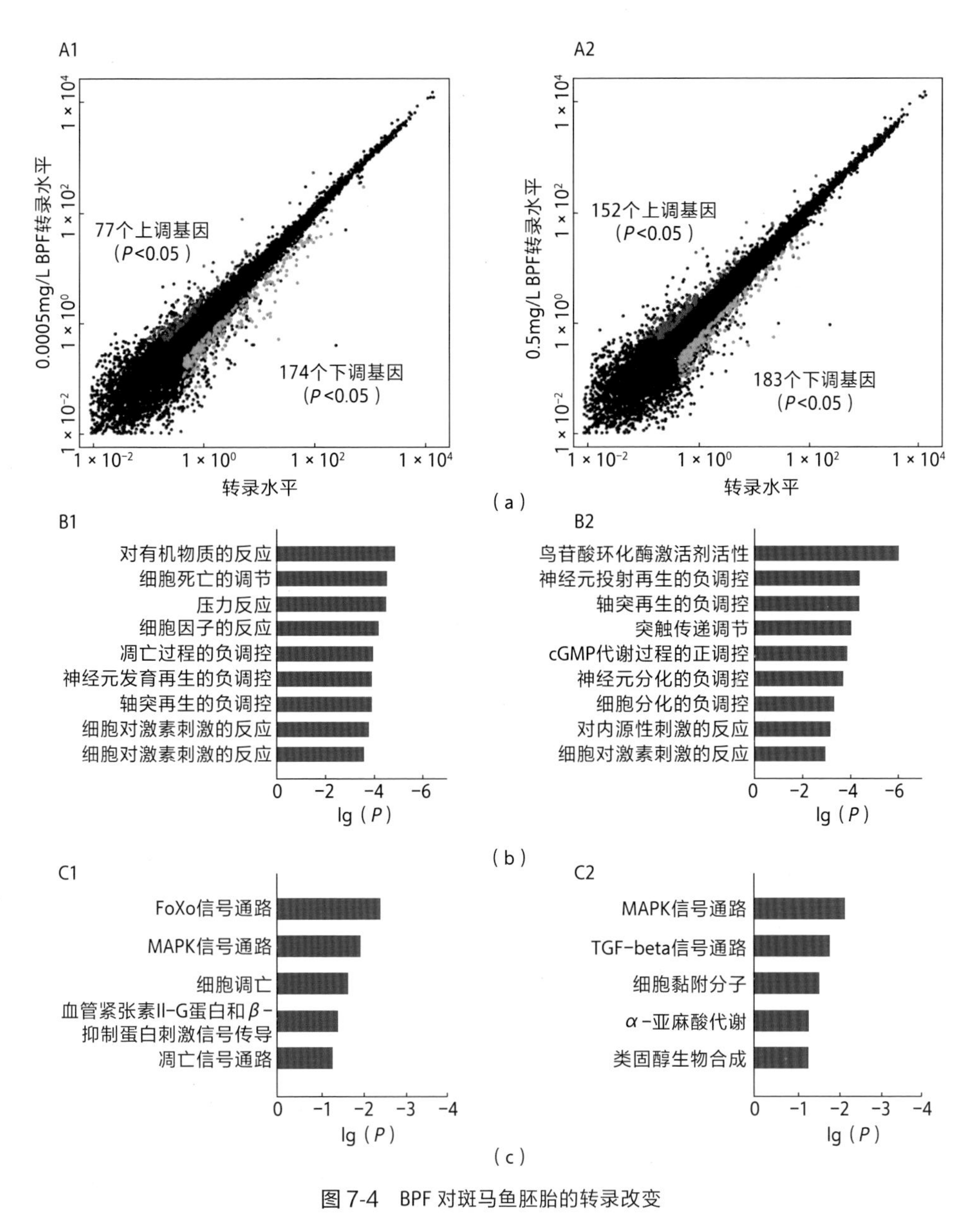

图7-4 BPF对斑马鱼胚胎的转录改变

此外，还鉴定了与神经元凋亡相关的两种转录因子FOXO3和FOS：JUN。

总之，转录组分析的结果突出了BPF处理的斑马鱼胚胎中的凋亡和神经元发育相关信号通路或转录因子，这与我们的表型发现一致，表明了这些信号通路和转录因子在介导BPF诱导的神经毒性中的潜在作用。

四、结论

本节笔者使用斑马鱼胚胎评估了双酚F（BPF）对中枢神经系统（CNS）的影响，发现在有效浓度为0.0005mg/L时，BPF可诱导斑马鱼胚胎产生显著的神经毒性，包括运动抑制、移动距离缩短和中枢神经系统细胞凋亡。免疫荧光分析显示，BPF显著激活了斑马鱼大脑中的小胶质细胞和星形胶质细胞，表明存在神经炎症反应。BPF在72hpf时显著抑制外周运动神经元的发育。RNA-seq数据表明，BPF暴露显著影响神经元发育过程和细胞凋亡途径。此外，BPF暴露后，神经递质水平（5-羟色胺、多巴胺和乙酰胆碱）或乙酰胆碱酯酶（Ache）酶活性没有显著变化，表明BPF可能不会影响神经传递。总之，即使在环境相关的浓度下BPF也可能通过诱导神经炎症和CNS细胞凋亡，导致斑马鱼早期生命阶段的异常神经结果。

第二节　兽药影响斑马鱼胚胎发育和行为

一、试验思路

贺琳娟等在《氟苯尼考及代谢物氟苯尼考胺对斑马鱼胚胎氧化应激的影响》中以斑马鱼为模型生物，从氧化应激损伤入手，研究了氟苯尼考（FF）及其代谢物氟苯尼考胺（FFA）对斑马鱼胚胎发育的影响及毒性作用差异，为食品安全监管和风险评估提供理论参考依据。

二、方法

采用0、0.01mg/L、0.1mg/L、1mg/L、10mg/L不同浓度的氟苯尼考及代谢物氟苯尼考胺暴露液，每个浓度设置3组平行，处理斑马鱼胚胎，于暴露后24h记录胚胎的死亡数，统计48h、72h的孵化数及72h、96h、120h的心跳次数。测定暴露后120h斑马鱼的活性氧（ROS）、过氧化氢酶（CAT）、还原型谷胱甘肽（GSH）和丙二醛（MDA）含量；进行吖啶橙（AO）染色和线粒体膜电位（JC-1）染色成像，以确定其凋亡情况。

三、讨论

1. 对斑马鱼胚胎发育的影响

与空白对照组相比，FF和FFA对斑马鱼胚胎的孵化产生了不同程度的影响（见图7-5）。其中，药物暴露48h后，FF暴露组未出现显著影响，FFA暴露组在100mg/L剂量下对孵化率的影响显著降低。72h后，FF暴露组与对照组相比未出现显著变化，而FFA暴露组在0.01mg/L的浓度下明显降低。结果表明，48hpf斑马鱼胚胎对FF的敏感性更强，然而随着时间的推移，药物的影响逐渐减弱，因此推测48h是这两个药物对斑马鱼胚胎孵化率产生影响的关键时间点。

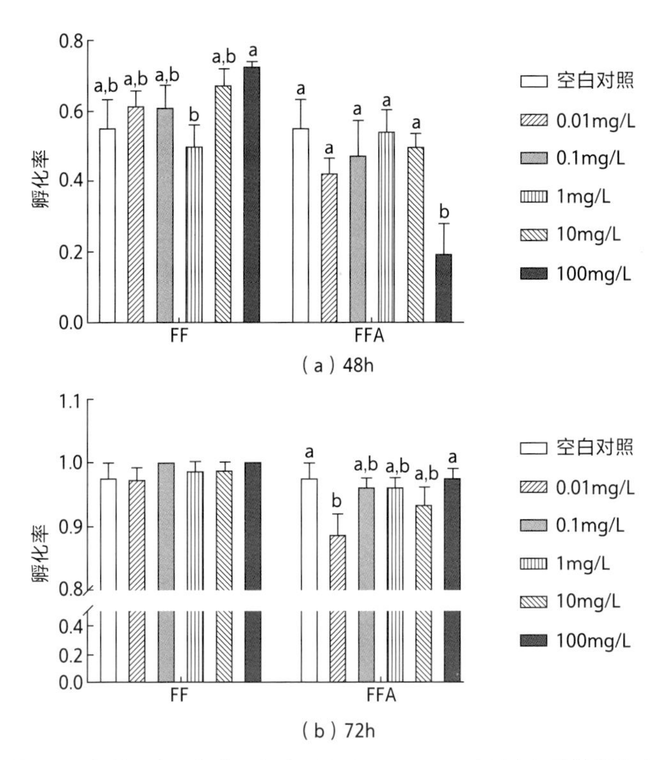

图7-5 氟苯尼考和氟苯尼考胺暴露后48h和72h斑马鱼胚胎的孵化率

FF—氟苯尼考；FFA—氟苯尼考胺；a，b—是否存在显著性

分别在暴露后不同时间内统计斑马鱼仔鱼的心率变化，随着暴露时间的延长，各浓度组仔鱼的心率下降。与对照组相比，药物暴露后72h和96h斑马鱼仔鱼的

心率明显增加，说明影响更明显；120h心率略有下降，说明随着时间的延长，FF和FFA对斑马鱼心脏发育的影响减弱。

为进一步探究药物对斑马鱼发育的影响，对暴露后120h斑马鱼仔鱼的体长及发育畸形情况（主要为鱼鳔缺失）进行统计分析（见图7-6）。FFA会减少鱼鳔缺失发生的比例，且在0.1mg/L的浓度下引起斑马鱼体长变短。而FF则会略微增加鱼鳔缺失发生的比例，但无显著性差异。

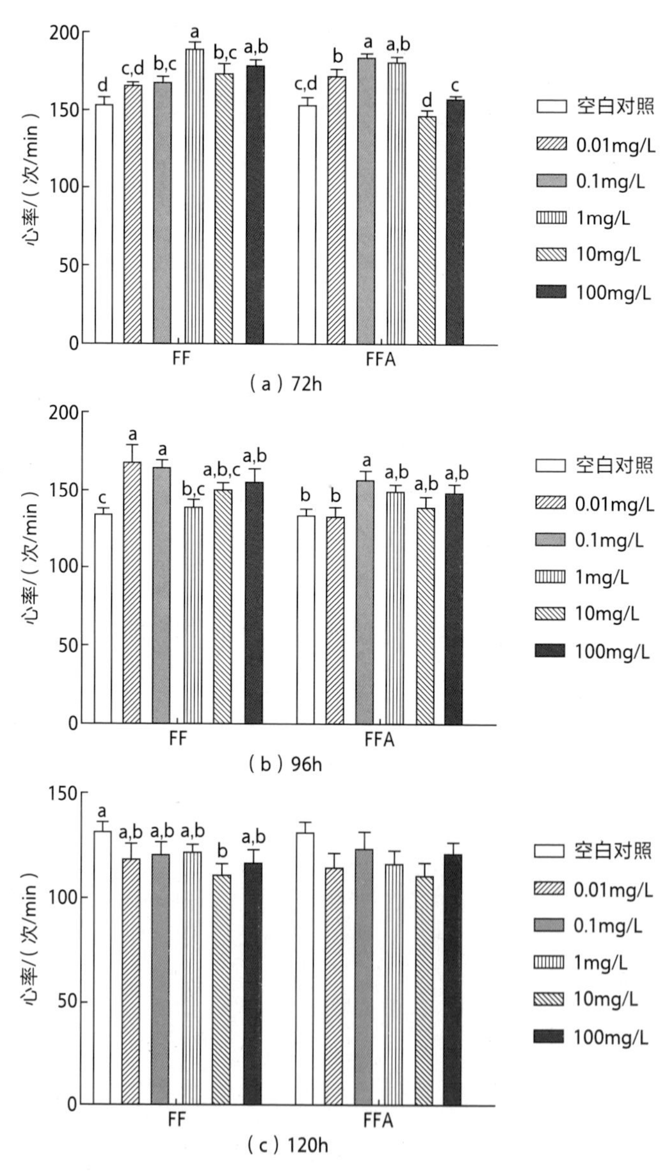

图7-6 氟苯尼考和氟苯尼考胺暴露后72h、96h和120h斑马鱼仔鱼的心率

2.对氧化应激的影响

基于以上对斑马鱼胚胎发育的形态学观察结果，为探究两种药物影响斑马鱼胚胎发育的内在机制，测定了氧化应激相关指标。如图7-7所示，与对照组相比，经过药物暴露120h后处理组均会对斑马鱼胚胎的氧化应激产生影响。CAT活性在100mg/L FF处理下呈现显著降低的趋势，而FFA处理组则在1mg/L的浓度下显著增加。MDA含量在FF处理后显著增加，而FFA处理后未出现显著变化。GSH的活性均出现显著增加，其中1mg/L为显著变化剂量点（见图7-7）。根据实验结果，选取0.1mg/L、100mg/L为主要考察剂量，利用DCFH-DA荧光探针测定斑马鱼仔鱼体内的活性氧含量。与对照组相比，药物处理后斑马鱼体内ROS含量增加，但两种药物对该指标的影响差异较小（见图7-8）。综合以上结果，FF对斑马鱼体内氧化应激的影响大于FFA。

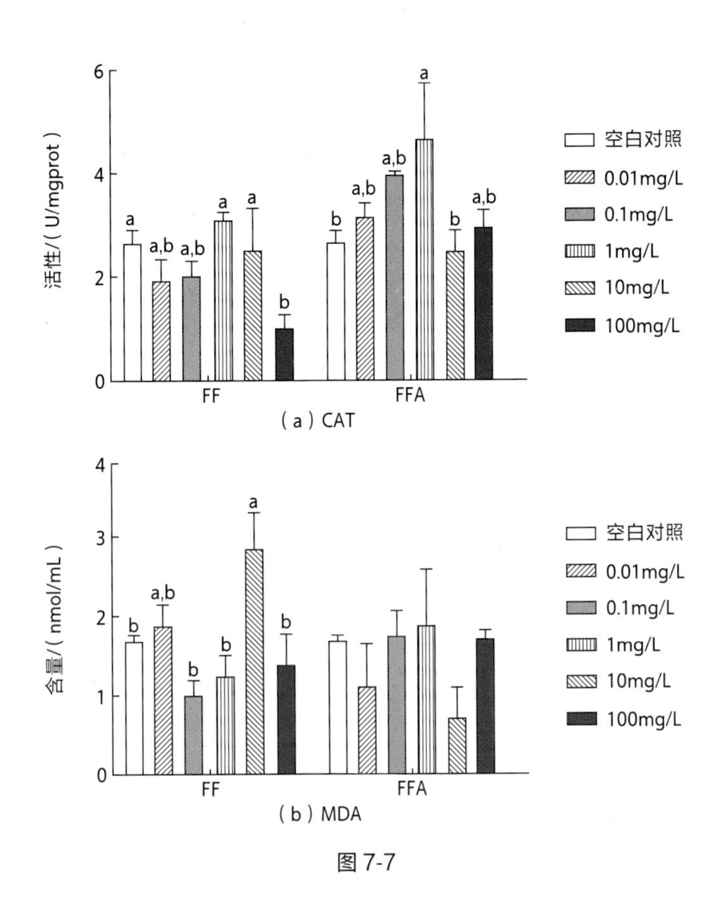

图7-7

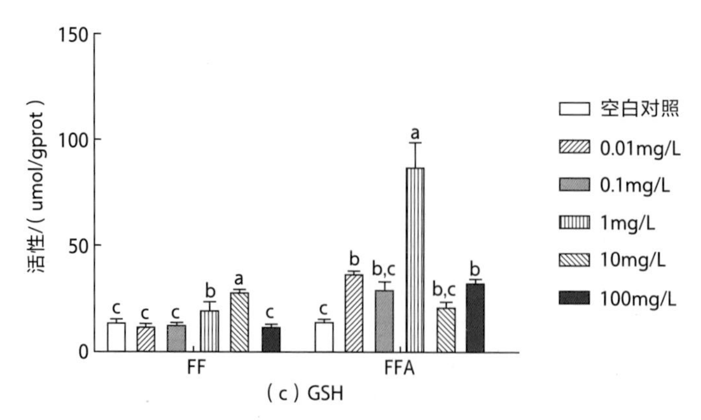

图 7-7　氟苯尼考和氟苯尼考胺对斑马鱼的 CAT、MDA 和 GSH 指标的影响

a、b、c—显著性差异分析

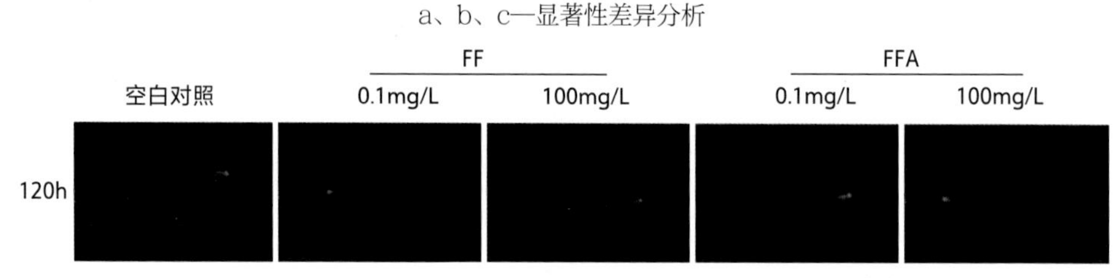

图 7-8　氟苯尼考和氟苯尼考胺对斑马鱼体内 ROS 含量的影响（图像放大倍数为 32 倍）

FF—氟苯尼考；FFA—氟苯尼考胺

3.细胞凋亡

为进一步研究氧化还原系统被破坏对斑马鱼胚胎细胞凋亡的影响，采用AO染色和JC-1染色开展凋亡染色成像实验，结果发现FF和FFA均会诱导斑马鱼体内产生不同程度的细胞凋亡（见图7-9）。从线粒体膜电位的染色结果来看，暴露后96h绿色荧光转变增加，且FF处理下发生转变的程度大于FFA处理（见图7-10）。但在暴露后120h，被染色的部位主要集中在肠道，这可能与受精后第5

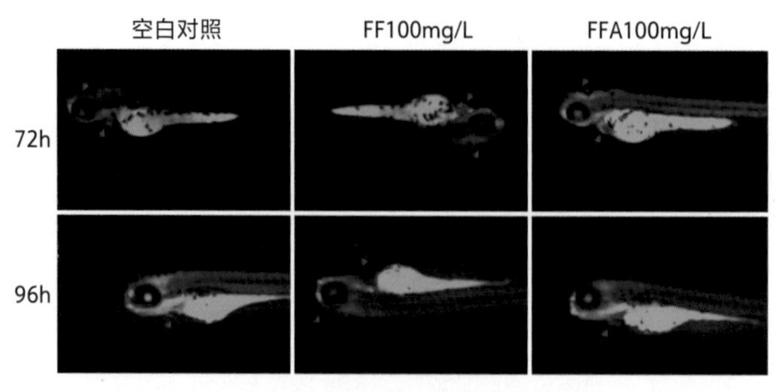

图 7-9　不同暴露时间点的斑马鱼胚胎 AO 染色图像（图像放大倍数为 50 倍）

FF—氟苯尼考；FFA—氟苯尼考胺

天斑马鱼进入开口期有关。AO染色结果与JC-1染色结果一致，其结果表明，药物处理组会诱导斑马鱼体内发生凋亡，且主要集中于心脏和脑部。综上，FF及FFA均会诱导斑马鱼体内发生不同程度的细胞凋亡。

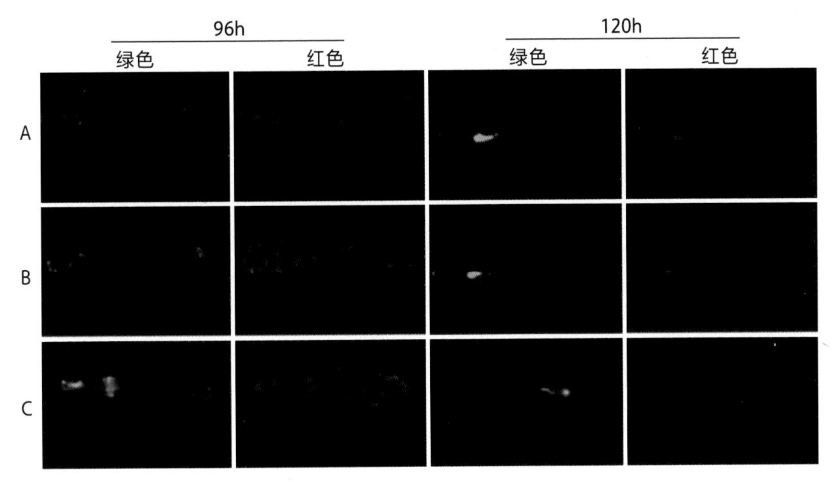

图7-10 氟苯尼考和氟苯尼考胺对斑马鱼线粒体膜电位的影响（图像放大倍数为32倍）

A—对照组；B—FF100mg/L；C—FFA100mg/L

氧化应激是机体一旦接触外源性化合物后，所引起的氧化/抗氧化系统失衡现象。ROS含量的增加会引起生物大分子损伤（如蛋白质、脂质和脱氧核酸），甚至是更为严重的损害。根据文献报道，氟苯尼考增加了肉鸡血清和肝脏组织中的MDA含量，但降低了GSH、超氧化物歧化酶（SOD）和CAT的活性。本书发现，经过氟苯尼考和氟苯尼考胺处理后，斑马鱼体内出现了ROS含量的积累。

抗氧化酶（如GSH和CAT等）在保护机体免受ROS所引起的损害方面发挥着重要的作用。本实验中GSH的活性增加，CAT的活性呈现低剂量诱导而高剂量抑制的变化趋势，说明斑马鱼体内的抗氧化系统被充分调动，并且FFA所引起的抗氧化反应水平高于FF。另外，FF会引起MDA含量的显著增加，说明其诱导的氧化应激引发了脂质损伤，而代谢物FFA诱导的氧化应激损伤是可逆的。上述结果与现有的文献一致，例如氟苯尼考会抑制三疣梭子蟹的解毒功能，引起欧洲鲈鱼体内的SOD、CAT活性和MDA含量升高。

斑马鱼体内发生氧化应激后会诱发进一步的损害。这些损害反应可以通过形态学观察得到，如利用斑马鱼的死亡率、形态学异常和运动行为等指标可以反映药物暴露所产生的毒性效应。根据形态学观察结果，FF和FFA对斑马鱼胚胎的孵化率和仔鱼的心率产生了不同程度的影响。与FFA处理相比，FF处理暴露后48h，斑马鱼胚胎的孵化率出现显著降低的剂量点更低，暴露后72h和96h所引起的心率增加的幅度更大。对于畸形情况，FFA会引起斑马鱼体长变短，FF则对鱼鳔缺失有影响。上述形态学变化可能是由氧化应激引起的。有研究表明，氟苯尼考可通过抑制Nrf2-ARE途径中相关因子的表达来促进雏鸡的氧化应激反应。Nrf2信号通路作为一种应激补偿机制被激活，而该抗氧化通路Nrf2-Keap1的紊乱，会导致斑马鱼胚胎存活率下降。

氧化应激与细胞凋亡之间存在着密不可分的联系。机体内活性氧的积累和对抗氧化剂的抑制，加剧了氧化应激，从而诱导细胞凋亡的产生。AO染色结果表明，FF和FFA均会诱导凋亡的产生，主要集中于心脏和脑部。这两个部位是斑马鱼体内毒性发挥作用的重要场所。在调控细胞凋亡的过程中，线粒体发挥着重要的作用。线粒体为斑马鱼的胚胎发育提供能量，线粒体功能受损会造成能量代谢紊乱、细胞凋亡和氧化损伤。本书JC-1染色的结果表明，两种化合物均降低了斑马鱼的线粒体膜电位，引发了线粒体功能损伤。这与之前报道的氟苯尼考对细胞线粒体功能的影响结果一致。

FF和FFA具有结构相似性，含氟取代基的化合物更易在生物体内积累，在较低剂量水平下呈现出较高的生物积累潜力。但由于氨基基团的存在，FFA的性质有所不同。根据文献报道，氟苯尼考在鲫鱼肝脏组织中的残留时间长于氟苯尼考胺，该现象与化合物需要被吸收和分布到各个组织系统中才能生物转化为代谢物有关，这说明氟苯尼考胺更容易在生物体内发生代谢和生物转化。化学结构上的区别是导致氟苯尼考及其主要代谢物氟苯尼考胺毒性差异的重要原因。

四、结论

氟苯尼考和氟苯尼考胺均会影响斑马鱼胚胎孵化率、仔鱼心率，前者主要影响鱼鳔发育、后者会导致体长变短；二者均会破坏胚胎体内的抗氧化系统，主要表现为ROS和MDA含量增加CAT活性降低，GSH活性增加；此外，二者均会诱导斑马鱼体内产生细胞凋亡，且主要集中于心脏和脑部。研究表明，氟苯尼考和氟苯尼考胺均会影响斑马鱼胚胎的发育，其作用机制与氧化应激和细胞凋亡相关，但二者所引起氧化应激的程度有所不同，氟苯尼考的毒性效应程度大于其代谢物氟苯尼考胺。

第三节　农药对斑马鱼仔鱼联合毒性效应

一、试验思路

郭东梅在《4种农药复合污染对斑马鱼仔鱼联合毒性效应》为探明农药混合污染对斑马鱼的联合毒性效应，以斑马鱼仔鱼为研究对象，研究了氯氰菊酯、马拉硫磷、杀螟硫磷和咪鲜胺对斑马鱼仔鱼的急性毒性，以及4种农药的二元、三元和多元复合污染对斑马鱼仔鱼的联合毒性效应，以期为复合污染的生态毒理学评估提供一定的毒理学数据。

二、方法

单一农药对斑马鱼仔鱼染毒试验：将氯氰菊酯、马拉硫磷、杀螟硫磷和咪鲜胺母液分别用实验室的曝氧水以1.5倍浓度梯度间隔稀释成一系列梯度溶液。采用24孔细胞培养板，每孔加入2.5mL测试溶液，并移入一个发育正常的仔鱼。以稀释水为空白对照组，1个24孔板为1个重复，每个浓度设3次重复。为了防止溶液挥发，测试的24孔细胞培养板用胶带密封。染毒期间，仔鱼放入温度为（26±1）℃、光暗比为14h ：10h的恒温培养箱中。在染毒试验期间，仔鱼不被喂养。为了确保试验期间药剂浓度不变，每隔24h更换药液一次，并于染毒后的24h、48h、72h和96h观察仔鱼死亡数。在显微镜下观察，仔鱼无心跳被判断为死亡。氯氰菊酯、马拉硫磷、杀螟硫磷和咪鲜胺的二元、三元及多元混合污染对斑马鱼仔鱼的联合毒性测试，依据单一农药对斑马鱼仔鱼96h-LC_{50}值为一个毒性单位，按照等毒比（1：1）进行混合配制。混合农药用实验室的曝氧水以1.5倍浓度梯度间隔稀释成一系列梯度溶液。

三、讨论

斑马鱼的不同生命阶段（胚胎、仔鱼、幼鱼和成鱼）均可以用来开展毒理学研究，但斑马鱼早期生命阶段（胚胎和仔鱼）对污染物的敏感性要高于其他生命阶段（成年和幼鱼）。本研究中，斑马鱼仔鱼在染毒24h、48h、72h和96h时，各污染物对斑马鱼毒性次序为氯氰菊酯>咪鲜胺>杀螟硫磷>马拉硫磷。Bradbury和Coats报道了在相同浓度下，拟除虫菊酯类农药对鱼的毒性是对哺乳动物和鸟类的约1000倍。拟除虫菊酯类农药氯氰菊酯对鱼类具有高毒性，一方面是由于鱼鳃对农药有较高的吸收率和缓慢的水解率，另一方面是鱼的神经系统对这些农药有超敏感性。在真实的生态环境中，农药污染物并不是以单体的形式存在，而是以混合污染物形式共同存在，较多的研究主要集中在单一污染物毒理效应方面。采用单一污染物进行的毒性研究可能会低估在复杂的混合污染环境中的毒性效应，混合污染物可能产生复杂的联合毒性效应。

在本研究中，氯氰菊酯和有机磷类农药复合污染（氯氰菊酯+马拉硫磷、氯氰菊酯+杀螟硫磷）相比于其他几种二元农药的联合作用表现出更强烈的协同作用，可能是由于有机磷类农药和拟除虫菊酯类农药混合共存时，有机磷类农药能与单加氧酶结合，导致分子的活化通过与单加氧酶结合，防止了拟除虫菊酯类农药的降解。二元农药混合污染（氯氰菊酯+杀螟硫磷、氯氰菊酯+马拉硫磷、氯氰菊酯+咪鲜胺和杀螟硫磷+咪鲜胺）对斑马鱼仔鱼联合作用也均表现为协同作用。在水生态系统中这些污染物共同存在时，污染物对水生生物的毒性效应可能增加。Liu等开展了西草净、除草定、环嗪酮、多果定、甲霜灵和残杀威6种农药的二元复合污染对小球藻和发光细菌的毒性研究，采用浓度相加（CA）模型作为参考模型，8种二元农药混合污染对发光细菌联合作用表现协同作用，4种二元农药混合污染对小球藻联合作用表现为拮抗作用。也有研究表明，灭多威和辛硫磷对罗非鱼的联合毒性作用表现为协同作用。

在笔者的研究中，所有三元农药（氯氰菊酯+马拉硫磷+杀螟硫磷、氯氰菊酯+马拉硫磷+咪鲜胺、马拉硫磷+杀螟硫磷+咪鲜胺和咪鲜胺+氯氰菊酯+杀螟硫磷）和四元农药（氯氰菊酯+马拉硫磷+杀螟硫磷+咪鲜胺）混合污染对斑马鱼仔鱼联合作用均表现为协同作用。Wang等研究了氯氟氰菊酯、毒死蜱和辛硫磷3种杀虫剂和乙草胺的多元混合污染对陆栖生物蚯蚓的联合毒性，结果表明大多数三元和四元农药混合暴露对蚯蚓的联合毒性作用均表现协同作用。在真实的生态环境中，农药复合污染的联合毒性作用不仅与污染物的组成和浓度有关，还与测试系统和染毒时间等多种因素有关，可以说是一个很复杂的问题。当多种农药残留污染共同作用时对水生生物可能产生复杂的联合毒性效应。

四、结论

1. 单一农药对斑马鱼仔鱼的毒性效应

表7-1列出了单一农药氯氰菊酯、杀螟硫磷、马拉硫磷和咪鲜胺对斑马鱼仔鱼

的LC_{50}值。在染毒24h、48h、72h和96h时，4种农药对仔鱼的致死作用都存在一定的时间-剂量效应关系，并且每种农药的LC_{50}值随着暴露时间的延长呈逐渐降低的趋势。氯氰菊酯对斑马鱼仔鱼的毒性最高，属于高等毒性，其96h-LC_{50}值为0.12mg/L。马拉硫磷对斑马鱼仔鱼的毒性最低，属于低等毒性，其96h-LC_{50}值为17.88mg/L。在96h时，氯氰菊酯对斑马鱼仔鱼的毒性是马拉硫磷毒性的149倍。各污染物对斑马鱼仔鱼毒性次序为氯氰菊酯>咪鲜胺>杀螟硫磷>马拉硫磷。

表7-1 单一农药对斑马鱼仔鱼的LC_{50}值

农药	暴露时间/h	毒力回归方程	R^2	LC_{50}（95%置信区间）/(mg/L)
氯氰菊酯	24	y=4.9991+2.8384x	0.8416	1.00（0.70～1.72）
	48	y=5.7697+1.9924x	0.8154	0.41（0.24～0.64）
	72	y=6.8575+3.0784x	0.9343	0.25（0.12～0.36）
	96	y=8.9405+4.1987x	0.9413	0.12（0.087～0.18）
马拉硫磷	24	y=−2.3932+4.9896x	0.9055	30.32（22.26～37.13）
	48	y=−7.5344+9.4373x	0.8250	21.29（10.031～27.12）
	72	y=−8.9030+10.9554x	0.8783	18.58（11.37～21.89）
	96	y=−10.3539+12.2593x	0.8752	17.88（10.18～21.22）
杀螟硫磷	24	y=−7.3478+10.2682x	0.9386	15.94（11.47～18.39）
	48	y=−7.3478+10.2682x	0.9386	15.94（11.47～18.39）
	72	y=−5.6318+9.7273x	0.8789	13.68（8.42～16.28）
	96	y=−5.6318+9.7273x	0.8789	12.39（8.59～14.43）
咪鲜胺	24	y=−2.2873+7.7813x	0.8955	2.23（1.86～3.46）
	48	y=2.3079+8.0971x	0.9086	2.15（1.81～3.21）
	72	y=3.2390+7.7815x	0.9653	1.68（1.43～2.08）
	96	y=3.9057+6.7829x	0.9508	1.45（1.16～1.73）

注：( )里数字表示95%置信值；( )外数字表示LC_{50}值；后面同上。

2. 二元及多元农药混合污染对斑马鱼仔鱼毒性效应

氯氰菊酯、杀螟硫磷、马拉硫磷和咪鲜胺的二元及多元混合污染联合毒性效应如表7-2～表7-7所列。根据单一农药对斑马鱼仔鱼96h-LC_{50}的值，采用等毒性配比（1∶1）研究了二元、三元和多元农药复合污染对斑马鱼仔鱼的联合毒性效应。在染毒24h、48h、72h和96h时，二元农药混合污染（氯氰菊酯+马拉硫磷、氯氰菊酯+杀螟硫磷和氯氰菊酯+咪鲜胺）对斑马鱼仔鱼的联合毒性均表现为协同作用。氯氰菊酯+马拉硫磷二元联合暴露对斑马鱼仔鱼在24h、48h、72h和96h的联合毒性相加指数分别为3.10、2.13、2.09和1.96，然而随着暴露时间的延长这种协同作用逐渐减弱。杀螟硫磷+咪鲜胺二元农药混合污染对斑马鱼仔鱼在24h、48h、72h和96h的联合毒性相加指数分别为0.89、1.13、1.86和2.03，联合毒性作用表现为协同作用，并且随着暴露时间的延长协同作用增强。杀螟硫磷+马拉硫磷对斑马鱼仔鱼的二元联合暴露在24h、48h、72和96h的相加指数分别为0.27、0.06、0.05和0.12，这两种农药的联合暴露对斑马鱼仔鱼在24h的联合毒性表现为协同作用，在48h、72h和96h时联合毒性表现为相加作用。马拉硫磷+咪鲜胺二元农药对斑马鱼仔鱼在24h、48h、72h和96h的联合毒性相加指数分别为-1.19、-1.38、-1.86和-1.14，联合毒性作用表现为拮抗作用。

表7-2　氯氰菊酯、马拉硫磷和杀螟硫磷对斑马鱼仔鱼联合毒性

暴露时间/h	LC_{50}（95%置信区间）/（mg/L）			相加指数（AI）	联合作用
	氯氰菊酯	马拉硫磷	杀螟硫磷		
24	0.014（0.011～0.19）	6.99（5.63～9.17）		3.1	协同作用
48	0.012（0.010～0.015）	6.11（4.95～7.43）		2.13	协同作用
72	0.011（0.0077～0.013）	5.20（3.84～6.38）		2.09	协同作用
96	0.0093（0.0064～0.011）	4.63（3.17～5.63）		1.96	协同作用
24	0.014（0.011～0.017）		6.99（5.63～9.17）	1.2	协同作用
48	0.010（0.0075～0.012）		6.11（4.95～7.43）	1.48	协同作用
72	0.076（0.0038～0.0096）		5.20（3.84～6.38）	0.46	协同作用
96	0.0072（0.0031～0.0094）		4.63（3.17～5.63）	1.33	协同作用

注：（）内数字为浓度范围，下同

表7-3　氯氰菊酯、咪鲜胺和马拉硫磷对斑马鱼仔鱼联合毒性

暴露时间/h	LC_{50}（95%置信区间）/（mg/L）			相加指数（AI）	联合作用
	氯氰菊酯	咪鲜胺	马拉硫磷		
24	0.037（0.031～0.052）	1.50（1.25～2.11）		0.41	协同作用
48	0.018（0.012～0.0022）	0.70（0.50～0.87）		1.67	协同作用
72	0.013（0.0082～0.016）	0.53（0.33～0.64）		1.69	协同作用
96	0.010（0.0074～0.012）	0.42（0.30～0.47）		1.68	协同作用
24		2.56（2.10～3.11）	31（26.55～41.64）	-1.19	拮抗作用
48		2.27（1.78～2.65）	28（21.94～32.63）	-1.38	拮抗作用
72		2.27（1.78～2.65）	28（21.94～32.63）	-1.86	拮抗作用
96		1.55（0.74～2.06）	19.1（9.09～25.41）	-1.14	拮抗作用

表 7-4　马拉硫磷、杀螟硫磷和咪鲜胺对斑马鱼仔鱼联合毒性

暴露时间 /h	LC_{50}（95% 置信区间）/（mg/L）			相加指数（AI）	联合作用
	马拉硫磷	杀螟硫磷	咪鲜胺		
24	7.18（6.20～9.00）	10.36（8.95～12.99）		0.27	协同作用
48	7.18（6.20～9.00）	10.36（8.95～12.99）		0.06	相加作用
72	6.92（5.94～8.47）	9.99（8.57～12.22）		0.05	相加作用
96	6.92（5.94～8.47）	9.99（8.57～12.22）		0.12	相加作用
24		4.62（3.76～8.68）	0.54（0.44～1.02）	0.89	协同作用
48		3.99（3.23～8.68）	0.47（0.38～0.70）	1.13	协同作用
72		2.49（1.64～3.20）	0.29（0.19～0.37）	1.86	协同作用
96		1.99（1.16～2.57）	0.25（0.17～0.31）	2.03	协同作用

表 7-5　氯氰菊酯、马拉硫磷、杀螟硫磷和咪鲜胺混合污对斑马鱼仔鱼联合毒性

暴露时间 /h	LC_{50}/（mg/L）				相加指数（AI）	联合作用
	氯氰菊酯	马拉硫磷	杀螟硫磷	咪鲜胺		
24	0.034	1.71	1.18		6.52	协同作用
48	0.031	1.52	1.05		3.69	协同作用
72	0.028	1.41	0.98		5.54	协同作用
96	0.027	1.36	0.94		4.71	协同作用
24	0.005	2.47		0.2	4.56	协同作用
48	0.005	2.47		0.2	3.35	协同作用
72	0.0048	2.37		0.19	2.85	协同作用
96	0.0048	2.37		0.19	2.33	协同作用

表 7-6　马拉硫磷、杀螟硫磷、咪鲜胺和氯氰菊酯混合污染对斑马鱼仔鱼联合毒性

暴露时间 /h	LC_{50}/（mg/L）				相加指数（AI）	联合作用
	马拉硫磷	杀螟硫磷	咪鲜胺	氯氰菊酯		
24	2.51	1.74	0.2		2.57	协同作用
48	2.28	1.58	0.18		2.45	协同作用
72	2.05	1.42	0.17		2.23	协同作用

续表

暴露时间 /h	LC_{50}/（mg/L）				相加指数（AI）	联合作用
	马拉硫磷	杀螟硫磷	咪鲜胺	氯氟菊酯		
96	1.97	1.37	0.16		2.03	协同作用
24		2	0.23	0.0058	3.17	协同作用
48		1.57	0.18	0.0046	4.26	协同作用
72		1.45	0.17	0.0042	6.14	协同作用
96		1.67	0.14	0.0034	2.84	协同作用

表 7-7 四元农药混合污染对斑马鱼仔鱼联合毒性

暴露时间 /h	LC_{50}/（mg/L）				相加指数（AI）	联合作用
	氯氟菊酯	马拉硫磷	杀螟硫磷	咪鲜胺		
24	0.0027	0.9	1.32	0.15	3.55	协同作用
48	0.0024	0.62	0.12	0.13	3.76	协同作用
72	0.0038	0.32	0.91	0.11	3.55	协同作用
96	0.0033	1.21	0.84	0.098	3.35	协同作用

三元农药氯氰菊酯+马拉硫磷+杀螟硫磷对斑马鱼仔鱼在24h、48h、72h和96h的联合毒性相加指数分别为6.52、3.69、5.54和4.71，联合毒性表现为协同作用；氯氰菊酯+马拉硫磷+咪鲜胺对斑马鱼仔鱼在24h、48h、72h和96h的联合毒性相加指数分别为4.56、3.35、2.85和2.33，联合毒性表现为协同作用，随着暴露时间的延长这种协同作用逐渐减弱。马拉硫磷+杀螟硫磷+咪鲜胺对斑马鱼仔鱼在24h、48h、72h和96h的联合毒性相加指数分别为2.57、2.45、2.23和2.03，联合毒性表现为协同作用，随着暴露时间的延长这种协同作用逐渐减弱。咪鲜胺+氯氰菊酯+杀螟硫磷对斑马鱼仔鱼在24h、48h、72h和96h的联合毒性相加指数分别为3.17、4.26、6.14和2.84，联合毒性表现为协同作用。氯氰菊酯+马拉硫磷+杀螟硫磷+咪鲜胺四元农药复合污染对斑马鱼仔鱼在24h、48h、72h和96h的相加指数分别为3.55、3.76、3.55和3.35，联合毒性均表现为协同作用。

第四节　斑马鱼胚胎肝损伤模型构建及脱毒效应测试

一、试验思路

对斑马鱼胚胎通过肝脏组织病理学检查，进一步证明黄曲霉毒素B1和其代谢产物黄曲霉毒素M1（AFM1）引发的肝毒性，同时通过吖啶橙染色和油红染色分别对肝细胞凋亡和脂质蓄积情况进行了评估。通过脂肪酸代谢合成酶FAS和脂蛋白脂酶LPL的测定对脂质代谢的影响进行分析。并通过转录组分析和荧光定量PCR技术探究AFB1和AFM1诱导的肝毒性机理。

二、方法

AFB1的染毒剂量设置为5μg/L、25μg/L、75μg/L；AFM1的染毒剂量设置为50μg/L、250μg/L、750μg/L，胚胎分别暴露于6mL染毒液中，避光培养120h，每日及时移除胎膜和死亡胚胎。暴露120h后将斑马鱼幼鱼样本收集于冻存管中，吸干水分，加入100μL 4%多聚甲醛固定液，于室温下将幼鱼固定48h。

1. 油红染色样本采集

对于油红染色试验，每个处理随机选取30枚幼鱼，总共3个平行。在暴露120h后将斑马鱼幼鱼洗涤2～3次，移入冻存管中并吸干水分，之后加入100μL 4%多聚甲醛固定液，于4℃固定一夜（12h）。

2. 吖啶橙染色试验样本采集

对于吖啶橙染色试验，每个处理随机选取10枚幼鱼，共3个平行。在暴露120h后采集幼鱼样本，于恒温培养水中洗涤2～3次，之后收集于培养皿中，在试验前保持幼鱼处于实验的环境条件下且处于存活状态。

3. 苏木精–伊红染色法检测肝脏组织病理学

利用苏木精-伊红染色法对斑马鱼幼鱼进行肝脏组织病理学分析。从4%多聚甲醛中取出固定好的斑马鱼幼鱼样本，制备成5μm厚度的石蜡切片。将石蜡切片依次放入二甲苯Ⅰ和二甲苯Ⅱ中脱蜡处理各10min，然后在无水乙醇Ⅰ、无水乙醇Ⅱ，95%、90%、80%、70%的酒精中依次处理5min，之后用蒸馏水水洗。处理之后，将切片于苏木精中染色5min；之后用1%盐酸乙醇分化，0.6%氨水返蓝；再于伊红染液中染色1min，之后经过脱水和封片处理。最后使用数字玻片扫描仪Pannoramic Scan（3Dhistech公司，匈牙利）扫描切片。

4. 油红染色法测定中性脂肪蓄积

将固定好的幼鱼样本从多聚甲醛中取出。使用PBS冲洗3次左右，然后将幼鱼样本于60%异丙醇溶液中浸润30min，之后将幼鱼样本在新鲜过滤的油红工作液（0.3%油缸，60%异丙醇）中染色3h。染色完成后，将样本浸润于60%异丙醇中，在脱色摇床上缓慢摇晃2min，以洗去样本表面黏附的多余染料；最后，用PBS再次冲洗样本3次，在荧光显微镜下进行观察和拍照。

5. 酶联免疫吸附法测定脂代谢相关酶活性

使用酶联免疫吸附（ELISA）试剂盒（中国南京建成）测定脂肪酸合成酶（FAS）和脂蛋白脂酶（LPL）的活性。每个处理组设定6个生物平行，每个平行选择30枚幼鱼进行酶活性测定。酶活性测定实验操作按照说明书进行。

6. 吖啶橙染色法测定细胞凋亡

使用吖啶橙（AO）染色用于检测斑马鱼幼鱼中细胞凋亡状况。在培养皿中加入5μg/mL吖啶橙染液，然后将斑马鱼幼鱼移入培养皿中，于28.5℃、避光的条件下孵育30min。然后将培养皿中的吖啶橙染液替换为恒温培养水，继续在28.5℃、避光的条件下孵育10min，并使用摇床轻摇培养皿，整个操作重复2次。最后，将胚胎用MS-222麻醉剂进行麻醉，在荧光显微镜下观察细胞凋亡情况。

三、讨论

苏木精-伊红染色用于检查AFB1和AFM1对肝脏组织病理的影响，其中，碱性的苏木精染液可使斑马鱼肝细胞核中的染色质以及细胞质内的核酸被染为紫蓝色，而酸性的伊红染料可将细胞质及胞外基质中的成分染为红色。图7-11展示了对照组以及AFB1和AFM1处理组斑马鱼的肝脏组织状态。

从图7-11中可以看出，在对照组中斑马鱼肝脏组织形态正常，肝细胞排列紧密，轮廓清晰，呈不规则多边形，细胞核位于细胞中央且呈现圆形。与对照组相比，AFB1和AFM1处理的幼鱼存在明显的组织病理学变化。在AFB1和AFM1中剂量组中，肝细胞密度降低，排列稀疏，细胞间隙增大，呈现轻度肿胀。在AFB1高剂量组中，肝细胞明显肿胀、胞浆淡染，细胞间隙显著增大，排列紊乱，呈现重度水肿。而在AFM1高剂量组中，肝细胞可见中度水肿、胞浆淡染，间隙增大，并且局部出现肝细胞排列紊乱。同时随着剂量的增加，可以观察到染毒组幼鱼肝脏脂肪空泡在逐渐增加和增大。上述结果表明，AFB1和AFM1对斑马鱼幼鱼的肝脏形态产生了严重影响。

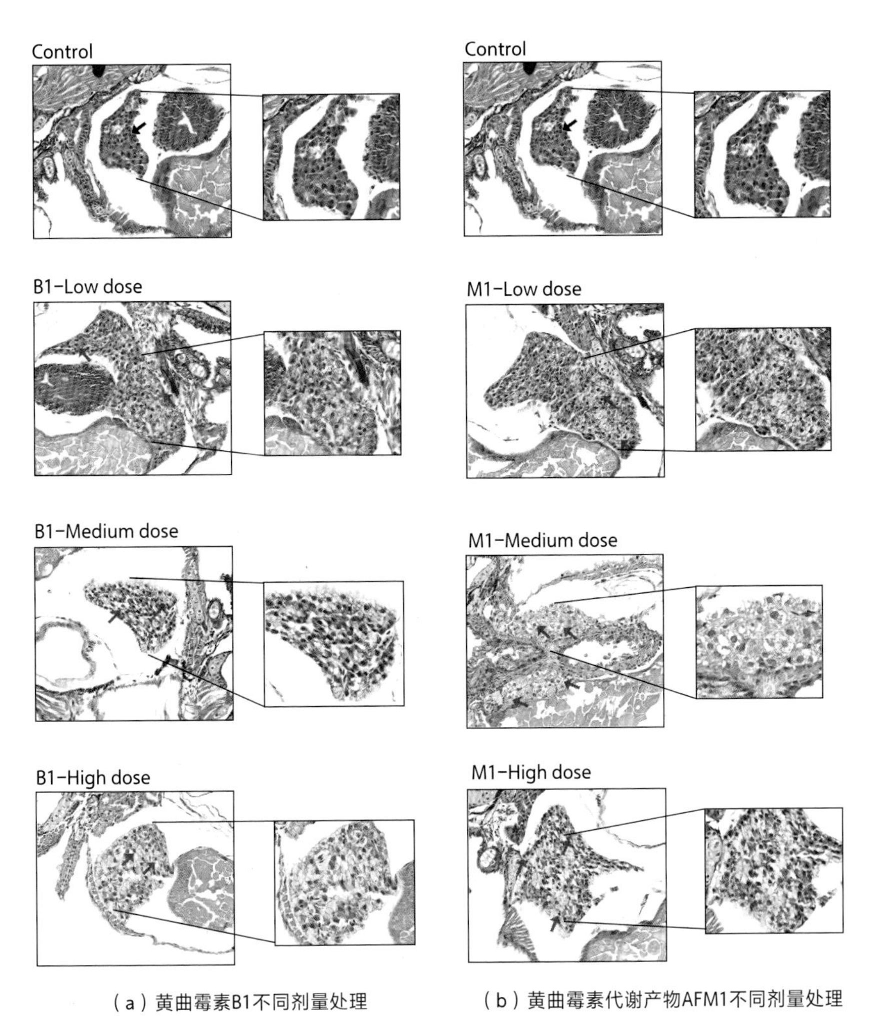

（a）黄曲霉素B1不同剂量处理　　（b）黄曲霉素代谢产物AFM1不同剂量处理

图 7-11　HE 染色图像（40 倍放大倍率）

（正常肝细胞用黑色箭头表示，异常细胞由红色箭头表示）

control—对照；B1-Low dose—黄曲霉毒素B1低剂量；B1-Medium dose—黄曲霉毒素B1中剂量；B1-High dose—黄曲霉毒素B1高剂量；M1-Low dose—黄曲霉毒素AFM1低剂量；M1-Medium dose—黄曲霉毒素AFM1中剂量；M1-High dose—黄曲霉毒素AFM1高剂量

油红（oil red）作为一种脂溶性染料，能在脂肪中被高度溶解，进而使组织内甘油三酯等中性脂质染色。因此，根据斑马鱼幼鱼卵黄囊被油红染色的程度可以测定其中的脂滴积累。利用卵黄囊的平均光密度值（总光密度值/卵黄囊面积）评估卵黄囊中性脂质蓄积情况。如图7-12所示，在所有剂量处理组的平均光密度值均显著增加，这进一步表明从低剂量组AFB1（5μg/L）和AFM1（50μg/L）开始，卵黄囊中就已经出现了中性脂质蓄积，表现为脂肪变性和脂滴积累。同时，随着

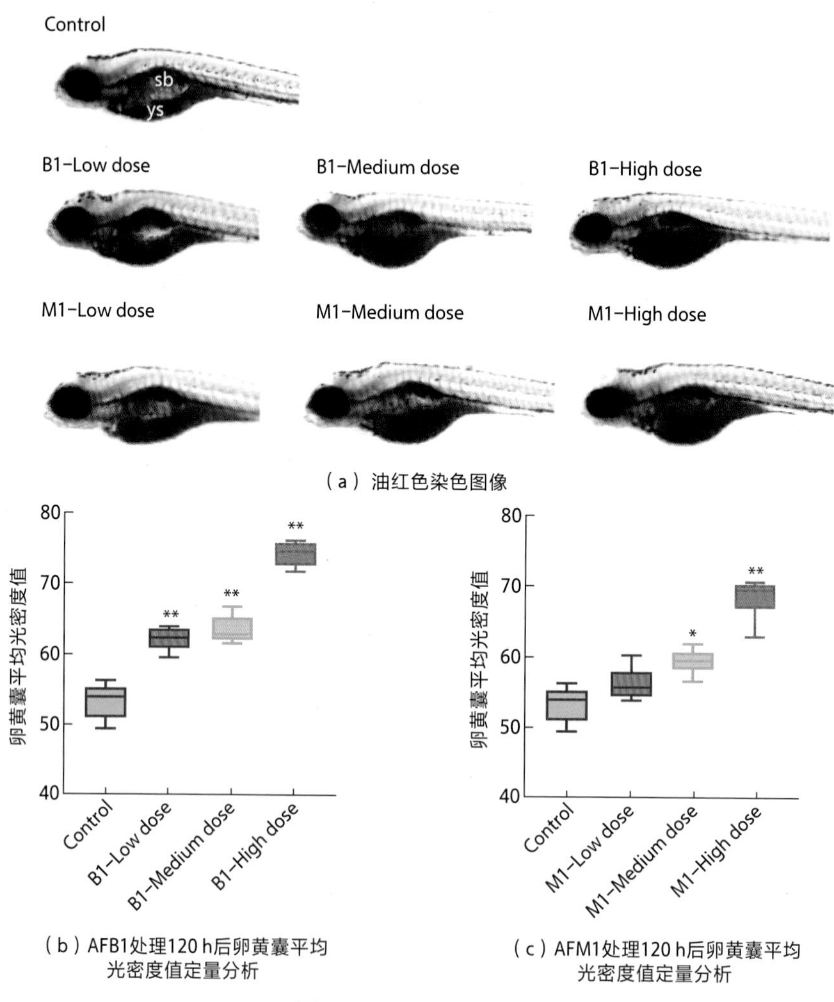

图 7-12　油红 O 染色结果

Control—对照；B1-Low dose—黄曲霉毒素B1低剂量；B1-Medium dose—黄曲霉毒素B1中剂量；B1-High dose—黄曲霉毒素B1高剂量；M1-Low dose—黄曲霉毒素AFM1低剂量；M1-Medium dose—黄曲霉毒素AFM1中剂量；M1-High dose—黄曲霉毒素AFM1高剂量

AFB1和AFM1剂量水平的增加，幼鱼卵黄囊中的脂质积累也在逐渐增加。这表明AFB1和AFM1诱导斑马鱼幼鱼卵黄囊中脂质剂量依赖性的积累。另外，从图中还可以看出，在任何剂量下，AFB1染毒组幼鱼卵黄囊中脂质蓄积都更为严重。

（1）AFB1和AFM1对脂代谢酶活性的影响　图7-13显示了脂肪酸合成酶（FAS）和脂蛋白脂肪酶（LPL）活性的测定结果。结果显示，无论是FAS还是LPL，两种酶的活性在高剂量AFB1处理组（75μg/L）和高剂量AFM1处理组（750μg/L）中均发生了显著变化。其中，在高剂量AFB1和AFM1处理组均观察到FAS活性的上调，分别增至13.09ng/mL±1.85ng/mL和13.03ng/mL±

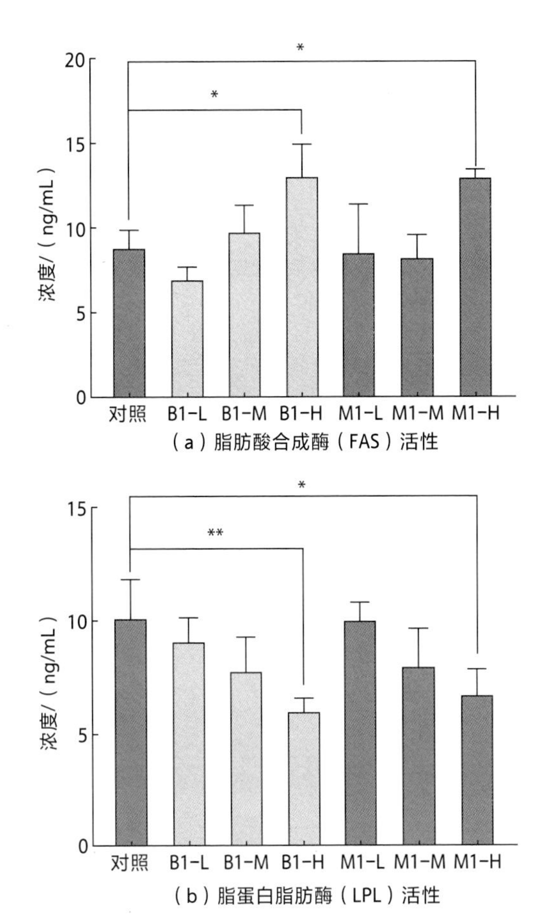

图7-13　AFB1和AFM1处理120h后斑马鱼的脂肪酸合成酶（FAS）活性和脂蛋白脂肪酶（LPL）活性

B1-L—黄曲霉毒素B1低剂量；B1-M—黄曲霉毒素B1中剂量；
B1-H—黄曲霉毒素B1高剂量；M1-L—黄曲霉毒素AFM1低剂量；
M1-M—黄曲霉毒素AFM1中剂量；M1-H—黄曲霉毒素AFM1高剂量

0.41ng/mL［图7-13（a）］。在AFB1和AFM1的高剂量组中，LPL活性则呈现显著降低，分别降低至对照组的约59%和66%。在其他AFB1和AFM1处理组中，尽管LPL活性随着浓度的增加而呈下降趋势，但未发生显著性下调。

（2）AFB1和AFM1引起的细胞凋亡　吖啶橙（acridine orange）是一种荧光色素，与DNA结合时呈现绿色荧光。吖啶橙染料能够穿透细胞膜，使正常细胞的细胞核呈现绿色或黄绿色荧光，而凋亡细胞被染成黄绿色荧光颗粒，在发生炎症的区域会出现此类荧光。在对照组和低剂量组的幼鱼中没有出现明显的黄绿色荧光颗粒，而在AFB1和AFM1的中剂量和高剂量组中，有黄绿色荧光颗粒出现，表明引起了细胞凋亡的产生。根据图7-14中的荧光可以看出，在AFB1和AFM1的中剂量和高剂量组中，凋亡细胞主要集中存在于斑马鱼幼鱼的卵黄囊、肠道和尾部等区域，并且高剂量组中荧光更强，表明凋亡情况更加严重。以上这些结果表明，AFB1和AFM1以剂量依赖的方式诱导幼鱼细胞凋亡，并进一步揭示了暴露引起的炎症反应。除此之外，对比AFB1和AFM1高剂量组的处理染色结果可以发现，AFB1处理组的幼鱼凋亡情况更为严重。

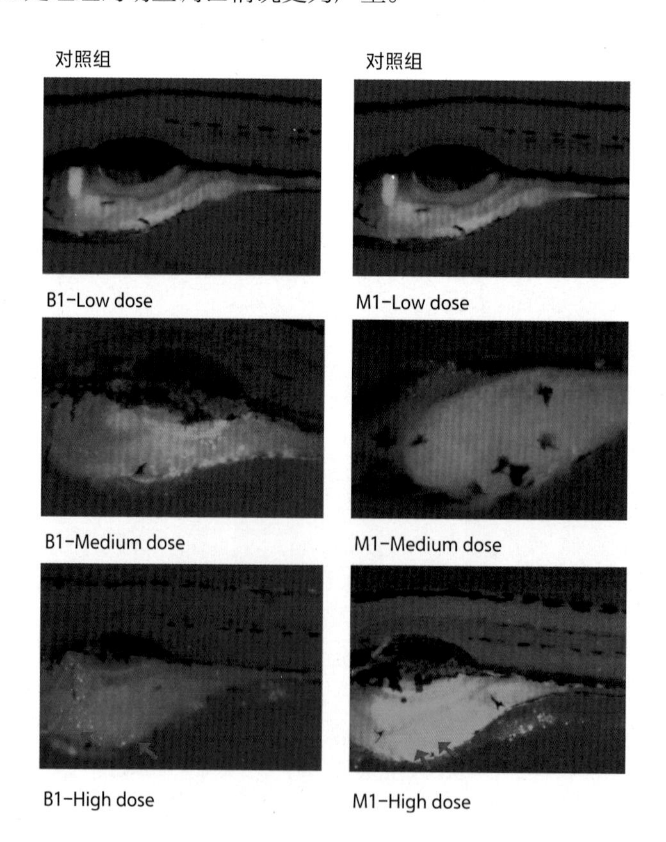

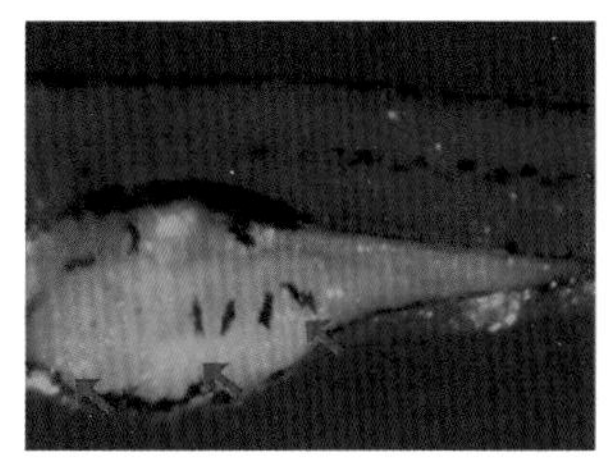

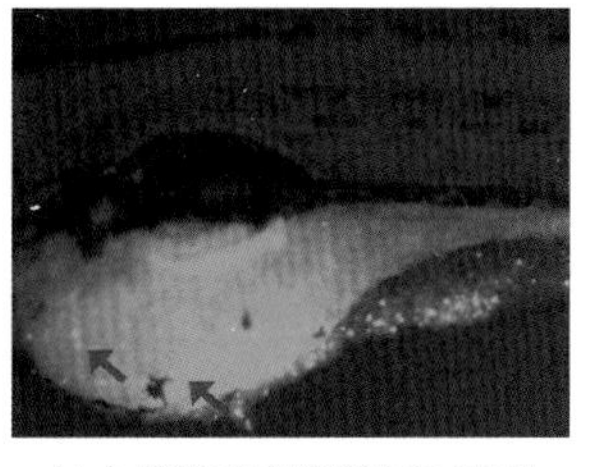

（a）黄曲霉素B1不同剂量处理　（b）黄曲霉素代谢产物AFM1不同剂量处理

图 7-14　吖啶橙染色观察到的细胞凋亡

B1-Low dose—黄曲霉毒素B1低剂量；B1-Medium dose—黄曲霉毒素B1中剂量；B1-High dose—黄曲霉毒素B1高剂量；M1-Low dose—黄曲霉毒素M1低剂量；M1-Medium dose—黄曲霉毒素M1中剂量；M1-High dose—黄曲霉毒素M1高剂量

（3）AFB1和AFM1干扰PPAR通路及脂质转运相关基因表达　通过转录组分析发现，与脂质代谢密切相关的“PPAR信号通路（PPAR signaling pathway）”显著富集，如图7-15所示。AFB1处理组的富集因子远高于AFM1处理组，这表明AFB1暴露组中“PPAR信号通路”受影响更大。然而，无论是在AFB1还是AFM1暴露组中都可以发现PPAR通路中大多数基因的表达水平被下调。此外，脂质转运相关基因的表达水平也发生了很大变化，并且AFB1处理组有更多具有显著变化的基因。因此，PPAR信号通路以及脂质转运相关基因的表达情况需要进一步验证。

为了进一步验证转录组分析结果，通过荧光定量PCR测定了“PPAR信号通路（PPAR signaling pathway）”相关（*cd36*，*fabp1b. 1*，*apoa4a*和*scp2a*）以及“脂质代谢调节（lipid metabolism regulation）”途径相关（*ptgs2a*和*socs3a*）的6种差异表达基因（DEGs）的表达水平。转录组分析和荧光定量PCR的测定结果在表7-8、表7-9和图7-16中给出。这些结果表明，经过验证的mRNA表达水平与转录组分析的结果一致。脂质转运相关基因（*cd36*、*fabp1b. 1*、*apoa4a*和*scp2a*）的表达水平均在AFB1和AFM1处理组呈现出下调趋势。其中。*fabp1b. 1*和*apoa4a*的表达水平均从AFB1和AFM1的中剂量处理时开始呈现显著降低，并在高剂量组持续降低。*scp2a*的表达水平在AFB1的中剂量和高剂量组以及AFM1的高剂量组呈现显著降低。而*cd36*的表达水平仅在AFB1和AFM1的高剂量组显著下调。以上这些基因在AFB1中剂量暴露组（25μg/L）和

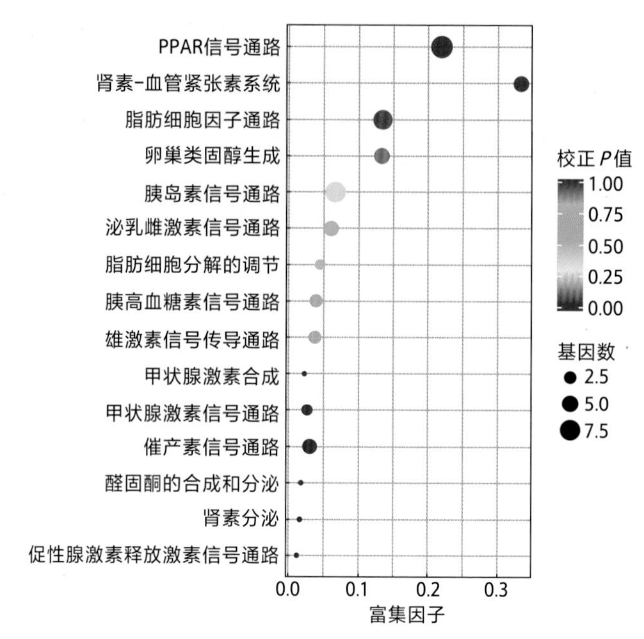

（a）AFB1处理组与对照组

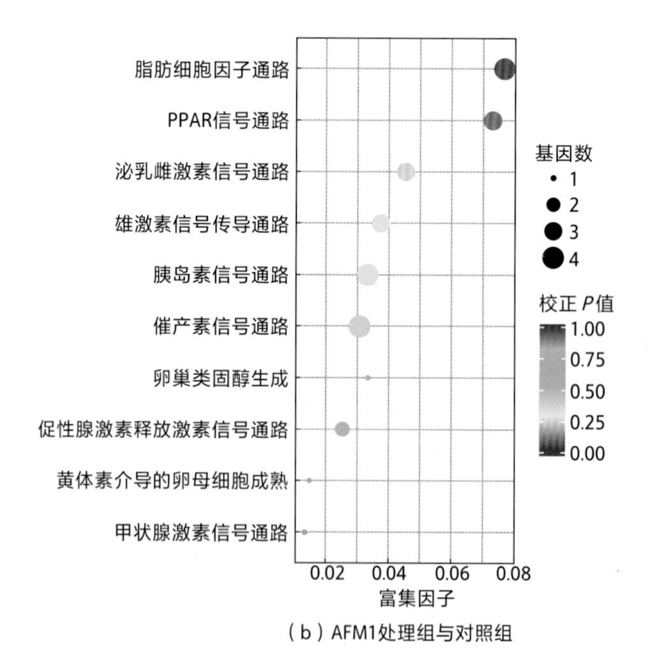

（b）AFM1处理组与对照组

图 7-15 KEGG 通路的气泡图

高剂量暴露组（75μg/L）中的表达分别显著降低至对照组的20%以上和70%以上。而在AFM1暴露组中，这些基因在中剂量（250μg/L）和高剂量（750μg/L）

下调分别超过8%和40%。在这些基因中，*fabp1b.1*的下调幅度最大，在高剂量AFB1暴露组（75μg/L）中下调超过96%，而在高剂量AFM1暴露组（750μg/L）中则下调了88%。

表7-8 AFB1处理组和对照组从转录组分析中鉴定出的差异表达基因（DEGs）结果

基因名称	每千个碱基的转录每百万映射读取的转录本数的平均值/C	每千个碱基的转录每百万映射读取的转录本数的平均值/（AFB1）	差异倍数	*P*值	*q*值	结果
cd36	95.71	10.16	−3.24	6.67×10^{-148}	8.54×10^{-145}	下调
fabp1b.1	1762.12	91.89	−4.26	6.17×10^{-227}	2.63×10^{-223}	下调
fabp2	859.52	50.90	−4.08	0	0	下调
fabp6	449.33	34.51	−3.703	4.61×10^{-110}	3.19×10^{-107}	下调
apoa4a	17.67	4.92	−1.86	6.33×10^{-18}	2.05×10^{-16}	下调
scp2a	97.12	19.49	−2.32	3.85×10^{-181}	8.21×10^{-178}	下调
ptgs2a	20.12	126.28	2.65	2.13×10^{-47}	2.64×10^{-45}	上调
socs3a	25.25	203.89	3.01	7.91×10^{-64}	1.75×10^{-61}	上调

表7-9 AFM1处理组和对照组从转录组分析中鉴定出的差异表达基因（DEGs）结果

基因名称	每千个碱基的转录每百万映射读取的转录本数的平均值/C	每千个碱基的转录每百万映射读取的转录本数的平均值/（AFB1）	差异倍数	*P*值	*q*值	结果
cd36	95.71	45.68	−1.07	3.96×10^{-18}	4.42×10^{-16}	下调
fabp1b.1	1762.12	570.18	−1.63	2.22×10^{-28}	6.85×10^{-26}	下调
fabp2	859.52	327.50	−1.39	2.26×10^{-42}	1.70×10^{-39}	下调
fabp6	449.33	169.39	−1.41	5.72×10^{-30}	2.06×10^{-27}	下调
apoa4a	17.67	7.67	−1.20	2.40×10^{-7}	5.66×10^{-6}	下调
scp2a	97.12	43.63	−1.15	7.56×10^{-26}	1.86×10^{-23}	下调
ptgs2a	20.12	76.8	1.93	6.72×10^{-27}	1.77×10^{-24}	上调
socs3a	25.25	126.61	2.33	1.61×10^{-36}	9.56×10^{-34}	上调

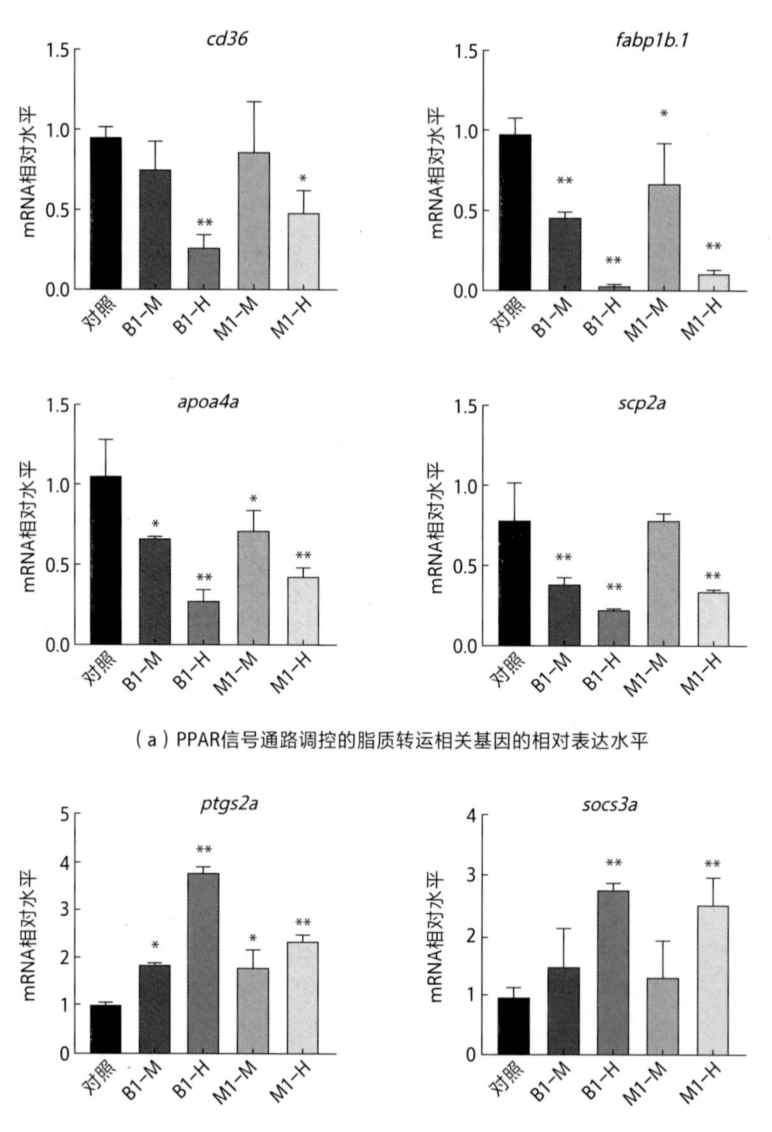

（a）PPAR信号通路调控的脂质转运相关基因的相对表达水平

（b）脂质代谢相关基因的相对表达水平

图 7-16　基因表达水平

脂质代谢相关基因（*ptgs2a*和*socs3a*）的表达水平经过AFB1和AFM1处理后的变化则相反，呈现出上调趋势。*ptgs2a*转录本的表达水平在AFB1和AFM1的中剂量和高剂量组中显著上调，并显示出剂量依赖性模式。*socs3a*的表达水平在高剂量AFB1（75μg/L）和AFM1（750μg/L）暴露组显著提高到对照组的2.89倍和2.65倍。

总之，我们的研究结果证明了AFB1和AFM1暴露确实引起了斑马鱼幼鱼中PPAR信号通路、脂质转运和代谢相关的基因表达改变。因此，在斑马鱼早期发育中PPAR信号通路的激活和脂质转运基因表达水平的改变可能与AFB1和AFM1介导的脂质代谢紊乱和发育迟缓密切相关。

肝脏是生物体内最主要的代谢器官，也是负责各种化学物质解毒的主要场所，因此具有重要的生理作用。同时，肝脏也一直被认为是黄曲霉毒素影响生物体的主要靶器官（Santacroce *et al.*，2008），包括鱼类（Mahfouz *et al.*，2015）。AFB1和AFM1已被证明是潜在的肝脏毒素，可以引起急性和慢性肝损伤（Fan *et al.*，2021）。迄今为止，已有大量针对黄曲霉毒素的肝毒性研究，其中包括了对大鼠（Shen et al.，1995；Qian et al.，2016）、家禽（Rawal et al.，2010；Murugesan et al.，2015）、鱼类（Bechtel et al.，1994）等动物模型和细胞模型的研究，也有包括对人体的流行病学研究，这些研究表明，黄曲霉毒素引起的肝毒性表现为肝脏肿大、脂肪肝、肝炎等症状，更严重的还会引起肝癌。目前，关于黄曲霉毒素引起斑马鱼的肝脏毒性已经有相关报道，但是关于斑马鱼胚胎肝毒性的研究较少。在本研究中利用斑马鱼胚胎开展了黄曲霉毒素的肝毒性研究，发现AFB1和AFM1均引起了斑马鱼胚胎的肝脏毒性。

人类和动物的幼年期被认为是对毒物特别敏感的时期，在发育关键时期因接触毒物而导致的任何健康风险都可能产生终身后果，因此AFB1和AFM1对于斑马鱼胚胎的毒性研究具有重要意义。关于黄曲霉毒素的致毒机理，目前的研究普遍认为与其生物活化直接相关，生物体摄入AFB1之后，经肝脏中的细胞色素P450（CYP450）酶系激活并转化为高活性的毒性产物AFB1-exo-8,9-epoxide（AFBO），这种环氧化物会与细胞中的大分子如DNA、RNA、蛋白质、脂质结合从而产生破坏作用，同时细胞色素P450酶系的激活会引起大量活性氧（ROS）的产生，进而造成肝细胞的损伤和肝脏脂质过度积累（Wang et al.，2016）。另一方面，这种代谢物可以通过谷胱甘肽转移酶（GST）的作用与谷胱甘肽结合进而解毒（Dohnal et al.，2014）。所以，AFB1对于各生物体的毒性取决于Ⅰ期代谢中CYP450代谢酶以及Ⅱ期GST解毒酶的差异。

研究发现，幼年和成年动物对于黄曲霉毒素的敏感性不同，幼体由于发育不全（肝微粒体酶系统、GSH、GST酶活性表达的年龄相关性）以及发育速度较快，因此敏感程度更高，在幼体中黄曲霉毒素会引起更加严重和终身性的后果（Dohnal et al.，2014）。一项关于火鸡的研究发现幼仔对于AFB1更加敏感，与其GST酶的活性较低有关（Klein et al.，2002）。此外，还有研究发现与年长的大鼠相比年幼的大鼠更容易出现AFB1诱导的肝癌（Larsson et al.，1995）。对于猪和鸡等模型的研究也得出了类似的结果（Wang et al.，2018；Voth-gaeddert et al.，2018）。而在本研究中，笔者也发现斑马鱼胚胎对于AFB1和AFM1的暴露比成年斑马鱼更加敏感。在较低剂量下AFB1和AFM1就引起了肝脏组织病理学的改变，以及肝脏毒性相关表型的改变。笔者观察到，在5μg/L AFB1暴露组及50μg/LAFM1暴露组中，斑马鱼胚胎出现了肝细胞轻度水肿和脂肪变性，并且表现出了以卵黄囊吸收延迟为主的肝毒性表型，并且发生率均在10%以上。而在前人关于成年斑马鱼的研究中发现，成年斑马鱼对于黄曲霉毒素暴露并不敏感，即便剂量达到了150μg/L时，在暴露后3个月内斑马鱼的肝脏组织仍然没有观察到显著变化（Lu et al.，2013）。这说明斑马鱼胚胎比成年斑马鱼对黄曲霉毒素更加敏感，而这可能是由于其肝微粒体酶系统以及GSH、GST酶活性在不同发育时期的差异所造成的。

对于AFB1和AFM1暴露后对斑马鱼胚胎造成的肝毒性影响，主要包括两方面，一方面是引起了肝细胞的损伤，另一方面是造成了肝脏脂质蓄积和脂质代谢紊乱。肝细胞损伤是引发肝毒性最主要的因素之一，笔者在所有AFB1（5μg/L、25μg/L、75μg/L）和AFM1（50μg/L、250μg/L、750μg/L）的暴露组中，均观察到了肝细胞的肿胀，并且随着剂量增加，肝细胞的肿胀程度也在逐渐增加。肝细胞肿胀会进一步导致细胞膜成分的释放和随后的细胞膜中重要脂质成分（磷脂）水解，引发细胞凋亡（Zhang et al.，2011；Klein，2000）。在吖啶橙染色实验中也发现AFB1和AFM1以剂量依赖的方式诱导了斑马鱼幼鱼的细胞凋亡。细胞凋亡的发生主要是由线粒体途径，即过量的ROS触发氧化应激而导致。这与在大鼠等动物模型中观察到的结果一致，这些模型中表现为导致了肝细胞发育异常以及细胞凋亡（Qian et al.，2016）。这些对于肝细胞的影响主要来源于AFBO对大分子的破坏以及CYP450引起的ROS产生。一方面，AFBO会通过与蛋白质、脂质等大分子结合而对细胞造成破坏，另一方面ROS引起的氧化应激损伤和炎症反应也被认为是引发肝细胞毒性的重要因素。在正常生理条件下，体内氧化系统和抗氧化系统处于动态平衡，而在接触有害物质时会产生过量ROS对机体造成伤害，ROS攻击细胞膜并引发脂质过氧化反应，破坏细胞膜的完整性，造成细胞的功能性损伤。这些已经在斑马鱼胚胎模型中得到了证实，研究表明斑马鱼胚胎在暴露于10～100μmol/L浓度的AFB1会触发活性氧物质的产生（ROS），并调节Bcl2和Bax等凋亡相关基因的表达，诱导肝细胞凋亡（Dey et al.，2020）。还有研究在AFB1暴露的幼鱼腹部区域观察到大量中性粒细胞流入、一氧化氮产生升高（Ivanovics et al.，2021）。证明了AFB1诱导斑马鱼胚胎ROS升高，进而造成肝细胞氧化应激损伤和炎症反应，引发肝细胞凋亡。

除此之外，肝脏脂质蓄积和脂质代谢紊乱也是AFB1和AFM1暴露引发肝损伤的表现。卵黄囊吸收延迟一直被用作评价肝毒性的指标。肝脏在脂质代谢中发挥着重要的功能。卵黄囊中的内源性脂质主要在肝脏中代谢，所以卵黄囊吸收延迟一直被认为与脂质积累引起的肝损伤有关（Ortiz-rtiz-villanueva et al.，2018；Jiang et al.，2020）。在第二章中已经发现5μg/L以上AFB1和50μg/L以上AFM1均会引起斑马鱼幼鱼卵黄囊吸收延迟发生率的增加。卵黄囊吸收延迟的出现主要是由于污染物的暴露干扰了脂质代谢，抑制了斑马鱼胚胎卵黄囊脂质的消耗。本章通过油红染色实验证明了卵黄囊中脂滴积累和脂肪变性的剂量依赖性增加。另外，脂代谢酶活性测定结果显示25μg/L以上AFB1和250μg/L以上AFM1影响了脂肪酸的生物合成关键酶FAS和分解代谢关键酶LPL均受到影响。除此之外，脂质组和转录组结果也证明了构成卵黄囊的主要脂质成分PC类脂质以及其基本单位-脂肪酸的代谢均受到了干扰。更值得注意的是脂肪酸代谢途径中受到严重干扰的花生四烯酸代谢途径与炎症发生密切相关。此外，异常的脂质积累被认为与肝脏炎症也有关。研究发现AFB1诱导的肝脏炎症发生伴随着肝脏胆固醇、三酰基甘油和磷脂等脂质含量的升高（Rotimi et al.，2017；Dey et al.，2020；Ugbaja et al.，2020）。因此，AFB1和AFM1诱导可能通过诱导脂质积累进一步加重了肝脏炎症的发生。

过氧化物酶体增殖物激活受体（PPAR）信号通路是已知的与脂质代谢调节和炎症反应相关的一条重要途径。AFB1暴露引起的PPAR信号通路的干扰已经在各种模型中得到证实（Mary et al.，2015；Choi et al.，2020）。本研究中的结果表明，AFB1和AFM1暴露也会导致斑马鱼的胚胎PPAR信号通路受到影响。在接触化学物质暴露时，斑马鱼PPAR信号传导受到抑制，会导致脂质代谢的紊乱（MartÍnez et al.，2020；Sant et al.，2021）。同时，PPAR信号通路又是调节细胞凋亡的重要通路。用AFB1（0.6～1.2mg/kg）喂养35d后的鸡的肝脏中出现了细胞凋亡，并伴随着PPARG信号传导显著激活。过氧化物酶体增殖物激活受体（PPARs）通过与PPAR反应元件结合来促进或抑制各种靶基因的转录（Khajebishak et al.，2019；Wang et al.，2019），其调节的下游基因可参与包括脂肪酸摄取，运输以及脂肪生成和脂肪代谢等脂质生化反应相关过程（Guan，2002；Cave et al.，2016）。

在AFB1和AFM1暴露后，参与PPAR信号传导的几个下游靶基因发生了显著变化。*cd36*和*fabps*是PPAR的下游靶基因，负责脂肪酸的摄取和运输。这些基因的表达水平在AFB1和AFM1暴露后显著降低。研究表明脂肪酸移位酶（*fat/cd36*）可以促进脂肪酸摄取，特别是长链脂肪酸的高亲和力摄取，并维持脂肪酸稳态（Pepino et al.，2014；Samovski et al.，2015）。这可以解释第二章研究中发现AFB1和AFM1对于长链脂肪酸的影响，提示长链脂肪酸的变化可能与*FAT/CD36*基因的影响有关。脂肪酸与*cd36*结合会通过诱导下游蛋白质相互作用进而引发脂质代谢紊乱和相关病理学变化（Pepino et al.，2014）。*cd36*在脂肪酸摄取中的功能以及与脂质代谢功能障碍的联系已经在各种模型中得到证实（Hao et al.，2020；Quintana-castro et al.，2020）。暴露于AFB1后*cd36*基因的改变在人肝癌细胞模型中已有报道，这为*cd36*在AFB1诱导的脂质代谢功能障碍疾病中的关键作用提供了进一步的证据（Zhou R et al.，2019）。除了脂肪酸移位酶（*fat/cd36*）之外，脂肪酸（FA）还可以通过脂肪酸结合蛋白（FABPs）运输。FABPs是一组脂质结合蛋白，在脂肪酸代谢中起关键作用，并与炎症途径相关（Amiri et al.，2018）。特别是，FABPs对于长链脂肪酸（FA）的结合也表现出高亲和力。在笔者的实验中，*fabp1b.1*、*fabp2*、*fabp6*的转录水平在AFB1和AFM1暴露后也显著降低。其中，*fabp1b.1*属于肝脏脂肪酸结合蛋白（FABP1，LFABP），大量存在于肝脏和肠道中（Storch et al.，2008；Santos et al.，2012）。与其他FABPs不同，FABP1与两个长链脂肪酸分子（LCFAs）结合，因此与各种配体具有很高的结合潜力，这使得它在脂肪酸代谢胚胎发育中起着关键作用（Georgiadi et al.，2012；Amiri et al.，2018）。此外，*fabp1b.1*在之前的研究中已经在斑马鱼的卵黄囊中被鉴定出来（Fraher et al.，2016）。这些结果表明，*fabp1b.1*与暴露于AFB1和AFM1后斑马鱼卵黄囊中脂肪酸代谢紊乱密切相关。另外，*fabp2*可以与具有相对较高亲和力的长链脂肪酸结合，并且比*fabp1*更有效地将脂肪酸转移到膜上

（Hsu et al.，1996；Amiri et al.，2018）。*fabp6*则是属于胆汁酸结合蛋白（FABP6，ILBP），对结合脂肪酸和胆汁酸具有高亲和力（Zimmerman et al.，2001）。

除此之外，PPAR信号通路中的*apoa4a*和*scp2a*也与脂质运输相关，并在笔者的实验中表现出下调的趋势。在先前的研究中已经报道了斑马鱼暴露于AFB1后*apoa4a*的表达显著减弱，但其重要性尚未阐明（Ivanovics et al.，2021）。*Apoa4a*（载脂蛋白A-IV）是由肠道合成的脂质结合蛋白，主要作用于CE（胆固醇）和TG（甘油三酯）运输（Qu et al.，2019）。*apoa4a*表达水平已被证实与抗炎反应和调节脂质代谢有关（Cui et al.，2014；Petri et al.，2017）。此外，*apoa4a*调节脂蛋白脂肪酶活性（LPL），从而促进TG水解为游离脂肪酸，这可以解释实验中LPL的降低（Goldberg et al.，1990）。研究发现，*apoa4a*缺乏小鼠表现出肝脏TG和极低密度脂蛋白VLDL颗粒分泌降低（Su et al.，2020），这进一步证明了*apoa4a*的重要作用。SCP2（甾醇载体蛋白-2）在胆固醇以及磷脂转运中起作用（Seedorf et al.，2000；Schroeder et al.，2007）。SCP2还对许多参与细胞内信号传导的脂类（包括脂肪酸）具有高亲和力和选择性地转移（Schroeder et al.，2007）。缺乏SCP2可能导致VLCFA（非常长链脂肪酸）代谢受损和脂肪性肝炎（Seedorf et al.，1998）。这些基因主要在肝脏中表达，这表明肝脏部位的脂质代谢在AFB1和AFM1暴露后主要受到影响。

此外，包括*ptgs2a*和*socs3a*在内的脂质代谢相关基因的上调揭示了AFB1和AFM1诱导的炎症。PTGS2（前列腺素内过氧化物合酶），也称为环加氧酶-2，是花生四烯酸（AA）转化为前列腺素的关键酶，因此在调节炎症反应中起关键作用，并与细胞凋亡有关（Nadalin et al.，2013；Hellmann et al.，2015；Hou et al.，2020）。抑制细胞因子信号传导3（SOCS3）是*SOCS*家族中最有效的细胞因子信号传导抑制剂，与促炎细胞因子的产生有关（Murphy et al.，2016）。以前的研究发现，SOCS3胚胎由于胎盘缺陷和致命的炎症性疾病，是不可存活的（Roberts et al.，2001；Robb et al.，2005），这表明SOCS3的遗传缺失是致命的。据报道，SOCS3也与TG沉积有关，这些发现表明肝脏中SOCS3的缺失消除了对细胞因子的反应和反馈，从而通过多种途径促进慢性炎症，TG沉积以及胰岛素和瘦素抵抗（Torisu et al.，2007；Sachithanandan et al.，2010；Dai et al.，2015；Tan et al.，2017）。通过本研究发现了AFB1和AFM1干扰脂代谢和肝脏发育的机制。在斑马鱼胚胎中，AFB1和AFM1会引发PPAR信号通路的激活，从而下调与脂肪酸转运（*cd36*、*fabp*和*scp2*）和脂质转运（*apoa*）相关的基因的表达，导致脂质代谢相关基因（*ptgs2*和*socs3*）的表达增加，并导致主要脂质包括脂肪酸特别是花生四烯酸、甘油磷脂特别是PC、PE和PS以及甘油三酯的代谢紊乱，并促进炎症的发展，最终导致卵黄囊吸收延迟和肝脏发育受损。

在斑马鱼胚胎中，AFB1和AFM1引发PPAR信号通路的激活，从而下调与脂肪酸转运（*cd36*、*fabp*和*scp2*）和脂质转运（APOA）相关的基因的表达，导致脂质代谢相关基因（*ptgs2*和*socs3*）的表达增加，并导致主要脂质（脂肪酸特别是花生四烯酸）、甘油磷脂特别是PC、PE和PS以及甘油三酯代谢紊乱，最终导致卵黄囊吸收延迟和肝脏发育受损（见图7-17）。

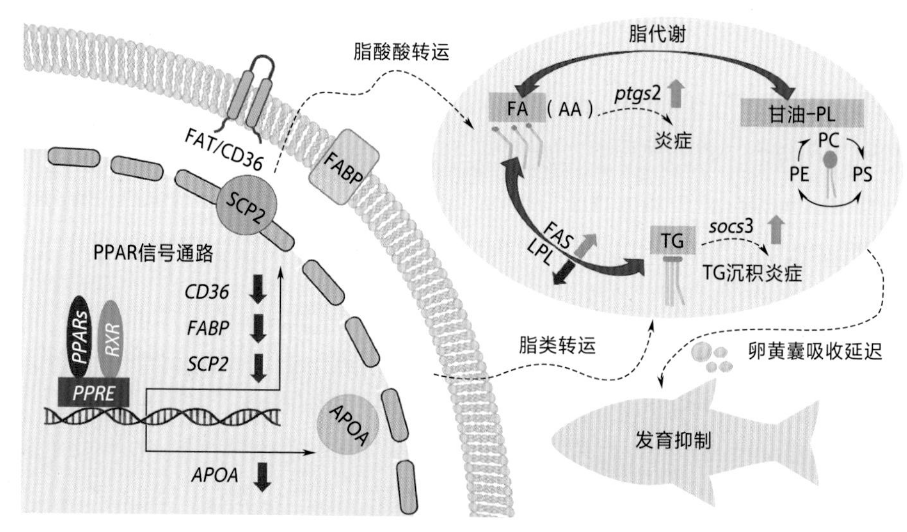

图7-17 AFB1和AFM1激活PPAR信号通路以引发斑马鱼早期发育的脂质代谢紊乱和肝脏发育受损的机制

FA—脂肪酸；AA—花生四烯酸；甘油-PL—甘油磷脂；PC—磷脂酰胆碱；PS—磷脂酰丝氨酸；PE—磷脂酰乙醇胺；TG—甘油三酯

四、结论

通过研究证明了AFB1和AFM1均引起了斑马鱼胚胎的肝脏毒性。肝脏毒性表现为肝细胞的损伤和肝脏中脂肪的蓄积。在5～75μg/L的AFB1暴露组及50～750μg/L的AFM1暴露组观察到了以肝细胞肿胀和脂肪空泡化为特征的肝脏组织病理学变化，同时伴随着肝脏细胞凋亡的发生。并且随着剂量增加，肝细胞肿胀和细胞凋亡情况更加严重。油红染色显示斑马鱼幼鱼卵黄囊中性脂质也呈现剂量依赖性的积累。此外，高剂量AFB1和AFM1暴露组脂肪酸合成酶FAS显著上调，脂质分解代谢相关的脂蛋白脂酶LPL显著下调，表明对于脂肪酸的合成和代谢同时造成了影响。

试验的结果表明斑马鱼胚胎对于黄曲霉毒素的暴露比成年斑马鱼更加敏感。斑马鱼胚胎对AFB1和AFM1更加敏感，可能是由于肝脏酶系统发育不成熟（黄曲霉毒素代谢活化所需的肝微粒体酶系统以及解毒过程相关的GSH、GST酶活性的差异）所造成。

基因层面的研究发现了AFB1和AFM1对斑马鱼胚胎的肝毒性影响的相关机制。肝细胞的损伤是由于代谢活化生成的AFBO破坏了细胞中大分子物质，并且诱导斑马鱼胚胎ROS升高，进而造成肝细胞氧化应激损伤和炎症反应，引发肝细胞凋亡。肝脏脂质蓄积主要是由于AFB1和AFM1抑制了PPAR信号通路，引起下游脂肪酸转运（*cd36*、*fabp*和*scp2*）和脂质转运（*apoa*）相关的靶基因表达水平改变，进而导致脂质的转运和代谢受到了严重干扰。

研究中还发现PPAR信号通路介导的脂质代谢紊乱可能进一步加重了炎症的产生，这与AFB1对斑马鱼胚胎更强的毒性有关。与AFM1处理组相比，在AFB1处理组中PPAR信号通路调节的脂肪酸转运相关基因以及与炎症反应相关的基因均发生了更大程度的改变。

参考文献

[1] Amiri M, Yousefnia S, Seyed Forootan F, et al. Diverse roles of fatty acid binding proteins(FABPs)in development and pathogenesis of cancers[J]. Gene, 2018, 676: 171-183.

[2] Bechtel D G, Lee L E. Effects of aflatoxin B(1)in a liver cell line from rainbow trout(*Oncorhynchus mykiss*)[J]. Toxicology in vitro: an International Journal Published in Association with BIBRA, 1994, 8(3): 317-328.

[3] Cave M C, Clair H B, Hardesty J E, et al. Nuclear receptors and nonalcoholic fatty liver disease[J]. Biochimica Et Biophysica Acta, 2016, 1859(9): 1083-1099.

[4] Chai T T, Cui F, Yin Z Q, et al. Chiral PCB 91 and 149 Toxicity Testing in Embryo and Larvae(*Danio rerio*): Application of targeted metabolomics via UPLC-MS/MS[J]. Scientific Reports, 2016, 6(1): 33481.

[5] Chmurzyńska A. The multigene family of fatty acid-binding proteins(FABPs): Function, structure and polymorphism[J]. Journal of Applied Genetics, 2006, 47(1): 39-48.

[6] Choi S Y, Kim T H, Hong M W, et al. Transcriptomic alterations induced by aflatoxin B1 and ochratoxin A in LMH cell line[J]. Poultry Science, 2020, 99(11): 5265-5274.

[7] Cui G, Li Z Z, Li R, et al. A functional variant in APOA5/A4/C3/A1 gene cluster contributes to elevated triglycerides and severity of CAD by interfering with microRNA 3201 binding efficiency[J]. Journal of the American College of Cardiology, 2014, 64(3): 267-277.

[8] Dai Z R, Wang H L, Jin X, et al. Depletion of suppressor of cytokine signaling-1a causes hepatic steatosis and insulin resistance in zebrafish[J]. American Journal of Physiology, 2015, 308(10): E849-859.

[9] Dey D K, Kang S C. Aflatoxin B1 induces reactive oxygen species-dependent caspase-mediated apoptosis in normal human cells, inhibits *Allium cepa* root cell division, and triggers inflammatory response in zebrafish larvae[J]. Science of the Total Environment, 2020, 737: 139704.

[10] Dohnal V, Wu Q H, Kuča K, et al. Metabolism of aflatoxins: Key enzymes and interindividual as well as interspecies differences[J]. Archives of Toxicology, 2014, 88(9): 1635-1644.

[11] Fan T T, Xie Y L, Ma W B, et al. Research progress on the protection and detoxification of phytochemicals against aflatoxin B1-Induced liver toxicity[J]. Toxicon, 2021, 195: 58-68.

[12] Fraher D, Sanigorski A, Mellett N A, et al. Zebrafish embryonic lipidomic analysis reveals that the yolk cell is metabolically active in processing lipid[J]. Cell Reports, 2016, 14(6): 1317-1329.

[13] Georgiadi A, Kersten S. Mechanisms of gene regulation by fatty acids[J]. Advances in Nutrition(Bethesda, Md.), 2012, 3(2): 127-134.

[14] Goldberg I J, Scheraldi C A, Yacoub L K, et al. Lipoprotein ApoC-II activation of lipoprotein lipase. Modulation by apolipoprotein A-IV[J]. Journal of Biological Chemistry, 1990, 265(8): 4266-4272.

[15] Guan Y. Targeting peroxisome proliferator-activated receptors(PPARs)in kidney and urologic disease[J]. Minerva Urologica E Nefrologica, 2002, 54(2): 65-79.

[16] Hao T T, Li J Q, Liu Q D, et al. Fatty acid translocase(FAT/CD36)in large yellow croaker(*Larimichthys crocea*): Molecular cloning, characterization and the response to dietary fatty acids[J]. Aquaculture, 2020, 528: 735557.

[17] Hellmann J, Tang Y, Zhang M J, et al. Atf3 negatively regulates Ptgs2/Cox2 expression during acute inflammation[J]. Prostaglandins & Other Lipid Mediators, 2015, 116-117: 49-56.

[18] Hou L P, Chen S D, Shi W J, et al. Norethindrone alters mating behaviors, ovary histology, hormone production and transcriptional expression of steroidogenic genes in zebrafish(*Danio rerio*)[J]. Ecotoxicology and Environmental Safety, 2020, 195: 110496.

[19] Hsu K T, Storch J. Fatty acid transfer from liver and intestinal fatty acid-binding proteins to membranes occurs by different mechanisms[J]. The Journal of Biological Chemistry, 1996, 271(23): 13317-13323.
[20] Ivanovics B, Gazsi G, Reining M, et al. Embryonic exposure to low concentrations of aflatoxin B1 triggers global transcriptomic changes, defective yolk lipid mobilization, abnormal gastrointestinal tract development and inflammation in zebrafish[J]. Journal of Hazardous Materials, 2021, 416: 125788.
[21] Jiang J H, Chen L Z, Wu S G, et al. Effects of difenoconazole on hepatotoxicity, lipid metabolism and gut microbiota in zebrafish(*Danio rerio*)[J]. Environmental Pollution(Barking, Essex: 1987), 2020, 265(Pt A): 114844.
[22] Khajebishak Y, Payahoo L, Alivand M, et al. Punicic acid: A potential compound of pomegranate seed oil in Type 2 diabetes mellitus management[J]. Journal of Cellular Physiology, 2019, 234(3): 2112-2120.
[23] Klein J. Membrane breakdown in acute and chronic neurodegeneration: Focus on choline-containing phospholipids[J]. Journal of Neural Transmission, 2000, 107(8): 1027-1063.
[24] Klein P J, Van Vleet T R, Hall J O, et al. Biochemical factors underlying the age-related sensitivity of turkeys to aflatoxin B1[J]. Comparative Biochemistry and Physiology Part C: Toxicology & Pharmacology, 2002, 132(2): 193-201.
[25] Larsson P, Tjälve H. Extrahepatic bioactivation of aflatoxin B1 in fetal, infant and adult rats[J]. Chemico-Biological Interactions, 1995, 94(1): 1-19.
[26] Lu J W, Yang W Y, Lin Y M, et al. Hepatitis B virus X antigen and aflatoxin B1 synergistically cause hepatitis, steatosis and liver hyperplasia in transgenic zebrafish[J]. Acta Histochemica, 2013, 115(7): 728-739.
[27] Mahfouz M E, Sherif A H. A multiparameter investigation into adverse effects of aflatoxin on Oreochromis niloticus health status[J]. The Journal of Basic & Applied Zoology, 2015, 71: 48-59.
[28] Martínez R, Navarro-Martín L, Van Antro M, et al. Changes in lipid profiles induced by bisphenol A(BPA)in zebrafish eleutheroembryos during the yolk sac absorption stage[J]. Chemosphere, 2020, 246: 125704.
[29] Mary V S, Valdehita A, Navas J M, et al. The balancing act-PPAR-γ's roles at the maternal-fetal interface[J]. Food and Chemical Toxicology: An International Journal Published for the British Industrial Biological Research Association, 2015, 75: 104-111.
[30] Murphy J M, Babon J J, Nicola N A, et al. The JAK - STAT - SOCS Signaling Cascade[J]. Encyclopedia of Cell Biology, 2016, 136-152.
[31] Murugesan G R, Ledoux D R, Naehrer K, et al. Prevalence and effects of mycotoxins on poultry health and performance, and recent development in mycotoxin counteracting strategies1[J]. Poultry Science, 2015, 94(6): 1298-1315.
[32] Nadalin S, Giacometti J, Jonovska S, et al. The impact of PLA2G4A and PTGS2 gene polymorphisms, and red blood cell PUFAs deficit on niacin skin flush response

in schizophrenia patients[J]. Prostaglandins, Leukotrienes, and Essential Fatty Acids, 2013, 88(2): 185-190.

[33] Ortiz-Villanueva E, Jaumot J, Martínez R, et al. Assessment of endocrine disruptors effects on zebrafish(*Danio rerio*)embryos by untargeted LC-HRMS metabolomic analysis[J]. The Science of the Total Environment, 2018, 635: 156-166.

[34] Pepino M Y, Kuda O, Samovski D, et al. Structure-function of CD36 and importance of fatty acid signal transduction in fat metabolism[J]. Annual Review of Nutrition, 2014, 34: 281-303.

[35] Petri M H, Laguna-Fernandez A, Arnardottir H, et al. Bäck M, Aspirin-triggered lipoxin A4 inhibits atherosclerosis progression in apolipoprotein $E^{-/-}$ mice[J]. British Journal of Pharmacology, 2017, 174(22): 4043-4054.

[36] Qian G Q, Tang L L, Lin S H, et al. Sequential dietary exposure to aflatoxin B1 and fumonisin B1 in F344 rats increases liver preneoplastic changes indicative of a synergistic interaction[J]. Food and Chemical Toxicology, 2016, 95: 188-195.

[37] Qu J, Ko C W, Tso P, et al. Apolipoprotein A-IV: A multifunctional protein involved in protection against atherosclerosis and diabetes[J]. Cells, 2019, 8(4): E319.

[38] Quintana-Castro R, Aguirre-Maldonado I, Soto-Rodríguez I, et al. Cd36 gene expression in adipose and hepatic tissue mediates the lipids accumulation in liver of obese rats with sucrose-induced hepatic steatosis[J]. Prostaglandins & Other Lipid Mediators, 2020, 147: 106404.

[39] Rawal S, Kim J E, Coulombe R. Aflatoxin B1 in poultry: Toxicology, metabolism and prevention[J]. Research in Veterinary Science, 2010, 89(3): 325-331.

[40] Robb L, Boyle K, Rakar S, et al. Genetic reduction of embryonic leukemia-inhibitory factor production rescues placentation in SOCS3-null embryos but does not prevent inflammatory disease[J]. Proceedings of the National Academy of Sciences, 2005, 102(45): 16333-16338.

[41] Roberts A W, Robb L, Rakar S, et al. Placental defects and embryonic lethality in mice lacking suppressor of cytokine signaling 3[J]. Proceedings of the National Academy of Sciences of the United States of America, 2001, 98(16): 9324-9329.

[42] Rotimi O A, Rotimi S O, Duru C U, et al. Acute aflatoxin B1-Induced hepatotoxicity alters gene expression and disrupts lipid and lipoprotein metabolism in rats[J]. Toxicology Reports, 2017, 4: 408-414.

[43] Sachithanandan N, Fam B C, Fynch S, et al. Liver-specific suppressor of cytokine signaling-3 deletion in mice enhances hepatic insulin sensitivity and lipogenesis resulting in fatty liver and obesity[J]. Hepatology(Baltimore, Md.), 2010, 52(5): 1632-1642.

[44] Samovski D, Sun J, Pietka T, et al. Regulation of AMPK activation by CD36 links fatty acid uptake to β-oxidation[J]. Diabetes, 2015, 64(2): 353-359.

[45] Sant K E, Annunziato K, Conlin S, et al. Developmental exposures to perfluorooctanesulfonic acid(PFOS) impact embryonic nutrition, pancreatic morphology, and adiposity in the zebrafish, *Danio rerio*[J]. Environmental Pollution(Barking, Essex:

1987), 2021, 275: 116644.

[46] Santacroce M P, Conversano M C, Casalino E, et al. Aflatoxins in aquatic species: Metabolism, toxicity and perspectives[J]. Reviews in Fish Biology and Fisheries, 2008, 18(1): 99-130.

[47] Schroeder F, Atshaves B P, Mcintosh A L, et al. Kier A B, Sterol carrier protein-2: New roles in regulating lipid rafts and signaling[J]. Biochimica et Biophysica Acta(BBA)-Molecular and Cell Biology of Lipids, 2007, 1771(6): 700-718.

[48] Seedorf U, Ellinghaus P, Roch Nofer J. Sterol carrier protein-2[J]. Biochimica et Biophysica Acta(BBA)- Molecular and Cell Biology of Lipids, 2000, 1486(1): 45-54.

[49] Seedorf U, Raabe M, Ellinghaus P, et al. Defective peroxisomal catabolism of branched fatty acyl coenzyme A in mice lacking the sterol carrier protein-2/sterol carrier protein-x gene function[J]. Genes & Development, 1998, 12(8): 1189-1201.

[50] Shen H M, Ong C N, Shi C Y. Involvement of reactive oxygen species in aflatoxin B1-induced cell injury in cultured rat hepatocytes[J]. Toxicology, 1995, 99(1): 115-123.

[51] Storch J, Corsico B. The emerging functions and mechanisms of mammalian fatty acid-binding proteins[J]. Annual Review of Nutrition, 2008, 28: 73-95.

[52] Su X, Peng D Q. The exchangeable apolipoproteins in lipid metabolism and obesity[J]. Clinica Chimica Acta, 2020, 503: 128-135.

[53] Tan P, Peng M, Liu D, et al. Suppressor of cytokine signaling 3(SOCS3)is related to pro-inflammatory cytokine production and triglyceride deposition in turbot(*Scophthalmus maximus*)[J]. Fish & Shellfish Immunology, 2017, 70: 381-390.

[54] Torisu T, Sato N, Yoshiga D, et al. The dual function of hepatic SOCS3 in insulin resistance in vivo[J]. Genes to Cells: Devoted to Molecular & Cellular Mechanisms, 2007, 12(2): 143-154.

[55] Ugbaja R N, Okedairo O M, Oloyede A R, et al. Probiotics consortium synergistically ameliorates aflatoxin B1-induced disruptions in lipid metabolism of female albino rats[J]. Toxicon, 2020, 186: 109-119.

[56] United States food and drug administration, foodborne pathogenic microorganism & natural toxins handbook, 2010.

[57] Voth-gaeddert L E, Stoker M, Torres O, et al. Association of aflatoxin exposure and height-for-age among young children in Guatemala[J]. International Journal of Environmental Health Research, 2018, 28(3): 280-292.

[58] Wang D Z, Yan S, Yan J, et al. Effects of triphenyl phosphate exposure during fetal development on obesity and metabolic dysfunctions in adult mice: Impaired lipid metabolism and intestinal dysbiosis[J]. Environmental Pollution(Barking, Essex: 1987), 2019, 246: 630-638.

[59] Wang H, Li W, Muhammad I, et al. Biochemical basis for the age-related sensitivity of broilers to aflatoxin B1[J]. Toxicology Mechanisms and Methods, 2018, 28(5): 361-368.

[60] Wang X, Wang Y, Li Y, et al. Response of yellow catfish(*Pelteobagrus fulvidraco*)to different dietary concentrations of aflatoxin B1 and evaluation of an aflatoxin binder in

offsetting its negative effects[J]. Ciencias Marinas, 2016, 42(1): 15-29.
[61] Zhang L M, Ye Y F, An Y P, et al. Systems responses of rats to aflatoxin B1 exposure revealed with metabonomic changes in multiple biological matrices[J]. Journal of Proteome Research, 2011a, 10(2): 614-623.
[62] Zhang L M, Ye Y F, An Y P, et al. Systems responses of rats to aflatoxin b1 exposure revealed with metabonomic changes in multiple biological matrices[J]. Journal of Proteome Research, 2011b, 10(2): 614-623.
[63] Zhou R, Liu M Z, Liang X L, et al. Clinical features of aflatoxin B1-exposed patients with liver cancer and the molecular mechanism of aflatoxin B1 on liver cancer cells[J]. Environmental Toxicology and Pharmacology, 2019, 71: 103225.
[64] Zimmerman A W, Van Moerkerk H T, Veerkamp J H, et al. Ligand specificity and conformational stability of human fatty acid-binding proteins[J]. The International Journal of Biochemistry & Cell Biology, 2001, 33(9): 865-876.

第八章　“数字斑马鱼”软件的功能和参数介绍

“数字斑马鱼”软件基于3117条正常和异常的斑马鱼胚胎样本，开发了特征点定位、器官分割模型、毒性判别模型，实现了斑马鱼图像的数字化快速识别。软件能够实现单张或多张图像导入，根据输入的图像，自动生成斑马鱼胚胎特征关键点及器官分割，并额外实现全身分割。同时，软件可以将药物信息、暴露条件等实验数据以excel格式自动导入数据库，实现毒性分析结果的可视化并生成报告。经测试，软件的图像导入识别速度为0.5min/张，显著优于人工判别速度（约15min/张），各模型的准确率均高达90%以上。

下面对数字斑马鱼软件功能及参数进行详细介绍。

一、特征识别

软件登录后进入主界面，默认显示特征识别界面（见图8-1）。

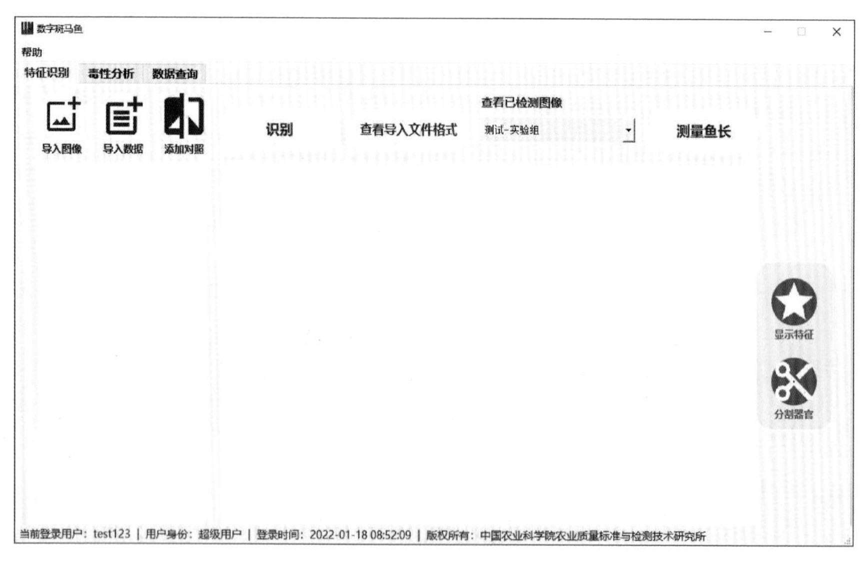

图8-1　特征识别界面

点击“导入图像”选择需要进行识别的图像文件夹路径，点击“导入数据”选择图像对应的毒性统计分析文件，点击“查看导入文件格式”可以查看毒性统计分析文件的格式。

导入图像和数据后，点击“识别”按钮进行图像的特征识别。识别完成后，在左侧列表框中显示本次识别的图像名称，点击图像名，在右侧框中显示图像。点击“显示特征”，在图像上显示特征点，再次点击取消特征点。点击“分割器官”，在图像上显示斑马鱼的器官分割，再次点击取消器官分割。

点击显示特征点的图像，进入特征点修改界面（见图8-2）。鼠标左键点击并拖动特征点到合适位置，点击“确定修改”，将更新斑马鱼特征点的位置。

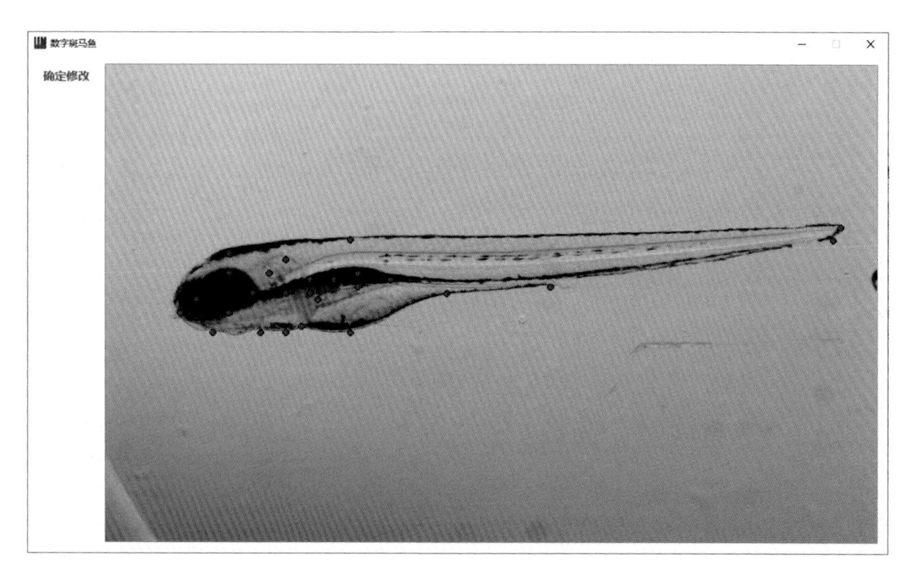

图8-2　特征点修改界面

点击“添加对照”可以导入对照组图像和文件。选择下拉框中的内容，可以查看历史识别图像。点击“测量鱼长”可以计算选中组的斑马鱼体长。

二、毒性分析

点击“毒性分析”进入毒性分析界面（见图8-3）。在左侧下拉框中选择实验组图像，在左侧列表框中显示选中的实验组的图像名。在右侧下拉框中选择对照组图像，根据对照组来分析每个实验组图像的异常情况。点击左侧框中图像名，在右侧显示对应的分析结果。

点击“输出报告”，首先需要指定报告输出的路径，软件根据选定的实验组和对照组在指定路径输出详细的报告文件。

三、数据查询

点击“数据查询”进入数据查询界面（见图8-4）。可以根据化合物名称、染毒剂量、正常/异常、异常类别、异常器官和所属毒性类别选择相应内容进行查询，选择完成后，点击“查询”，在下面框中以表格形式显示查询结果。

数字斑马鱼
帮助
特征识别
毒性分析
数据查询
请选择实验组:
--请选择实验组--
请选择对照组:
--请选择对照组--
输出报告
当前登录用户：admin | 用户身份：管理员 | 登录时间：2022-01-11 14:12:52 | 版权所有：中国农业科学院农业质量标准与检测技术研究所

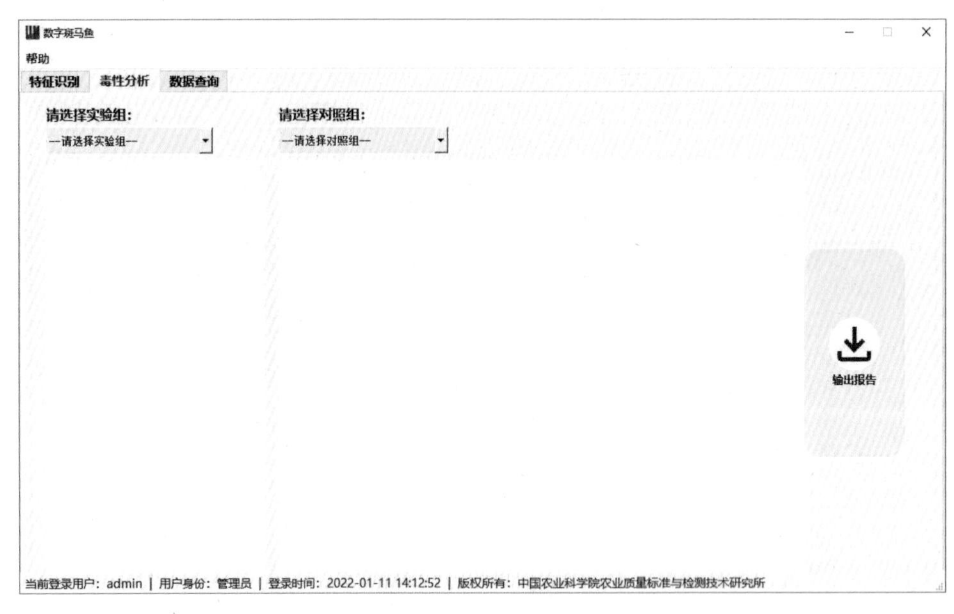

图 8-3　毒性分析界面

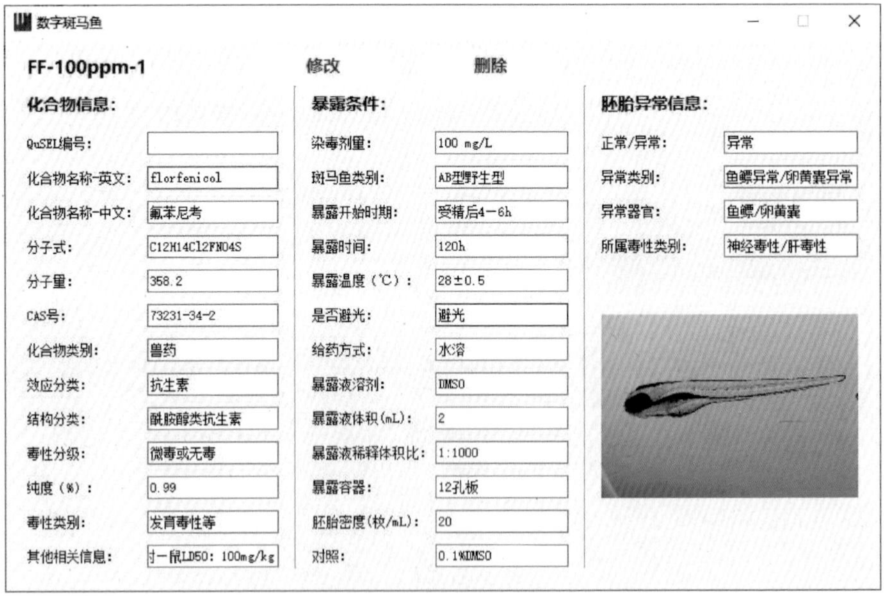

数字斑马鱼
FF-100ppm-1
修改
删除
化合物信息:
QuSEL编号:
化合物名称-英文:
florfenicol
化合物名称-中文:
氟苯尼考
分子式:
C12H14Cl2FNO4S
分子量:
358.2
CAS号:
73231-34-2
化合物类别:
兽药
效应分类:
抗生素
结构分类:
酰胺醇类抗生素
毒性分级:
微毒或无毒
纯度（%）:
0.99
毒性类别:
发育毒性等
其他相关信息:
寸一鼠LD50：100mg/kg
暴露条件:
染毒剂量:
100 mg/L
斑马鱼类别:
AB型野生型
暴露开始时期:
受精后4－6h
暴露时间:
120h
暴露温度（℃）:
28±0.5
是否避光:
避光
给药方式:
水溶
暴露液溶剂:
DMSO
暴露液体积(mL):
2
暴露液稀释体积比:
1:1000
暴露容器:
12孔板
胚胎密度(枚/mL):
20
对照:
0.1%DMSO
胚胎异常信息:
正常/异常:
异常
异常类别:
鱼鳔异常/卵黄囊异常
异常器官:
鱼鳔/卵黄囊
所属毒性类别:
神经毒性/肝毒性

图 8-4　数据查询界面

点击图像名称，可以查看选中的图像的详细信息（见图8-5），在详细信息界面，可以修改和删除该条数据。

数字斑马鱼

帮助

特征识别　毒性分析　数据查询

化合物名称：所有　染毒剂量：所有　正常/异常：所有　异常类别：所有　异常器官：所有　所属毒性类别：所有　用户：test123　查询

图像名称	化合物名称	染毒剂量	正常/异常	异常类别	异常器官	所属毒性类别	用户名
FF-100ppb-7	florfenicol	100 mg/L	异常	鱼鳔异常/卵黄囊异常	鱼鳔/卵黄囊	神经毒性/肝毒性	test123
FF-100ppm-1	florfenicol	100 mg/L	异常	鱼鳔异常/卵黄囊异常	鱼鳔/卵黄囊	神经毒性/肝毒性	test123
FF-100ppm-3	florfenicol	100 mg/L	异常	鱼鳔异常/卵黄囊异常	鱼鳔/卵黄囊	神经毒性/肝毒性	test123
FF-100ppm-4	florfenicol	100 mg/L	异常	鱼鳔异常/卵黄囊异常	鱼鳔/卵黄囊	神经毒性/肝毒性	test123
FFA-1ppm-1	florfenicol	1 mg/L	正常				test123
FFA-1ppm-5	florfenicol	1 mg/L	正常				test123
FFA-1ppm-6	florfenicol	1 mg/L	正常				test123

当前登录用户：test123 | 用户身份：超级用户 | 登录时间：2022-01-18 08:52:09 | 版权所有：中国农业科学院农业质量标准与检测技术研究所

图 8-5　斑马鱼详细信息界面

点击导航栏中“帮助”选项（见图8-6），可以选择“帮助”、“激活”和“关于”。

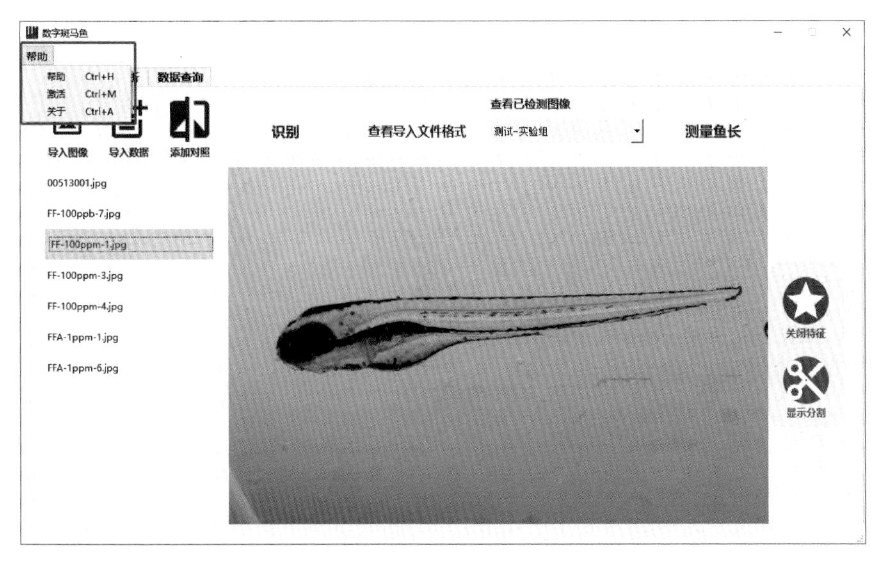

图 8-6　帮助

点击“帮助”（或使用快捷键Ctrl+H）查看软件使用说明。点击“激活”（或使用快捷键Ctrl+M）查看软件正式版的获取方法；点击“关于”（或使用快捷键Ctrl+A）查看关于我们的信息（见图8-7）。

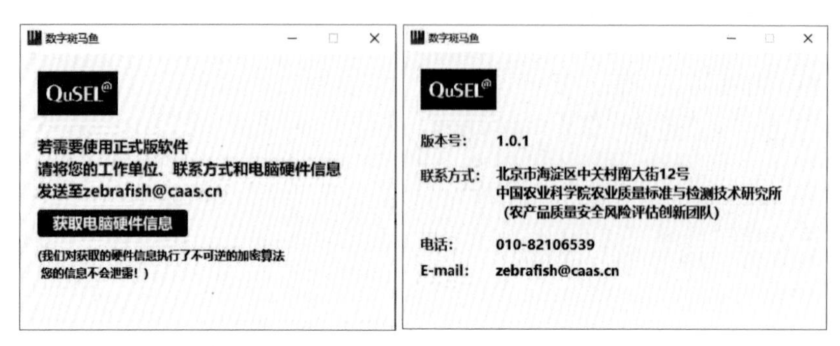

图8-7　获取软件正式版界面和关于我们界面

四、结果展示

1. 结果展示1：卵黄囊异常

1mg/L氟苯尼考暴露后导致斑马鱼卵黄囊异常如图8-8所示。

FF-1.jpg 卵黄囊异常

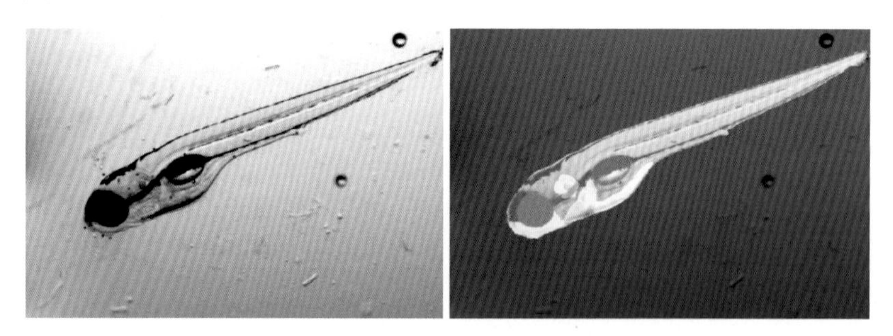

异常指标：

指标名称	特征点-鱼鳔异常指标1	特征点-鱼鳔异常指标2	特征点-体轴弯曲指标	特征点-卵黄囊异常指标	面积-鱼鳔异常指标	面积-卵黄囊异常指标
对照组数据	[-100.　3.1]	[0.25　100.]	[-0.36　0.16]	[0.　0.42]	[0.137 0.235]	[0.158 0.365]
样本数据	2.346	0.425	-0.082	0.15	0.214	0.14

图8-8　1mg/L 氟苯尼考暴露后导致斑马鱼卵黄囊异常

2. 结果展示2：卵黄囊和眼部异常

100mg/L氟苯尼考暴露后导致斑马鱼卵黄囊和眼部异常如图8-9所示。

体长弯曲3（61）.jpg 卵黄囊异常 眼部异常

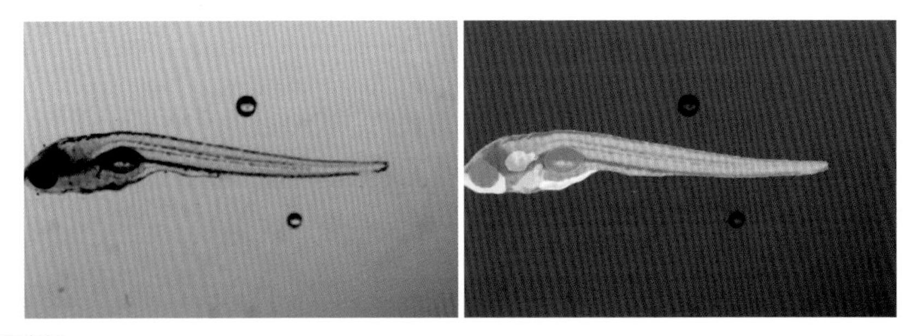

异常指标：

指标名称	特征点-鱼鳔异常指标1	特征点-鱼鳔异常指标2	特征点-体轴弯曲指标	特征点-卵黄囊异常指标	面积-鱼鳔异常指标	面积-卵黄囊异常指标
对照组数据	[-100. 3.1]	[0.25 100.]	[-0.36 0.16]	[0. 0.42]	[0.137 0.235]	[0.158 0.365]
样本数据	1.98	0.396	-0.0	0.242	0.233	0.102

图 8-9　100mg/L 氟苯尼考暴露后导致斑马鱼卵黄囊和眼部异常